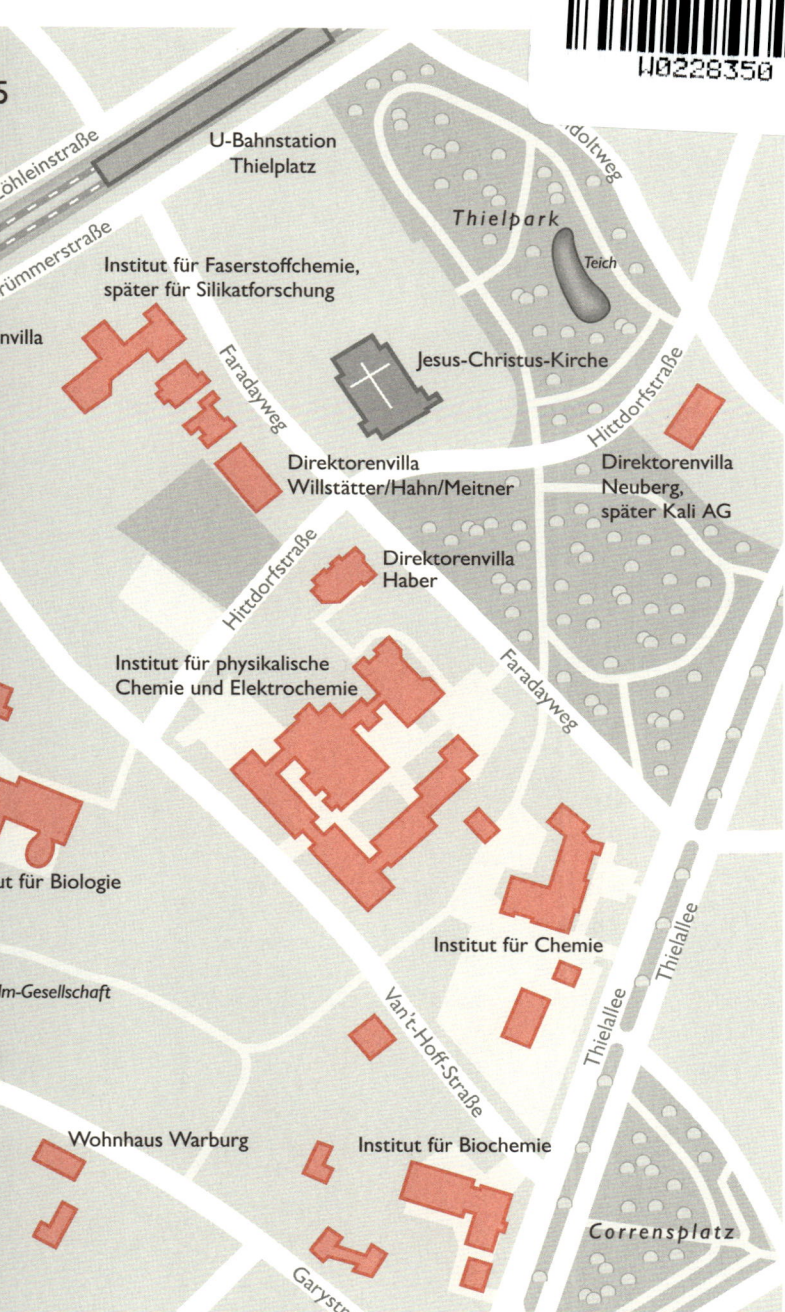

5

Möhleinstraße

Krümmerstraße

U-Bahnstation
Thielplatz

Thielpark

Teich

andoltweg

Institut für Faserstoffchemie,
später für Silikatforschung

nvilla

Faradayweg

Jesus-Christus-Kirche

Hittdorfstraße

Direktorenvilla
Willstätter/Hahn/Meitner

Direktorenvilla
Neuberg,
später Kali AG

Hittdorfstraße

Direktorenvilla
Haber

Institut für physikalische
Chemie und Elektrochemie

Faradayweg

ut für Biologie

m-Gesellschaft

Institut für Chemie

Thielallee

Thielallee

Van't-Hoff-Straße

Wohnhaus Warburg

Institut für Biochemie

Thielallee

Corrensplatz

Garystraße

MICHAEL KRÖHER

Der Club der Nobelpreisträger

Wie im Harnack-Haus das 20. Jahrhundert neu erfunden wurde

Knaus

Verlagsgruppe Random House FSC® N001967
1. Auflage
Copyright © 2017 Albrecht Knaus Verlag, München,
in der Verlagsgruppe Random House GmbH,
Neumarkter Straße 28, 81673 München
Redaktion: Gisela Fichtl
Umschlaggestaltung: FAVORITBUERO, München
Umschlagabbildungen:
Person: © Stephen Mulcahey; Harnack Haus,
Berlin: © Bundesarchiv, Georg Pahl, Bild 102-07736
Karte Vor- und Nachsatz: Peter Palm
Satz: Vornehm Mediengestaltung GmbH, München
Druck und Einband: GGP Media GmbH, Pößneck
Printed in Germany
ISBN 978-3-8135-0726-3

www.knaus-verlag.de

Das Harnack-Haus 1929, im Jahr seiner Eröffnung.
Vorn der Eingang zum Helmholtz-Hörsaal, links die
Hauptgebäude. Die Straßen in der Dahlemer Forscherkolonie
waren erst kurz zuvor angelegt und bepflanzt worden.

Inhalt

Teil 3: Krieg und Krise, Widerstand, Untergang (1942–1945)

Teil 4: Ausblick (1945–2017)

Anhang

Nobelisten unter sich. Am Abend nach einem Vortrag des Amerikaners Robert Millikan (2. v. r., Physik-Nobelpreis 1923) im November 1931 versammeln sich die gerade anwesenden Berliner Forscherfürsten zu einem Dinner bei Max von Laue (r., Physik-Nobelpreis 1914): Walther Nernst (Chemie-Nobelpreis 1920), Albert Einstein (Physik-Nobelpreis 1921) und Max Planck (Physik-Nobelpreis 1918).

Einleitung
Wissenschaftstheater in
Shakespeare'schen Dimensionen

Im Frühjahr 1929 wird das Harnack-Haus als Begegnungsstätte für Wissenschaftler und Politiker, Künstler und Wirtschaftslenker in Berlin-Dahlem eröffnet. Aus den Begegnungen an diesem besonderen Ort entsteht etwas, das weit über den Rahmen persönlicher Freundschaften und wissenschaftlicher Horizonterweiterung hinausgeht: ein neues universelles Denken, eine neue Haltung, prägend für das Handeln einer ganzen Forschergeneration, einer nicht erklärten, aber direkt erlebbaren Wertegemeinschaft. Teils bewusst, teils intuitiv stellt sich diese Haltung dem gesellschaftlichen Mainstream entgegen – auch während der NS-Gewaltherrschaft und in schwierigen Zeiten.

In den Terminkalendern von Berlins Forschergemeinde ist der 10. November 1931 bereits seit Wochen blockiert: An diesem Abend hält Robert A. Millikan, Physik-Nobelpreisträger des Jahres 1923 und Chairman im Verwaltungsrat des schon damals weltberühmten California Institute of Technology (CalTech), einen Vortrag im Club- und Gästehaus der Kaiser-Wilhelm-Gesellschaft (KWG) zur Förderung der Wissenschaften.

Millikan ist nicht nur ein hochdekorierter Laborleiter und Hochschulmanager vom anderen Ende der Welt: Mit spektakulären Experimenten an Öltröpfchen hat er die kleinste Menge elektrischer Ladung berechnet, die es nach den Erkenntnissen der Quantenphysik geben kann – die sogenannte Elementarladung,

eine Naturkonstante. Darüber hinaus hat er einen Zusammenhang zwischen Photonik und Max Plancks Wirkungsquantum
bewiesen, den Albert Einstein zuvor nur theoretisch postulieren
konnte – eine Art Zirkelschluss für die Königin der Naturwissenschaften, die Physik.

Millikan spricht fließend deutsch: Nach seiner Promotion in den
1890er Jahren hat er ein Jahr lang in Berlin und in Göttingen bei
den Forscherstars Walther Nernst und Max Planck gearbeitet. So
ist der große Hörsaal im Gästehaus der KWG an jenem Novem-
berabend bis auf den letzten Platz besetzt, nicht wenige Zuhörer
müssen stehen. Um auch jene Teile seines Publikums zu erreichen,
die seitlich von ihm dicht gedrängt direkt auf der Bühne sitzen,
bewegt sich der 63-jährige Millikan, die langen weißen Haare
sorgsam nach hinten gekämmt, ständig vom einen zum anderen
Ende der langen Laborbank; seine Ausführungen unterstreicht er
mit erhobenem Zeigefinger.

In der ersten Reihe hört Albert Einstein konzentriert zu, die
Arme verschränkt vor der Brust. Etwas weiter seitlich sitzt Max
Planck: klein, hager, kahlköpfig, mit seiner runden Brille und dem
hellwachen, fast bohrenden Adlerblick des Forschergenies. Wieder
etwas weiter hat sich Otto Hahn in die engen Sitze geklemmt,
Direktor des weltberühmten Kaiser-Wilhelm-Instituts (KWI) für
Chemie. Wie meistens in dieser Jahreszeit trägt Hahn einen Drei-
teiler aus dickem Wollstoff. Am Rand der ersten Reihe hat Lise
Meitner noch einen Platz auf einem der Notsitze gefunden. Die
brillante Physikerin, seit Jahrzehnten Hahns Laborpartnerin, leitet eine Abteilung an dessen Institut. Ein blendend weißer Kragen
schließt den Halsausschnitt ihres dunklen, langen Kleides ab.

In seinem temperamentvollen Vortrag verteidigt Millikan seine
Experimente zur Elementarladung. Die sind in der Fachwelt
umstritten, weil ihre Ergebnisse in den zwanzig Jahren seit ihrer
Veröffentlichung nicht reproduziert werden konnten. Bei seinen
Ausführungen über Einsteins Postulat zu Plancks Wirkungsquantum erntet er dagegen Wohlwollen von den angesprochenen Forschungsfürsten.

Nach dem Ende des vorbereiteten Textes folgen zahlreiche Nachfragen aus dem ebenso illustren wie heterogenen Publikum, davon etliche zum Verständnis der komplizierten Sachverhalte. Schließlich haben sich nicht nur Naturforscher auf den Weg nach Dahlem gemacht: Die Berliner Gesellschaft, ganz gleich ob bürgerlich, fortschrittlich oder konservativ, will wenigstens versuchen, eine Meinung zu haben zum neuen wissenschaftlichen Weltbild der Moderne, das sie vor noch größere Rätsel stellt als die abstrakte Malerei von Juan Miró, Wassily Kandinsky oder Robert Delaunay.

Die Debatten werden fortgesetzt in den Fluren und im Foyer, im Salon und in den gemütlich eingerichteten Kellergewölben des Harnack-Hauses. Dazu serviert livriertes Personal Häppchen und Getränke. Es wird ein langer, munterer Abend, denn viele der Diskutanten leben in den umliegenden Straßen, haben also keinen weiten Heimweg. Wegen ihrer akademisch hochqualifizierten Bewohner wird die Dahlemer Gelehrtenkolonie schon damals »das deutsche Oxford« genannt. Prominente wie Lise Meitner residieren gar in einer der »Direktorenvillen«, die neben jedem der großen Kaiser-Wilhelm-Institute für die jeweiligen Leiter errichtet wurden. Und der Redner des heutigen Abends logiert dieser Tage in einem der Apartments gleich unterm Dach des Harnack-Hauses.

Am nächsten Abend hat Max von Laue, Physik-Nobelpreisträger von 1914, die Forscherstars zu sich nach Hause geladen. Lise Meitner gehört nicht zu den Gästen. Waren schon bei Millikans Vortrag kaum Frauen im Publikum vertreten, so ist es jetzt eine reine Herrengesellschaft: Zu den bereits genannten Honoratioren ist Walther Nernst, Chemie-Nobelpreisträger von 1920, dazugekommen. Zu Beginn der förmlichen Dinner-Veranstaltung geht es noch etwas steif zu, doch schon bald lockert sich die Stimmung: Millikan und seine akademischen Lehrer Planck und Nernst tauschen Erinnerungen an die gemeinsame Zeit aus, lachen über Anekdoten und Geschichten von Missgeschicken.

Ihren Cognac nehmen die Herren in der Bibliothek. Einige zünden sich eine Zigarre an, dann kommt eine große Frage nach der anderen auf den Tisch: In welches Land, auf welchen Kontinent wird die nächste jener Vortragsreisen führen, die Einstein jedes Jahr länger ausdehnt? Wird er mit dem Zug die USA durchqueren oder mit dem Schiff bis zur Westküste fahren? Wie geht es weiter mit der Kaiser-Wilhelm-Gesellschaft, bei der Planck vor einem Jahr den Vorsitz von dem verstorbenen Gründungspräsidenten Adolf von Harnack übernommen hat? Was ist von der »Deutschen Physik« zu halten, die seit einigen Jahren von den einflussreichen Nobelpreisträgern Johannes Stark und Philipp Lenard propagiert wird, weil diese Relativität und Quantenlehre als »jüdisch« ablehnen? Sollte es tatsächlich so etwas wie eine »Deutsche Physik« geben – gibt es dann auch eine französische, eine englische und eine russische? Ist die letztere vielleicht schon eine sowjetische?

Von Millikan wollen die Deutschen wissen: Welche Pläne stecken wohl hinter der Millionenspende der amerikanischen Rockefeller-Stiftung, aus der Physiker von Laue gerade den Neubau eines Laborgebäudes für sein KWI finanziert? Was ist von dem Institute for Advanced Studies zu erwarten, das unlängst im amerikanischen Princeton nach dem Vorbild der rein forschungsorientierten Kaiser-Wilhelm-Institute eröffnet wurde?

Umgekehrt fragt der Amerikaner: Wie denken die deutschen Kollegen über die krawalligen Nationalsozialisten, die im Reichstag bald die Mehrheit stellen könnten? Wird ihr radikaler Anführer Hitler dann Reichskanzler? Und: Wird Einstein, der als überzeugter Pazifist und Anti-Nationalist seine deutsche Staatsbürgerschaft in jungen Jahren schon einmal abgelegt hatte, von seinen interkontinentalen Vortragsreisen noch mal zurückkehren nach Berlin? Oder werden die antisemitischen Anwürfe, unter denen er und seine Frau seit Jahren schwer zu leiden haben, unter einer NS-Regierung endgültig unerträglich werden?

Der Verlauf dieser Begegnungen im Harnack-Haus und tags darauf ist typisch für die Art, wie die Besucher des Club- und

Gästehauses miteinander umgehen: Meist steht ein wissenschaftliches Anliegen im Zentrum, aber auch das politische und kulturelle Umfeld und historische Fragen gehören stets dazu. In keinem Fall wird nur die Elite der Fachleute angesprochen, von denen es im Publikum genug gibt, sondern auch Fachfremde, interessierte Laien. Auch ihre Fragen und Einwürfe werden ernst genommen.

So weitet sich der Horizont: Es geht nicht mehr bloß um Insiderwissen und Spezialprobleme, sondern bald schon um größere Zusammenhänge. Etwa um wirtschaftliche Anwendungen der neuen Entdeckungen, um Kosten, Nutzen und Risiken. Oder um gesellschaftliche Auswirkungen, um erfreuliche Veränderungen und um weniger wünschenswerte Nebenwirkungen. Um ethische Fragen. Am Ende stehen nicht selten die persönlichen Sichtweisen, vielleicht sogar ein Engagement in die eine oder andere Richtung.

Schon bald nach seiner Eröffnung im Frühling 1929 wird das Harnack-Haus so zu einem Ort für ein neues universelles Denken, das auf wissenschaftlich fundierten Erkenntnissen und höchster fachlicher Qualifikation basiert. Und zugleich auf größtmöglicher individueller Freiheit und auf gegenseitigem Vertrauen, das auf gesellschaftliche Verantwortung und Humanität zielt.

Das »neue Denken« fördert unideologische Haltungen und ist Vorbild auch für andere, weniger forschungsorientierte gesellschaftliche Gruppen: für Gewerkschaften und Kulturvereine, für Teile der Frauenbewegung und politische Zirkel. Daraus entspringt ein pragmatisches, zukunftsorientiertes Handeln, das oft unter dem Radarschirm der bald einsetzenden nationalsozialistischen Gewaltherrschaft bleibt. Bei jenen Mitgliedern der Dahlemer Forscherkolonie, bei jenen Gästen und Betreibern des Harnack-Hauses, die dieses pragmatische, zukunftsorientierte Handeln oft genug und manchmal gemeinsam praktizieren, entsteht daraus das Gefühl einer direkt erlebbaren Wertegemeinschaft.

Nach dem Zusammenbruch von Staat und Gesellschaft jedoch, nach dem Desaster des Zweiten Weltkriegs ist es dieses geistige Umfeld, das Erlebnis dieser nicht erklärten und nirgends verfassten Wertegemeinschaft, das den Neuanfang eines friedlichen, demokratischen, auf sozialen Ausgleich bedachten Deutschlands möglich macht.

Dieses Buch erzählt die Geschichte des Harnack-Hauses und damit auch der Kaiser-Wilhelm-Gesellschaft, die der Hausherr dieses Schauplatzes ist: ein eingetragener Verein zur Förderung der Wissenschaften, gegründet 1911 unter der Schirmherrschaft des letzten deutschen Imperators. Die KWG ist nicht nur ein elitärer Gelehrtenzirkel und ein großzügiger Arbeitgeber für Albert Einstein, Max Planck, Otto Hahn und später Werner Heisenberg. Sie bietet zugleich eine Manege für diese Titanen, die unser Weltbild und -verständnis geprägt haben wie vor ihnen allenfalls Isaac Newton, Begründer der klassischen Mechanik, der Astrophysiker Johannes Kepler oder der Evolutionstheoretiker Charles Darwin. Obendrein zieht die KWG ein erlesenes Publikum an. Nach den Katastrophen des Ersten Weltkriegs und der Hyperinflation, nachdem Deutschland als die Brutstätte säbelrasselnder Kriegstreiber und Nationalisten galt und international isoliert wurde, suchen die KWG und ihre Forscher wieder den Dialog mit ähnlich qualifizierten und engagierten Entscheidern und Verantwortungsträgern in aller Welt.

Für ihre Begegnungsstätte haben die Gründerväter aus der Kaiser-Wilhelm-Gesellschaft ein kühnes Konzept entwickelt. Nicht nur akademische Exzellenzen sollen dort zusammenkommen mit Novizen, nicht nur die talentiertesten und routiniertesten Experimenteure aus den umliegenden Labors mit den streitbarsten Jung-Theoretikern der Naturwissenschaften. Vielmehr sollen auch die nationalen und internationalen Führungskräfte aus allen gesellschaftlich relevanten Bereichen eingeladen werden: Minister und Prälaten, Museumsdirektoren und Bankiers, Abgeordnete und Gewerkschaftsbosse, Staatsschauspieler und Archäologen, Philosophen, Maestri, Filmstars und Diplomaten. Aus aller Herren Länder, aus Wirtschaft und Wissenschaft, Kunst und Kultur.

Man trifft sich im Harnack-Haus in großen Sälen, aber auch

zu Essen im kleinen Kreis, zu Konzerten und Dichterlesungen, zum einfachen Mittagstisch und zu privaten Einladungen, zu intimen Gesprächsrunden und großen Kostümbällen. So entsteht der Rahmen für einen vertrauensvollen, gruppenübergreifenden Diskurs über die großen Ideen, die das Zeitalter der Moderne und alles, was danach kommen sollte, global gestaltet haben: radikale Gesellschaftsmodelle wie Kommunismus und Totalitarismus, aber auch Forschungsdisziplinen wie Genetik und Molekularbiologie, die Relativität, Atom- und Quantenphysik, Massenkommunikation und Psychologie, ethische Fragen nach der Verantwortung in der Bürgergesellschaft und die Zuständigkeit jedes Einzelnen für sich selbst, für seine Mitmenschen, die Zivilisation.

Das neue universelle Denken und die daraus resultierende Haltung der Besucher des Harnack-Hauses entstehen weder auf Anweisung noch unter Anleitung. Außerhalb der explizit wissenschaftlichen Veranstaltungsformate gibt es kein Programm; weder die Ziele der Austausch- oder Erkenntnisprozesse noch deren Methoden sind schriftlich fixiert. Oft ist nicht einmal klar, dass es sich überhaupt um einen der genannten Vorgänge handelt.

Nicht einmal die Auswahl der Teilnehmer folgt einer festgelegten Strategie: Zu manchen Anlässen kommen eher Fachkollegen, zu anderen Freunde und Familien. Manchmal geht es um eine möglichst hohe gesellschaftliche Stellung der Gäste, manchmal direkt um deren Macht und Einfluss, nicht selten bis hoch hinauf in die NS-Hierarchien.

Viele Begegnungen, Einsichten, Impulse im Harnack-Haus ergeben sich absichtslos, andere aus einer kruden Mischung von Sachzwängen und gesellschaftlichen Regeln, aus unerwarteten Gelegenheiten. Doch kommen nach und nach auch Erfahrungen über Zusammenhänge hinzu, die sich gegen den Mainstream der Ereignisse und gegen manche Absicht im nationalsozialistischen Deutschland richten. Diesen Abweichungen, die in Einzelfällen nicht haltmachen vor Straffälligkeit und bis in den Widerstand hineinreichen, will das vorliegende Buch nachspüren.

Die meisten Wissenschaftler, die sich im Harnack-Haus treffen, handeln freilich aus denselben Motiven heraus wie heutige Wissenschaftler auch: Sie möchten Karriere machen in ihrer jeweiligen Disziplin. Sie wollen berufen werden auf immer prominentere Lehrstühle, wünschen sich Labors, die technisch wie personell immer *noch* besser ausgestattet sind. Sie möchten Preise und Stipendien erringen, die Ergebnisse ihrer Experimente und Studien in den angesehensten Journalen publizieren und Vorträge auf immer wichtigeren Kongressen halten. Im Dahlem der 1930er und 40er Jahre nutzen die Forscher das Harnack-Haus als Präsentationsplattform. Sie zeigen sich und ihre Leistungen dort im bestmöglichen Licht.

Andere Leistungsträger wie Ministeriale und Militärs wollen befördert werden, Schauspieler streben nach Rollen in bedeutenden Filmen unter berühmten Regisseuren, Schriftsteller wollen höhere Auflagen erzielen, Musiker vor größerem Publikum auftreten: mehr Geld, mehr Applaus und Anerkennung, mehr Wertschätzung. Auch sie präsentieren sich, ihre Erfolge und Errungenschaften im Harnack-Haus.

Doch schon bald nach den Parlamentswahlen Anfang des Jahres 1933, die Adolf Hitler zum Reichskanzler machten und die Nationalsozialisten zur alleinherrschenden Macht werden ließen, gerät das Zusammenspiel der intellektuellen und politischen Eliten in Deutschland aus dem Gleichgewicht. Manche, wie Albert Einstein, bemerken das früh – und gehen, wenn irgend möglich, in die Emigration. Andere bemerken es später – und gehen in den Widerstand mit allen Risiken und Widrigkeiten, die das mit sich bringt. Wieder andere bemerken es zu spät – mit oft tödlichen Folgen. Der weitaus größte Teil der Menschen in Deutschland bemerkt es gar nicht oder macht tatkräftig mit und wacht, wenn überhaupt, erst 1945 nach dem desaströsen Kriegsende auf.

Auch die in diesem Buch porträtierten Wissenschaftler fanden sich irgendwann, meist als Folge des eigenen karrieristischen oder aus sonstigen Gründen regelkonformen Verhaltens, in einer Sackgasse ihrer persönlichen Entwicklung wieder, in der ein »Weiter so« nicht mehr möglich war. Eine Situation, die zumindest die Wissenschaftler, die sich ideologisch nicht völlig in den Dienst der nationalsozialistischen Ideologie gestellt haben, nun zwang, ein neues universelleres Denken, eine »neue Haltung« einzunehmen. Sie mussten sich Auswege suchen durch praktisches Handeln: unideologisch, aber klar positioniert, vertrauensvoll und risikobewusst, doch nicht so tollkühn wie die organisierten Widerständler des Kreisauer Kreises, der Weißen Rose, der Roten Kapelle oder des 20. Juli.

Einfacher ausgedrückt: Viele der Wissenschaftler in Berlins Südwesten versuchten in den immer schwieriger werdenden Zeiten der NS-Herrschaft, des totalen Krieges und der damit zusammenhängenden Zerstörung aller materiellen und ideellen Werte, die für sie erreichbaren, verbliebenen Reste von bürgerlichem Anstand und gutem Willen zusammenzutragen, in eine Form zu bringen und nutzbringend einzusetzen. Die dafür verwendete Methode war oft kaum mehr als ein Luftanhalten im Getöse des Orkans, das nicht als solches bemerkt wurde. Aber auch nicht weniger: Eine Maßnahme, die zwar zum Schweigen zwingt, die jedoch ein Untertauchen ermöglicht und den Luftvorrat zumindest für ein Weilchen bewahrt, um nach dem Wiederauftauchen die Stimme erheben zu können. Und sei es erst nach dem Zusammenbruch des nationalsozialistischen Deutschlands.

Das Harnack-Haus in Berlin-Dahlem war das geografische wie gesellschaftliche Zentrum für diese Methode. Vieles, was dort geschah, war nur ein scheinbar zufälliges Ergebnis des interdisziplinären Dialogs, des internationalen Austauschs, der Begegnung von verantwortungsbewussten Menschen beim »geselligen Zusammensein« nach einem wissenschaftlichen Vortrag oder beim »Essen im kleinen Kreis« mit Abgeordneten, Publizisten und Industriemagnaten. Eines Austauschs von Menschen, die nicht selten selbst zur Nazi-Partei gehörten, die Uniformen einer ihrer vielen Organisationen trugen. Die eine friedliche Welt, eine demokratische und auf sozialen Ausgleich bedachte Zukunft vielleicht nicht in allen Einzelheiten ausmalen und konzipieren konnten.

Die eine solche Welt, eine solche Gesellschaft aber anstrebten – und erste Schritte dorthin unternahmen.

Zum Beispiel die Atomforscher: In den Labors des KWI für Chemie gelingt Otto Hahn und Fritz Strassmann im Dezember 1938 zum ersten Mal eine von außen herbeigeführte Spaltung von Atomen. Dabei, so rechnet Lise Meitner nach ihrer Flucht in Schweden aus, werden gigantische Energiemengen freigesetzt. Dennoch können Werner Heisenberg, Otto Hahn und eine Handvoll weiterer, von denen dieses Buch handelt, die Nationalsozialisten und ihre Militärs im Harnack-Haus vom Bau einer Atombombe ablenken.

Dieses Ergebnis einer geheimen Sitzung im Sommer 1942 war keine Folge von heroischem Widerstand, ja nicht einmal ein taktischer Schachzug der Forscher. Eher der für Wissenschaftler typische Appell an die praktische Vernunft. Eine Abwägung im Kraftfeld von Machbarkeiten, Aufwand und Nutzen – hinter der freilich ein unausgesprochenes Unbehagen stand, ein tiefer Zweifel und das Erkennen der Unverantwortlichkeit, solch eine kaum beherrschbare Massenvernichtungswaffe in die Hände von notorisch Maßlosen zu geben. Die standen, auch das ließ sich bei den vielfältigen Begegnungsformaten des Harnack-Hauses erleben oder wenigstens ableiten, in der Raserei ihres totalen Krieges schon mit dem Rücken zur Wand. Heisenbergs geschicktes Lavieren zwischen Rausreden und Hinhalten, so viel scheint jedenfalls klar, hat verhindert, dass Europa im Zweiten Weltkrieg zum atomaren Schlachtfeld wurde, dass die Nationalsozialisten und ihre Militärs noch größeren Schaden anrichten konnten als ohnedies.

Die zumindest in den ersten Jahren schwachen Reaktionen auf die Judenverfolgung dagegen sind ein trauriges Kapitel. Jahrelang hat die Forschergemeinde der KWG mehr oder weniger achselzuckend zugesehen, wie ihre als jüdisch klassifizierten Kollegen – 126 an der Zahl! – von den Nationalsozialisten systematisch ausgegrenzt, entrechtet und enteignet wurden. Dutzende von Wissenschaftlern verloren ihre Professuren und Posten an der Universität, ihre Positionen als Direktoren, wissenschaftliche Mitglieder oder Mitarbeiter der KWG, wurden arbeitslos ohne Chance auf einen neuen Job. Etliche mussten emigrieren, andere versanken mehr oder weniger Not leidend in der Anonymität, da sie nicht mehr experimentieren, nicht mehr publizieren konnten. Vier der einstigen KWGler wurden später in den Konzentrationslagern der Nationalsozialisten ermordet oder kamen dort elend zu Tode.

Anfangs regte sich in der Forschergemeinde allenfalls bei prominenten Einzelfällen Widerspruch dagegen; nach entschiedener Zurechtweisung durch die NS-Machthaber schlief aber auch dieser Protest meist schnell ein.

Aber es gibt zugleich so manches Gegenbeispiel. Eine einzigartige Aktion etwa, bei der Berliner Forscher verschiedener Fachrichtungen eine illegale Ausreise vorbereiteten und dabei mit dänischen, schwedischen, britischen, schweizerischen und niederländischen Kollegen konspirierten, brachte die fast 60-jährige Lise Meitner im Juli 1938 in Sicherheit. Über Holland und Dänemark kam sie völlig mittellos nach Schweden und fand schließlich eine Anstellung am Nobel-Institut in Stockholm, wo sie bis zum Ende des Krieges unbehelligt leben und arbeiten konnte. Otto Hahn schildert ihr unerschütterlich und ausführlich den Fortgang der Forschungen am Institut. Auch damit geht er ein enormes Risiko für sich und seine Familie ein. Per Brief berichtet er Lise Meitner mit verblüffender Selbstverständlichkeit im selben Jahr als Erster von der Kernspaltung und bittet die langjährige Kollegin darum zu berechnen, welche Wirkungen sich daraus ergäben – völlig ungeachtet der politischen Umstände.

Auch Otto Heinrich Warburg, einem brillanten Biochemiker, half das Dahlemer Umfeld als schützendes Biotop. Der Medizin-Nobelpreisträger von 1931 war doppelt gefährdet: durch seine jüdische Abstammung wie durch seine Homosexualität; er lebte vor Ort mit seinem Partner zusammen. Trotzdem hat er nie einen Judenstern auf seiner Kleidung getragen, blieb bis nach dem Krieg Direktor seines Instituts und konnte seinen Forschungen nachgehen. Das personelle Umfeld des Harnack-Hauses bot ihm so viele Privilegien, dass Warburg jederzeit ins Ausland reisen – und unbehelligt wieder zurückkehren konnte. Eine wohl einmalige Begünstigung gegenüber allen anderen »jüdischen Mischlingen 1. Grades« im Nazi-Deutschland.

Auf den ersten Blick mögen diese Ereignisse im Umfeld der nationalsozialistischen Gewaltherrschaft wie Zufälle erscheinen, vielleicht sogar wie das unreflektierte Handeln zerstreuter Professoren. Vieles davon war wahrscheinlich eine mehr oder weniger glückliche Fügung. Doch kann man Muster erkennen, die ganz der speziellen Kultur des Harnack-Hauses entsprechen: dem dort gepflegten Dialog, den Formen des interdisziplinären Austauschs, dem gegenseitigen Respekt, dem Vertrauen in die Kompetenz, aber auch in die Loyalität des Gegenübers. Die ungezwungene Geselligkeit, die sich auch alltags zwischen den Gästewohnungen unterm Dach und dem Lesesaal im Halbgeschoss einstellte, zwischen den Tennisplätzen und den Biertischen im Duisberg-Saal, zwischen den schweren Lederfauteuils in der Bismarck-Halle und dem Turn-Raum im Souterrain mag ebenfalls ihren Beitrag geleistet haben zu der einzigartigen Atmosphäre der Begegnungsstätte. Auch diesen Mustern und dieser Kultur, dem offenen Austausch und der besonderen Atmosphäre möchte dieses Buch nachspüren.

Denn die genannten Elemente haben sich fortgesetzt auch über das Ende des nationalsozialistischen Debakels hinaus. Die erste offizielle Veranstaltung, die kurz nach der Kapitulation im kaum beschädigten Harnack-Haus stattfand, war eine Tagung der Preußischen Akademie der Wissenschaften. Dort wurde debattiert, wie ein Neuanfang des Geisteslebens im Nachkriegsdeutschland möglich und welcher Art er sein könnte. Es gab Konzerte und Lesungen für die Ausgebombten, vom Häuserkampf geschundenen Überlebenden des Infernos.

Ein Missverständnis soll freilich von vornherein ausgeschlossen werden: Das Harnack-Haus war kein primär konspirativer Ort, keine Zentrale von Antifaschisten, keine Keimzelle, an der heroische Akte des Widerstands ausgedacht oder konzipiert wurden. Zumindest zu Beginn des »Dritten Reichs« suchten viele der dort Aktiven die Nähe zum Nationalsozialismus und seinen Vertretern. Von 1939 an hing ein großes Hitler-Porträt über dem Kamin in der herrschaftlichen Bismarck-Halle.

Die »Rassenforscher« und »-hygieniker« vom benachbarten KWI für Anthropologie, menschliche Erblehre und Eugenik, Lieferanten eines geistigen Unter- und Überbaus für den Holocaust, für die Ermordung und Zwangssterilisierung von Tausenden geistig Behinderten und Mischlingen, hielten regelmäßig Vorträge im Harnack-Haus, schickten die Lehrer, Juristen, Ministerialen und Ärzte, die zum Teil in SS-Uniformen an ihren »rassenkundlichen« Kursen teilnahmen, zum Mittagessen ins Liebig-Gewölbe, feierten ihre Promotionen, Publikations- und Kongress-Erfolge im Garten und auf der Terrasse des Club- und Gästehauses.

Hitler selbst war mehrmals Gast bei privaten Feiern in den Nebenzimmern des Harnack-Hauses, 1935 lud er zusammen mit seinem Propagandaminister Joseph Goebbels in die angemietete Begegnungsstätte der Kaiser-Wilhelm-Gesellschaft, um dort die Eröffnung des Reichsfilmarchivs zu feiern. Ein paar Monate später las der Schriftsteller Ernst von Salomon, als Rechtsterrorist in den 1920er Jahren an der Ermordung des Außenministers Walter Rathenau beteiligt und Drehbuchautor nationalsozialistischer Hetz- und Propagandafilme, im voll besetzten Goethe-Saal aus seinen Bestsellern.

Selbstverständlich gab es auch am Harnack-Haus einen nationalsozialistischen Betriebsstätten-Obmann, der darauf achtete, dass auf den Fluren und in den Büros der »deutsche Gruß« praktiziert und die Briefe mit »Heil Hitler!« unterzeichnet wurden. Selbstverständlich wurden »suspekte Elemente« baldmöglichst aus der Belegschaft des Club- und Gästehauses entfernt.

Dennoch liefen im Harnack-Haus auch Fäden des Widerstands zusammen. Mit der Gedenkfeier für den von den Nationalsozialisten aus dem Amt gedrängten Chemie-Nobelpreisträger Fritz Haber organisierte Max Planck 1935, zu jenem Zeitpunkt bereits 76 Jahre alt, eine Großveranstaltung der Insubordination im Goethe-Saal.

Ernst von Harnack, Sohn des Namensgebers und in der Weimarer Republik preußischer Regierungspräsident, war Teil der Widerstandsgruppe um Carl Friedrich Goerdeler und Graf von Stauffenberg. Arvid Harnack, ein Neffe des Namensgebers, gehörte zusammen mit seiner amerikanischen Ehefrau Mildred zu den führenden Köpfen jener Widerstandsgruppe, die von der Gestapo als »Rote Kapelle« diffamiert wurde. Erwin Planck, Sohn des Physik-Nobelpreisträgers und bis zu Hitlers Ernennung zum Reichskanzler Staatssekretär in der Reichskanzlei, wurde ebenfalls im Zusammenhang mit dem Attentat vom 20. Juli 1944 hingerichtet.

Generaloberst Ludwig Beck, der nach Hitlers beabsichtigtem Tod an jenem Tag das Amt des Reichspräsidenten übernehmen sollte, tagte noch zwei Wochen vor dem Bombenanschlag zusammen mit der »Mittwochsgesellschaft« im Harnack-Haus. Dieser bürgerlich-elitäre Zirkel, korrekter Titel »Freie Gesellschaft zur Wissenschaftlichen Unterhaltung«, war schon 1863 gegründet worden – unter ähnlichen Vorzeichen wie später das Harnack-Haus. Da sich in der Mittwochsgesellschaft neben Ludwig Beck auch noch andere Verschwörer des 20. Juli fanden, etwa der ehemalige preußische Finanzminister und ebenfalls hingerichtete Johannes Popitz, wurde der Kreis Ende Juli 1944 von der Gestapo aufgelöst.

Zusammen mit Marion Gräfin Dönhoff, damals Herausgeberin der Wochenzeitung »Die Zeit« und einstige Kurierin für die Widerstandsgruppe um Goerdeler und Stauffenberg, gründete Ex-Bundespräsident Richard von Weizsäcker im Jahr 1996 eine »Neue Mittwochsgesellschaft«. Zu deren Mitgliedern zählten unter anderem führende Sozialdemokraten wie Egon Bahr, Wolfgang Thierse und Helmut Schmidt, aber auch Industrielle wie

Edzard Reuter (ehem. Vorstandsvorsitzender der Daimler-Benz AG) oder Giuseppe Vita (ehem. Vorstandsvorsitzender der Schering AG, heute Teil des Bayer-Konzerns) und die Grünen-Politikerin Antje Vollmer. Weil er im hohen Alter nicht mehr an den Berliner Sitzungen teilnehmen konnte, betrieb Schmidt an seinem Hamburger Wohnort später eine gleichgesinnte »Freitagsgesellschaft«.

So ist das Harnack-Haus eine Bühne für Aufführungen in geradezu Shakespeare'schen Dimensionen: mit Prologen vor dem noch geschlossenen Vorhang, mit Musik und Tanz, mit den Kommentaren von Narren, mit Schurken und schönen Frauen, mit Lachen und Weinen, Komik und Kummer, mit Vertrauen und Niedertracht, Intrigen und Zweikämpfen, Gift und Gewalt, Leidenschaften und Lyrik. Es wird nicht zum Schauplatz von Heldenepen, sondern zu einer Bühne für besondere Schicksale und Talente, für ungewöhnliche Pointen und Plots.

Teil 1
Aufstieg und Blüte
(1911–1933)

Unsere Sache ist eine, die jeden erhöht und steigert, der für sie wirkt und wirbt.

FRITZ HABER, *von 1911 bis 1933 Direktor des später nach ihm benannten Kaiser-Wilhelm-Instituts und Chemie-Nobelpreisträger des Jahres 1918*

Der Hauptzweck des Harnack-Hauses ist nicht ein wissenschaftlicher, sondern ein sozialer und im besten Sinn menschlicher Zweck. (...) Die Gelehrten, die künftig hier leben, werden zu den glücklichsten aller Menschen zählen.

JACOB GOULD SCHURMAN, *Botschafter der Vereinigten Staaten von Amerika im Deutschen Reich und ehemaliger Präsident der Cornell-Universität in Ithaca, New York, in seiner Rede zur Eröffnung des Harnack-Hauses, 1929*

*Architekt Carl Sattler (l.), Haus-Chefin Margarethe Carrière-Bellardi
und Friedrich Glum, Generaldirektor der Kaiser-Wilhelm-
Gesellschaft, vor der Gartenfront des Harnack-Hauses kurz nach
dessen Errichtung. Links die mehrstöckigen Fenster des Goethe-
Saals, mittig die Rundbogen vor der Bismarck-Halle.*

Simple Schale, edler Kern

Die Reden bei der Eröffnungsfeier des Harnack-Hauses in Berlin-Dahlem klingen enthusiastisch bis schwärmerisch. Denn die Begegnungsstätte internationaler Eliten gibt ihren geistigen Vätern und Förderern Anlass für höchste Hoffnungen: Es soll eine Bühne werden für den internationalen Dialog zwischen Wissenschaft, Politik, Wirtschaft, Kultur und Gesellschaft, die es in dieser Form zuvor nicht gegeben hat. Das Harnack-Haus wird architektonisch einfach und schmucklos erbaut – in einer Zeit, die geprägt ist von blutigen Straßenkämpfen, von gesellschaftlichen und politischen Turbulenzen.

Der 7. Mai 1929 verspricht für Berlin ein idyllischer Frühlingstag zu werden. Zwar ist der Morgenhimmel bewölkt, doch die Wettervorhersage verheißt sechs bis sieben Stunden Sonnenschein. Nach einer warmen Nacht mit zweistelligen Temperaturen soll das Thermometer am Nachmittag auf über zwanzig Grad steigen.

Bei Sonnenaufgang sind die Kopfsteinpflasterstraßen der stillen Villenvororte im Südwesten der Hauptstadt erfüllt vom Gesang der Amseln und Rotkehlchen; satt leuchten die blühenden Rhododendren unter den Bäumen der Park- und Gartengrundstücke. Auch die Fliederbüsche stehen in voller Blüte und tauchen das ganze Viertel in einen süßen Duft.

Nahe der Dahlemer U-Bahnstation Thielplatz – noch endet hier die Linie, die im nächsten Jahr die Badestrände der Krummen Lanke mit sonnenhungrigen Großstädtern füllen wird – herrscht ab 10 Uhr Großbetrieb: Festlich gekleidete Menschen reisen an, die Damen haken sich unter bei ihrer Begleitung und stöckeln auf hohen Absätzen ein paar Dutzend Meter die Ihnestraße hinunter zu einem zweieinhalbstöckigen Backsteinbau. In dessen überdachter Zufahrt warten bereits zwei grün Livrierte auf die großen Limousinen und Landaulets, mit denen die Prominenz aus Wirtschaft und Politik, aus Kultur, Gesellschaft, Forschung und Lehre vorfahren wird. In den eigens angeschafften »Grüße-Mützen« des Empfangskomitees schimmert die eingestickte Silhouette der Minerva: Die römische Göttin der Weisheit, Hüterin des Wissens, ist das Emblem des Hausherrn, der Kaiser-Wilhelm-Gesellschaft zur Förderung der Wissenschaften.

Noch ist der Neubau nicht komplett eingerichtet. Die Teppiche, die an diesem Tag ausliegen, mussten geliehen werden; der große Weinkeller ist noch leer. Doch in ihrer förmlichen Einladung hat die KWG angekündigt: Um elf Uhr wird die Einweihungsfeier des Harnack-Hauses beginnen – jenes Gebäudes, das künftig als Club- und Gästehaus der ebenso honorigen wie ambitionierten Forschungsorganisation dienen soll. Deren Dahlemer Campus mit damals sieben Instituten, die sich auf dem weitläufigen Gelände einer ehemaligen preußischen Staatsdomäne verteilen, wird durch das Harnack-Haus nach Norden abgeschlossen.

Namenspatron ist der Wirkliche Geheime Rat Adolf von Harnack, der für seine Verdienste um die deutsche Wissenschaft geadelte und immer noch amtierende Gründungspräsident der KWG, der heute zugleich seinen 78. Geburtstag feiert: Ein weltweit renommierter Religionswissenschaftler und Kirchengeschichtler, Kanzler des Ordens Pour le Mérite und Präsident der Preußischen Akademie der Wissenschaften, Mitglied der American Academy of Arts and Sciences und Vorkämpfer eines bürgerlich-liberalen Kulturprotestantismus, der unter anderem auch für Frauenrechte eintritt, etwa das Recht auf Bildung.

Gut 400 Gäste haben sich an jenem Mai-Morgen eingefunden im Goethe-Saal, dem größten Raum des Harnack-Hauses. Zu den Eingeladenen zählen alle Berliner Institutsdirektoren, alle Wissenschaftlichen Mitglieder und Angestellten der KWG, aber auch das diplomatische Corps der Hauptstadt, Reichstagsabge-ordnete, Minister und oberste Vertreter der Reichs-, Landes- und Stadtverwaltungen. Die Begründer eines völlig neuen Naturver-ständnisses wie Max Planck und Max von Laue werden neben Reichsbankpräsident Hjalmar Schacht und Mäzenen wie Kauf-hausmagnat Georg Wertheim und Paul Schottländer sitzen, Letz-terer auch ein einflussreicher KWG-Senator. Konzernkapitäne wie Carl Duisberg vom weltgrößten Chemie-Unternehmen IG Farben und Carl-Friedrich von Siemens sollen sich zu ranghohen Militärs gesellen.

Frühzeitig abgesagt hatte nur der greise Reichspräsident Paul von Hindenburg; er lässt stattdessen ein Glückwunschtelegramm schicken. Seine Abwesenheit ist nicht weiter schlimm, denn auf dem Programm stehen genug Vorträge und Grußworte einfluss-reicher und angesehener Persönlichkeiten: Gustav Krupp von Bohlen und Halbach, der Industriemagnat und Vizepräsident der KWG, wird für den Kreis der privaten und wirtschaftsnahen För-derer sprechen. Danach soll Außenminister Gustav Stresemann über die internationalen Aspekte des Club- und Gästehauses reden. Als Friedensnobelpreisträger des Jahres 1926 steht der libe-rale Politiker für die Wiederaufnahme Deutschlands in die Völker-gemeinschaft, von der das Land wegen seines martialischen Nati-onalismus im Ersten Weltkrieg gemieden wurde. Aufgrund von Stresemanns Diplomatie bei der Konferenz von Locarno konnte die junge deutsche Republik zu einem vollwertigen Mitglied des 1920 gegründeten Völkerbundes werden, der Vorläufer-Organi-sation der Vereinten Nationen. Eine so international angelegte Institution wie das Harnack-Haus war also ganz in Stresemanns Sinn.

Für die akademische Gemeinde Berlins sprechen Medizinalrat Wilhelm His, Rektor der Universität, gefolgt von Fritz Haber, dem Chemie-Nobelpreisträger von 1918 und Direktor des später nach ihm benannten Instituts für Physikalische Chemie in der unmittel-baren Nachbarschaft.

Stresemann adressiert zunächst den Hausherrn und Namensgeber, seinen Bruder im Geiste des Internationalismus und der Völkerverständigung: Einen »Förderer der kulturellen Weltgeltung Deutschlands und der deutschen Kulturpolitik im Auslande« nennt er Adolf von Harnack. »Ein Haus der Freundschaft haben Sie dies Haus genannt«, rühmt der Außenminister das Konzept der neuen Begegnungsstätte: »Und es hieße, an der Zukunft der Menschheit verzweifeln, wenn nicht durch geistige Freundschaft unter denen, die doch aufgrund ihrer Kenntnisse vom menschlichen Leben führend sein sollen, Fortschritt erzielt werden könnte in den so jäh unterbrochenen Beziehungen der Völker.«

Die emphatischste der vielen Reden hält jedoch US-Botschafter Jacob Gould Schurman – in tadellos gedrechseltem Deutsch. Als junger Mann hat er unter anderem in Heidelberg und in Berlin studiert, als ehemaligem Präsidenten der privaten Cornell University in Ithaca, New York, liegen ihm Themen aus der akademischen Forschung nahe. So begeistert er sich für das aus seiner Sicht bahnbrechende Konzept des Harnack-Hauses: Schurman sieht es als Begegnungsstätte für Gelehrte aller Fachrichtungen, als Ort des internationalen Austauschs für Führer aus »Wirtschaft, Politik, Verwaltung und Kunst«.

Wörtlich sagt Schurman: »Der Hauptzweck des Harnack-Hauses (…) ist nicht ein wissenschaftlicher, sondern ein sozialer und im besten Sinne des Ausdrucks menschlicher Zweck (…) Fern dem lauernden Geräusche und der Bewegung einer großen, modernen Hauptstadt,« schwärmt der Amerikaner, werde sich das neue Club- und Gästehaus zu einem »gesellschaftlichen Mittelpunkt« entwickeln für die Mitglieder »intellektueller Kreise«. Er sollte recht behalten: Im Harnack-Haus werden bis zum Ende des Zweiten Weltkriegs 35 Nobelpreisträger Quartier gefunden, Vorträge gehalten oder sich mit den sozialen, kulturellen und geistigen Größen ihrer Zeit getroffen haben. Das Club- und Gästehaus der KWG wird zum Magneten für Dichter und Denker aus aller Welt, zu einer Stätte für ausgelassene Feste und Feiern. Und schließlich zu einem Hort der Humanität.

In seinem Ausblick zählt der Diplomat »die ausländischen Gelehrten und Wissenschaftler, die im Harnack-Haus leben werden, zu den glücklichsten aller Menschen«. Für den Fall, dass er selbst »glücklich genug sein sollte, die Vorbedingung für eine Einladung zu erfüllen«, verspricht er, »jenen Nächten und Mahlen der Götter beizuwohnen«.

Der Chemie-Nobelpreisträger Fritz Haber spricht kürzer und nicht gar so blumig, doch nicht weniger pathetisch. Zunächst vergleicht er die Kaiser-Wilhelm-Gesellschaft mit einer »gefürsteten Abtei« des Mittelalters – um sich dann über deren »neues Refektorium« in Gestalt des Harnack-Hauses zu freuen, das »zur Pflege des Zusammenhangs mit anderen Bruderschaften und untereinander« dienen soll. Auch Haber blickt in eine bessere Zukunft. »Wir werben hier um Ihre Seele«, ruft er am Ende seiner Ansprache dem Publikum zu. »Wir werben darum, in der Hoffnung, dass Sie (…) in der Welt draußen, in der Sie (…) groß und mächtig sind, reden werden (…), damit unsere Sache wächst und bestehen bleibt, die heute im Werden ist. Und wir denken, Sie werden Freude haben, wenn Sie es tun; denn unsere Sache ist eine, die jeden erhöht und steigert, der für sie wirkt und wirbt.«

Während des sich anschließenden Empfangs gibt es Führungen durchs Harnack-Haus. Der Münchener Architekt Carl »Carlo« Sattler, entfernt verschwägert mit KWG-Generaldirektor Friedrich Glum und neuerdings Hausbaumeister der Forschungsorganisation, zeigt stolz sein jüngstes Werk: Großzügige 21.350 Kubikmeter Raum hat er im »Heimatschutzstil« umbaut, also mit vornehmlich rechteckigen Grundrissen, Gaubenkonstruktionen in hohen, ziegelgedeckten Walmdächern und mit einer flächigen, durch rechteckige Fenster kleinteilig gegliederten Backsteinfassade.

Falls dies nicht die Ansprüche der Journalisten und Kritiker erfülle, die möglicherweise eine Modernität im Stil der »Neuen Sachlichkeit«, am Ende gar eine plakativ-nüchterne, ultrafunktionale Ästhetik der Bauhaus-Architektur erwarten, so bitte er um Entschuldigung, gibt Sattler der angereisten Tagespresse zu Protokoll: Er habe sich zu vielen Sachzwängen beugen müssen – etliche Beiträge, die für den Bau des Harnack-Hauses von Privatleuten oder Unternehmen geleistet wurden, hatten den Projektleiter als Sachspenden erreicht, vom Stahlbetonträger über Röhren und Leitungen bis zum Elektrokabel.

Die gemeinsame Botschaft von Sattlers Bescheidenheit und den Höhenflügen der Redner lautet in etwa: Das geistige Niveau des Harnack-Hauses soll luxuriöse Höhen erreichen – aber bitteschön in bescheidener Kulisse und mit Straßenanzug als Dresscode. Anders gesagt: Die Forscher der Kaiser-Wilhelm-Gesellschaft mögen die Aristokraten der Wissenschaften sein – ihre Organisation hat sich jedoch nicht etwa einen Palast geleistet, sondern ein ziemlich bürgerliches Club- und Gästehaus.

Dabei kann sich Sattlers Leistung durchaus sehen lassen: Neben dem dreiflügeligen Hauptbau schließt sich, durch einen überdachten Flur verbunden, ein keilförmiges Hörsaalgebäude mit bogenförmiger Rückfassade an. In dessen aufsteigenden Klappstuhlreihen finden rund 300 Zuhörer Platz. Unten auf der Bühne stehen eine Experimentierbank und ein elektrischer Schaltschrank, eine mehrgliedrige, in den Boden versenkbare Tafel, eine Projektionsleinwand und alles Weitere, was ein wissenschaftliches Auditorium braucht. Hier werden die bald berühmten »Dahlemer Medizinischen Abende« und die »Dahlemer Biologischen Abende« stattfinden, zu denen der Physiologieprofessor Wilhelm Trendelenburg und der Biochemiker Otto Heinrich Warburg, Medizin-Nobelpreisträger von 1931, künftig regelmäßigen laden. Der Helmholtz-Hörsaal, wie er bald genannt wird, hat eine eigene überdachte Auto-Vorfahrt. Bald wird auch noch eine komplette Anlage für Tonfilmvorführungen installiert – inklusive einer kleinen Kabine für den Vorführer: in den frühen 1930er Jahren eine Ausstattung auf dem neuesten Stand der Technik.

Im Hauptgebäude haben neben dem großen Goethe-Saal etliche kleinere Veranstaltungsräume Platz: etwa das Mozart-Zimmer für Musik-Aufführungen oder das 30 Personen fassende

Humboldt-Zimmer mit der angrenzenden Bibliothek. Im Liebig-Gewölbe – Hausherr Adolf von Harnack ist verheiratet mit einer Enkelin des Chemie-Pioniers Justus von Liebig, Begründer des Südchemie-Konzerns – befindet sich das Restaurant, in dem bis zu 180 Gäste an kleinen Tischen Platz haben. Für die Beschäftigten der benachbarten Institute wird hier wochentäglich ein »einfaches, gut zubereitetes Mittagessen zu mäßigen Preisen« angeboten, wie der Hausprospekt wirbt. In den oberen Stockwerken sind die Zimmer, Suiten und Wohnungen für bis zu 25 Logiergäste untergebracht. Viele der Unterkünfte haben eine eigene Nasszelle, was in den 1920er Jahren noch nicht selbstverständlich ist. Im Seitenflügel gibt es eine Turnhalle mit Duschen und Umkleideräumen. Am Rand der viele Tausend Quadratmeter großen Anlage, hinter dem Garten, wurden drei Tennisplätze angelegt.

Die festliche Eröffnung des Harnack-Hauses findet in der Atmosphäre eines Bürgerkriegs statt: In der Woche vor der Feier waren in Berlin mindestens 38 Menschen bei Unruhen zu Tode gekommen; die Polizei hatte aus gepanzerten Fahrzeugen mit Maschinengewehren auf streikende und demonstrierende Arbeiter geschossen, über 250 Menschen wurden dabei verletzt. Anlass für den Einsatz war eine Demonstration am 1. Mai, dem »Internationalen Kampftag der Arbeiterklasse«, zu der die Kommunistische Partei aufgerufen hatte. Sie wollte damit bewusst ein Verbot politischer Versammlungen unter freiem Himmel durchbrechen, das der Berliner Polizeipräsident schon im Jahr zuvor erlassen und das der Innenminister noch im März auf das gesamte Land Preußen ausgedehnt hatte.

Obwohl sich nur 8000 Aktivisten an den Straßenumzügen der KPD beteiligen, löst die massive Polizeigewalt einen Aufstand aus, dessen Häuserkampf, Generalstreik und Massenverhaftungen erst durch ein »Verkehrs- und Lichtverbot« beendet werden kann: Nächtelang herrschen Verdunklung und eine strenge Ausgangssperre in großen Teilen von Berlin. Straßenseitige Fenster müssen geschlossen bleiben. Erst am 6. Mai, am Tag vor der Eröffnungsfeier in Dahlem, wird der Ausnahmezustand wieder aufgehoben. Bis dahin waren 1228 Menschen festgenommen worden, die Ordnungskräfte hatten 11.000 Schuss Munition verschossen.

In einer von Klassenkampf und nationalistischen Parolen, rassistischer Hetze und sozialrevolutionären Ideen aufgeladenen Atmosphäre öffnet das Harnack-Haus seine Türen – als ein Idyll für einen offenen und vertraulichen Austausch, als Labor für neue Ideen und Projekte und als internationale Begegnungsstätte.

Von der ersten Idee für ein Club- und Gästehaus bis zu dessen Eröffnung im Mai 1929 war es ein mühsamer Weg gewesen. Rund drei Jahre lang hatten KWG-Präsident Harnack und Generaldirektor Friedrich Glum in Ministerien antichambriert, hatten Millionenbeträge bei Mäzenen und Sponsoren eingesammelt, Gremien der Kaiser-Wilhelm-Gesellschaft und Entscheider in der Politik überzeugt, Partnerorganisationen im In- und Ausland gewonnen für das große Projekt, das allenfalls international entfernte Vorbilder hatte, somit für Deutschland Maßstäbe setzte.

Friedrich Glum, habilitierter Jurist mit einem zweiten Doktortitel in Nationalökonomie, war 1920 im Alter von 29 Jahren zum Generalsekretär der KWG ernannt worden. Er verstand sich gut mit Harnack, nahm dem betagten Präsidenten jede lästige Alltagspflicht, jede organisatorische Nebenaufgabe ab und machte sich dessen zentrale Ideen zur Wissenschaftspolitik, zur Aufgabe der Forschung in einer Industriegesellschaft, zur Weiterentwicklung der KWG und zum Aufbau einer akademischen Exzellenz im ärmlichen Nachkriegsdeutschland zu eigen. Glums Geschick in Finanzfragen hat die KWG zu verdanken, dass sie in den 1920er Jahren die Wirren und Stürme der Hyperinflation einigermaßen unbeschadet überstehen konnte.

Als Dank für seine Verdienste wird Friedrich Glum im Jahr 1927 zum Generaldirektor befördert. Das Gehalt, das ihm die KWG in den Folgejahren zahlt, übersteigt das des Preußischen Ministers für Erziehung und Kultur, dem offiziellen Aufsichtsführer über die KWG.

Zudem konnten Glum und seine rasch wachsende Familie schon im Jahr 1925 den Neubau einer geräumigen Villa auf dem Forschungscampus im Nobelvorort Dahlem beziehen. Zwar schreibt der Wissenschaftsmanager in seinen Lebenserinnerungen, er sei »nicht ganz einverstanden« gewesen, im Berliner Südwesten »dem Klatsch und dem Neid von Direktoren- und Assistentenfrauen« ausgesetzt zu sein. Doch zugleich freute er sich, dass Architekt Carl Sattler das Haus seinem, Glums, »Wunsch entsprechend in einem süddeutschen Stil mit einem ausgebauten hohen Dach und mit Fenstergittern, wie man es oft in barocken Häusern auf dem Lande findet«, errichtet hatte.

Nach dem Umzug in seine »Generaldirektorenvilla« widmet sich Glum dem Projekt eines Club- und Gästehauses, das nach Harnacks Ideen als geistig-kulturelles Zentrum der KWG-Gemeinde in Dahlem errichtet werden sollte. Der Gründungspräsident hatte die Wissenschaftsorganisation nach den Prinzipien einer modernen Leistungselite konzipiert: Ausgestattet mit einem respektablen Budget aus staatlicher Grundfinanzierung, verstand sich der eingetragene Verein nie als Geldverteilungsapparat. Anders als etwa in den honorigen Akademien der Wissenschaften ging es in der KWG weniger um das gegenseitige Schulterklopfen der Mitglieder oder um den Erhalt von Privilegien aus der Vergangenheit. Stattdessen sollten die KWG-Forscher mehr oder weniger täglich neues Wissen schaffen, Erkenntnisse formulieren und verbreiten. Leistung erbringen zugunsten der Gesellschaft, die diese Leistung durch ihre öffentlichen Gelder, durch Mäzene und Stifter ermöglichte und honorierte, aber auch für die gesamte Menschheit. Die Forscher sollten Verantwortung übernehmen für das geschaffene Wissen und seine Anwendungen.

Diese Leistung, das hatte Harnack trotz seines theologischen Hintergrunds besser verstanden als viele seiner Zeitgenossen, konnten die Naturwissenschaften im Zeitalter der Moderne nicht mehr allein durch Experimente erbringen. An der Schwelle zum 20. Jahrhundert hatten zunächst Max Planck durch seine Quantenlehre, wenig später dann Albert Einstein mit seiner Relativitätstheorie die Theoretische Physik zur Krönung dieser Disziplin gemacht – und Theorie braucht Austausch. Weshalb die KWG den Dialog unter ihren Mitgliedern, aber auch mit ausländischen Gästen und Kollegen und mit Fachfremden mindestens ebenso hochhielt wie das präzise Experimentieren. Für diesen umfassenden Austausch benötigte die KWG ein Forum mit ähnlichem Potenzial und mit Kapazitäten wie die Labore der Physiker, Chemiker, Materialwissenschaftler und Biologen.

Dieses Forum sollte nun mit dem Club- und Gästehaus geschaffen werden. Die Begegnungsstätte sollte jenen Forschungscampus ergänzen, den die KWG nach dem Vorbild anglo-amerikanischer Elite-Universitäten schon vor dem Ersten Weltkrieg in Dahlem geschaffen hatte und der bis heute als ideale Form des Wissenschaffens gilt: als Quell für technologischen und gesellschaftlichen Fortschritt, für Innovationen und wirtschaftliches Wachstum. Vergleichbar in etwa mit der Rolle als akademischer Motor und geistiges Zentrum, die heute der privaten Stanford-Universität für das Silicon Valley zukommt.

Im Frühjahr des Jahres 1926 beschließen Verwaltungsausschuss und Senat der Kaiser-Wilhelm-Gesellschaft das Projekt. Von nun an ist es an Glum und Harnack, die Mittel aufzutreiben, das Bauvorhaben voranzubringen. Glum verfasst eine »Denkschrift«, in der er auf die volkswirtschaftliche Bedeutung eines internationalen Wissenschafts-Austauschs hinweist und dann das Konzept für ein Gästehaus umreißt, das »auch ein Gartengelände haben und die Möglichkeit zu sportlicher Betätigung« bieten soll.

Die nun folgenden Gespräche führen die beiden hauptamtlichen KWG-Chefs zum Außenminister Gustav Stresemann, sogar zum Reichskanzler Wilhelm Marx. Der erkennt sofort, dass die KWG mit ihrem Club- und Gästehaus die fatale Isolation durchbrechen kann, in die Deutschland nach dem Ersten Weltkrieg geraten war – politisch, kulturell, wirtschaftlich –, und unterstützt das Vorhaben: Die Wissenschaft, sagt Kanzler Marx in einer Tischrede, sei der Politik»vorangegangen«: Sie habe»viel früher als die Diplomatie die Wege zu den Ländern, die uns Gegner geworden waren, wieder gefunden – glanzvoll und bahnbrechend«.

Mithilfe des Prälaten Georg Schreiber, eines einflussreichen Abgeordneten der Zentrumspartei und Senators der KWG, wird das Projekt Harnack-Haus, wie es nun genannt wird, im Reichstag genehmigt. Insgesamt zahlt die öffentliche Hand 1,9 Millionen Reichsmark für den Bau, der schwer bezifferbare Preis für das gespendete Grundstück (Schätzungen kalkulieren eine Million Reichsmark) ist hier nicht eingerechnet.

Die Inneneinrichtung soll ausschließlich aus privaten Spenden angeschafft werden. Mit mehreren Aufrufen, die Friedrich Glum an die Wissenschaftlichen Mitglieder der KWG und an jene solventen Unternehmen richtet, deren Lenker dem Senat der Forschungsorganisation angehören, treibt der Generaldirektor fast eine halbe Million Reichsmark auf: Konzernchefs aus dem Ruhrgebiet senden Beträge in zum Teil sechsstelliger Höhe; kleinere, aber immer noch nennenswerte Summen kommen vom Ullstein Verlag und vom Berliner Zeitungsverlag Mosse, beide im Besitz jüdischer Familien.

Klavierbauer Bechstein spendet einen Konzertflügel, die Preußische Porzellanmanufaktur ein Tafelservice. Für die Errichtung der drei Tennisplätze weist der jüdische Bankier Leopold Koppel, der KWG seit Jahren durch Millionen-Stiftungen für die wissenschaftlichen Institute verbunden, 5000 Reichsmark an. Bankier Franz von Mendelssohn, Senator der KWG, spendet ein Ölporträt, das Adolf von Harnack zeigt.

Einzig die Anschaffung einer teuren Tischglocke versagen sich die Bauherren: Ein Münchener Silberschmied hatte den Entwurf eines etwa 25 Zentimeter hohen Geläuts eingereicht, dessen Umsetzung rund 1000 Reichsmark gekostet hätte. Den Griff zierte die Figur einer nackten Frau. Immerhin darf Architekt Carlo Sattler einen raffiniert gestalteten, überdimensionierten Symbolschlüssel für das Harnack-Haus entwerfen und anfertigen.

Schon im Sommer 1928 war eine Leiterin für das Harnack-Haus eingestellt worden – ohne vorherige öffentliche Ausschreibung: Margarethe Carrière-Bellardi. Die ebenso stämmige wie anspruchsvolle und durchsetzungsstarke Mittvierzigerin hatte den Posten bekommen, weil sie einen entfernten Verwandten der Familie Harnack geheiratet hatte: den Privatgelehrten Ludwig Carrière, wie Harnacks Ehefrau ein Abkömmling des Chemikers Justus von Liebig.

Frau Carrières bald notorische Resolutheit und ihre Unbescheidenheit resultieren aus ihrem Werdegang: Die Berliner Rektorentochter, die sich von Vertrauten »Poldi« rufen lässt, hat sich durch viele Restriktionen durchbeißen müssen, die der preußische Staat höheren Töchtern auferlegte, bevor diese, wie Margarethe Bellardi, studieren und einen Lehramts-Abschluss erzielen konnten. Glum stellte Carrière in Harnacks Abwesenheit ein, da er wusste, dass sein Präsident »an dem Schicksal der Familie Carrière persönlichen Anteil« nahm.

Die Eröffnungsfeier des Club- und Gästehauses verläuft so harmonisch und stimmungsvoll, wie es sich seine Gründerväter, die Vordenker und Exzellenzen der KWG, erträumt und erhofft haben: Adolf von Harnack genießt das internationale Flair, das sich in dem Anwesen an diesem ersten Tag spontan einstellt. Die spanischen, japanischen und amerikanischen Gesandten plaudern nachmittags noch lange auf der Gartenterrasse mit den übrigen Ehrengästen, nippen Champagner aus geschliffenen Kristallglasschalen, erfreuen sich an der lauen Frühlingsluft und den Blütendüften der Gartenlandschaft.

Harnack ist erleichtert: Vom Pulverdampf der vergangenen Tage in den Arbeitervierteln, von den politischen Unruhen im Stadtzentrum ist nichts nach Dahlem gedrungen. Ein Blick auf den Buchungsstand der Konferenzräume hat ihm zudem Hoffnung gegeben, dass sein Konzept für das Club- und Gästehaus aufgehen wird: Schon im Vormonat hat der Deutsche Akademikerinnenbund, eine Gründung seiner Tochter Agnes und der liberalen Reichstagsabgeordneten Marie-Elisabeth Lüders, angefragt, ob er im Juni hier seine Jahresversammlung abhalten könne – was gern bewilligt wurde. Die junge Organisation setzt sich vor allem für Frauen ein, die mathematisch, naturwissenschaftlich oder technisch besonders qualifiziert sind – was der Dahlemer Forscherkolonie eine neue Gruppe von Nachwuchskräften erschließen kann. Zudem versammelt der Akademikerinnenbund auch Ärztinnen, Juristinnen und Hochschuldozentinnen – die richtigen Zielgruppen für die geplanten Vorträge und Veranstaltungen im Harnack-Haus.

In den kommenden Wochen werden das Reichsinnenministerium und der Allgemeine Deutsche Gewerkschaftsbund Empfänge im Harnack-Haus geben. Für den betagten KWG-Präsidenten ist das die richtige Mischung. Zudem eine willkommene Einkommensquelle.

Auch Max Planck, Nobelpreisträger aus dem Jahr 1918 und allseits hoch angesehener Forscherstar, ist zufrieden mit dem Start des neuen Projekts. Während er von einem Winkel der Terrassen-Balustrade die bunte Gesellschaft jenes Nachmittags betrachtet, freut sich der Quantenphysiker auf künftige Gäste aus der britischen, amerikanischen und französischen Wissenschaftselite: Die müssen bei ihren Besuchen von Kongressen oder Vorträgen nun nicht mehr nur in den Gästezimmern ihrer Berliner Kollegen untergebracht werden, sondern können in den Obergeschossen des Harnack-Hauses standesgemäße Unterkünfte finden.

Für die nächsten Wochen nimmt sich Planck vor, die Zeitschriften-Abonnements der hauseigenen Bücherei zu überprüfen. Er möchte sicherstellen, dass die international wichtigsten Journale für Theoretische Physik so präsentiert werden, dass die jeweils aktuelle Ausgabe im Lesesaal aufliegt, die zurückliegenden Ausgaben schnellstmöglich gebunden, katalogisiert und verschlagwortet werden. Wie das in akademisch ambitionierten Bibliotheken üblich ist.

Fritz Haber, Chemie-Nobelpreisträger und Hausherr im unmittelbar benachbarten KWI für Physikalische Chemie, gibt sich an diesem Nachmittag besänftigt: Wegen der komfortablen Ausstattung des Harnack-Hauses hatte er bei der KWG-Generalverwaltung protestiert. Ihm missfielen unter anderem die Duschräume neben dem Turnsaal, die er für überflüssig hielt. Ein weiterer Kritikpunkt: Haber hatte in seinem Institut bereits einen Hörsaal und eine kleine Kantine eingerichtet, die auch von den Forschern und Laboranten der Nachbarinstitute gern benutzt wurden. Unter dem Druck des neuen Wettbewerbs würde sich sein Angebot nicht mehr rentieren.

Doch die tatsächlichen Gegebenheiten können Haber umstimmen: Ein Gästehaus unter professioneller Führung sowie ein großer Hörsaal mit vollständiger Laborbank und sonstiger Maximalausstattung werden den internationalen Besuchern gelegen kommen, den Ruf auch seines Instituts weiter heben. Seine legendären, weil anspruchsvollen und wegweisenden »Montags-Colloquien« zu neuen chemischen Verfahren wird der wirtschaftsnahe Haber fortan im Harnack-Haus abhalten; die Räumlichkeiten seiner Institutskantine und des -hörsaals wird er zurückverwandeln in nützliche Labors.

Außerdem freut sich der Physiko-Chemiker an jenem Nachmittag über die Gesellschaft des japanischen Botschafters Harukuza Nagaoka. Schon 1924 hat Haber dessen Heimat bereist, damals auf Anregung seines Freundes Albert Einstein. Danach hat er etliche japanische Wissenschaftler nach Berlin geholt, einige direkt an sein eigenes KWI. Haber sucht den Austausch mit der elitären Kultur des ostasiatischen Kaiserreichs und fördert deshalb die Gründung deutsch-japanischer Kultureinrichtungen; im Jahr 1926 war er Präsident des Instituts geworden, das den Dialog zwischen den Nationen in Berlin organisiert.

Einzig der vierte Weltbildner unter den Hauptfiguren der KWG jener Jahre fehlt bei dieser denkwürdigen Eröffnungsfeier: Albert Einstein hat sich innerlich längst verabschiedet vom Berlin der Weimarer Republik. Offensiv angefeindet wegen seiner jüdischen Herkunft und wegen seiner pazifistischen Überzeugungen, hält er allenfalls gelegentlich Vorträge an der Universität oder in der Akademie der Wissenschaft; am öffentlichen Diskurs über die Theoretische Physik, die Relativitätstheorie und ihre Implikationen für laienhafte Vorstellungen über die Zusammenhänge des Universums nimmt er kaum mehr teil.

In jenen Frühlingstagen überwacht er das Errichten seines Sommersitzes im brandenburgischen Dorf Caputh, den er wenige Wochen später beziehen wird, als letzten Ankerpunkt vor seinem Exil in Princeton an der US-Ostküste. Ein Club- und Gästehaus »seiner« KWG ist ihm allenfalls eine willkommene Anlaufadresse für gesellschaftliche Gelegenheiten und Begegnungen; aber keine Institution, die der Pazifist angesichts der politischen Entwicklungen und der antisemitischen Angriffe auf seine Person noch wertschätzen könnte.

Die Presse sieht das Harnack-Haus anders. Das »Berliner Tagblatt« druckt die emphatische Rede von US-Botschafter Schurman ab, überregionale Blätter veröffentlichen Berichte über die Eröffnungsfeier, sogar die »New York Times« vermeldet das Ereignis. Entsprechend nahtlos läuft der Tagungsbetrieb an. Die Reihe der großen Vorträge, Leuchttürme der KWG intern wie für die Öffentlichkeit, wird von dem bescheidenen Sälchen im Berliner Stadtschloss, in dem sie bisher stattfanden, fortan ins Harnack-Haus verlegt.

Bald tagen dort die Juristische Gesellschaft, die Archäologische Gesellschaft und die Hegel-Gesellschaft, das Japan-Institut hält einen Kongress ab. Politische Parteien kommen in dem Clubhaus zusammen. Daneben gibt es zahllose Sitzungen, Feiern, Tagungen und andere Zusammenkünfte aus den zehn Berliner Kaiser-Wilhelm-Instituten und der Zentralverwaltung, der Preußischen Akademie der Wissenschaften, der Physikalisch-Technischen Reichsanstalt. Der Präsident der KWG empfängt allmonatlich zum Herrenabend mit prominenten Gästen aus Wissenschaft und Politik, Militär, Diplomatie und Verwaltung, der Senat und andere Gremien treffen sich dort.

Zum Verwaltungsrat des Harnack-Hauses gehören im Jahr 1931 insgesamt 65 Persönlichkeiten des öffentlichen Lebens, darunter Berthold Markgraf von Baden, Wilhelm Furtwängler, Chefdirigent der Berliner Philharmoniker, Reichsfinanzminister Graf Schwerin-von Krosigk, Staatsschauspieler Friedrich Kayssler und der Bildhauer Georg Kolbe.

Nach wenigen Monaten arbeiten 25 Menschen im Harnack-Haus: Köche und Kellnerinnen, Putzfrauen, Hausmädchen und Küchenhilfen, Wäscherinnen und Plätterinnen, eine Buchhalterin und Kassenführerin, zwei Pförtner, ein Klubdiener, ein Gärtner, ein Schlosser und ein Hausmeister. Und die privaten Geldzuwendungen sind mit der Einweihung nicht etwa versiegt: Aus einem einzigen Vermächtnis fließen 360.000 Reichsmark in einen »Reservefonds«, der so schon bald auf 840.000 Reichsmark angewachsen ist. Die Zinsen, die er abwirft, sollen zum Ausgleich eventueller Defizite aus dem Wirtschaftsbetrieb dienen.

Die Gästezimmer und -wohnungen des Harnack-Hauses sind schnell ausgebucht. Einer der ersten Dauergäste ist der Afro-Amerikaner Ernest Everett Just. Der Entwicklungsbiologe, 1916 als einer von sehr wenigen schwarzen Akademikern in Chicago promoviert, arbeitet ab 1929 als Gastwissenschaftler am Kaiser-Wilhelm-Institut für Biologie. Noch im Januar 1933, also kurz vor der Machtübernahme der Nationalsozialisten, hat er Deutschland als Land der wissenschaftlichen Freiheit beschrieben: Die Dahlemer Wissenschaftlergemeinde mit ihrer intellektuell herausfordernden, geistig stimulierenden Atmosphäre erscheint ihm als eine Gemeinschaft, die ihn »ohne Rassenvorurteile als ihresgleichen« akzeptiert – im Unterschied zu den Verhältnissen in seiner Heimat. In der Folge der Rassentrennung dort durfte er keine Theater oder Konzerthäuser besuchen, in vielen Bundesstaaten war er noch schlimmeren Diskriminierungen ausgesetzt. Im liberal-weltoffenen Berlin der frühen 1930er Jahre konnte der afroamerikanische Gastwissenschaftler hingegen eine Affäre mit der Journalistin Margret Boveri offen ausleben – obwohl er in seiner Heimat verheiratet war.

Doch schon im Frühjahr 1933 muss Just Deutschland fluchtartig verlassen, um sich vor der sofort einsetzenden rassistischen Hetze in Sicherheit zu bringen. In der französischen Emigration widmet er sein Hauptwerk »The Biology of Cell Surfaces« Adolf von Harnack, seinem Gegenüber während vieler nächtlicher Gespräche im Harnack-Haus.

Kaiser Wilhelm II. (Mitte, mit heller Uniform), bei der Eröffnung der ersten Institute in der Dahlemer Forscherkolonie im Herbst 1912 mit Adolf von Harnack (r.), Präsident der Kaiser-Wilhelm-Gesellschaft, und Emil Fischer (l.), Chemie-Nobelpreisträger von 1902.

Aufbruch in die Moderne –
ein Kirchenhistoriker beflügelt die
deutsche Naturforschung

Die Kaiser-Wilhelm-Gesellschaft, Hausherrin im Harnack-Haus, arbeitet nach einem weltweit einzigartigen Konzept: Fokussiert auf Erkenntnisgewinn, gewährt sie den Wissenschaftlern maximale Freiheit. Zugleich fordert und fördert sie deren Verantwortlichkeit für gesellschaftlichen und wirtschaftlichen Fortschritt. In Berlin entsteht vor dem Ersten Weltkrieg ein Forschungscampus, wie er später etwa für die kalifornische Stanford University typisch ist, dem Kristallisationspunkt für das Silicon Valley.

In absoluten Zahlen lassen sich die Zustände an deutschen Universitäten an der Wende vom 19. zum 20. Jahrhundert kaum mit der heutigen Hochschullandschaft vergleichen. So waren 1902 nur 53.000 Studenten eingeschrieben zwischen Aachen und Königsberg – ausschließlich Männer, denn Frauen erhielten erst ab 1908 Zugang. Im Wintersemester 2016/17 studierten hingegen über fünfzigmal mehr Menschen zwischen Flensburg und Konstanz, die Hälfte dieser 2,8 Millionen waren Frauen. Knapp eine Million Studierende waren an Hochschulen für Angewandte Wissenschaften (ehemals »Fachhochschulen«) eingeschrieben – eine Institution, die es 115 Jahre zuvor noch nicht gab.

Gleichwohl litt die akademische Szene in Deutschland damals unter ähnlichen Probleme wie heute: Die Professorenschaft schimpfte über den »Studentenberg«, den sie ausbilden musste, über die immer weiter steigende Zahl von jungen Leuten, die im Zuge der demografischen Entwicklung des Industriezeitalters zu akademischen Abschlüssen drängte. Immer mehr Seminararbeiten mussten korrigiert, Zwischenprüfungen, Staatsexamen und Promotionen abgenommen werden. Und vor lauter Verpflichtungen in der Lehre, so die Klage der Professoren – logischerweise ebenfalls eine reine Männergesellschaft – komme man gar nicht mehr zum Forschen! In der Folge drohe der Zustrom von neuem Wissen zu vertrocknen, der technische Fortschritt, auf den die boomende Industriegesellschaft direkt angewiesen war, zu stocken. Schon sah man den allgemeinen Wohlstand in Deutschland in Gefahr – ausgehend von überfüllten Hörsälen und Laboren.

Laut geführt wurde die Debatte über dieses Dilemma spätestens durch die Vergabe der wissenschaftlichen Nobelpreise: Seit 1901 belohnte die gleichnamige Stiftung des schwedischen Industriellen Alfred Nobel, Erfinder des Dynamits, neben Literaten und Förderern des Weltfriedens auch die wichtigsten Entdeckungen der Physiologie oder Medizin, der Chemie und der Physik mit einem großzügigen Preisgeld. Zwar waren deutsche Forscher hier anfänglich erfolgreich: Schon im ersten Jahr fuhren Physik-Preisträger Wilhelm Conrad Röntgen und Impfstoffentwickler Emil von Behring als Medizin-Laureaten zur Feier nach Stockholm, im Jahr darauf folgte Emil Fischer, Mitbegründer der organischen Chemie und Ordinarius an der Berliner Universität. Aber wie sollte man Schritt halten können im internationalen akademischen Wettbewerb? Bei so vielen hausgemachten Problemen?

Das Ausland war bei der Bewältigung dieser Herausforderungen eindeutig besser aufgestellt. In den USA gehörten in der Frühphase der Industrialisierung, im lange anhaltenden Wirtschaftsaufschwung jener Jahre das Gründen privater Hochschulen, das Fördern und Ausbauen wichtiger Forschungsinstitute für die neue Klasse der amerikanischen Superreichen ebenso zum guten Ton wie die Förderung der schönen Künste oder die Mildtätigkeit. Bald gab es an beiden US-Küsten immer mehr, immer renommiertere Privatuniversitäten: Das Massachusetts Institute of Technology (MIT) etwa, orientiert am Vorbild der deutschen Technischen Hochschulen wie in Braunschweig oder Aachen, wurde 1861 in Cambridge bei Boston gegründet. Die Cornell University in Ithaca, New York, folgte 1865, die Johns Hopkins University in Baltimore 1876, CalTech in Pasadena 1891 – um nur einige zu nennen.

Hier hatten Mäzene und Sponsoren den Bau der Gebäude übernommen, sie bestritten auch die Gehälter der Professoren und sonstigen Angestellten und die zum Teil erheblichen Betriebskosten. Meist stammte das Geld aus den Zinsen eines millionenschweren Kapitalstocks. Zuwendungen von dankbaren Alumni ermöglichten weiteres Wachstum, noch höhere Bezüge für Forscherstars, noch bessere Ausstattungen. Heute haben amerikanische Privatunis wie Harvard, Yale, Princeton oder Stanford Jahresetats in Milliardenhöhe – ein Vielfaches selbst im Vergleich zu den Budgets der größeren deutschen Hochschulen – gedeckt aus astronomisch anmutenden Kapitalreserven.

Deutschland war schon vor 150 Jahren weitgehend abgehängt von dieser Entwicklung. Was besonders dramatisch war, da die chemischen, physikalischen und technischen Labore, die sich in jener Zeit durch Erfindungen und Weiterentwicklungen von Wärmekraftmaschinen, Elektrizität, organischer Chemie und so weiter immer stärker gefordert sahen, ständig neue Investitionen brauchten. Die öffentlichen Hochschulen, in Deutschland bis in die 1980er Jahre das einzig zugelassene Modell für akademische Forschung und Lehre, konnten schon zu Beginn der Industrialisierung diese Mittel nur mühsam aufbringen: Sie waren abhängig von den Budgets, die ihnen die jeweilige Regierung zubilligte – in Abwägung zu anderen staatlichen Aufgaben wie Schulbildung, Gesundheitswesen, Jurisdiktion, Landesverteidigung sowie Aufbau und Erhalt von Infrastruktur und öffentlicher Ordnung.

Dieses strukturelle Dilemma und das Problem, das dadurch an den deutschen Universitäten heranwuchs, ihnen die Wettbewerbsfähigkeit und die Exzellenz zu rauben drohte, war unter anderem

Adolf Harnack aufgefallen. Der protestantische Theologe, Ordinarius für Kirchengeschichte an der Friedrich-Wilhelm-Universität in Berlin, war 1890 im Alter von nur 39 Jahren in die Preußische Akademie der Wissenschaften berufen worden – und hatte prompt den Auftrag erhalten, eine Festschrift zu deren 200. Jubiläum zu verfassen. Dort formulierte er zum ersten Mal seine große Idee für eine neue Forschungspolitik. Das deutsche Wissenschaftssystem, schrieb Harnack, brauche künftig »dauernde Einrichtungen (...), um sowohl die Universitäten zu entlasten als einen Stab geschulter wissenschaftlicher Kräfte zu schaffen«.

Als Direktor der Königlichen Bibliothek in Berlin und Wegbereiter eines integrativen »Kulturprotestantismus« fand der Professor das Ohr des damals noch jungen Kaisers Wilhelm II. Hinzu kam, dass auch Friedrich Althoff, einflussreicher Ministerialdirektor im preußischen Kultusministerium, einige Jahre später eine Neuordnung der Wissenschaft im Lande vorschlug – und dabei das Konzept für ein »deutsches Oxford« entwickelte: Althoff skizzierte eine Forscherkolonie im südwestlichen Vorland der aufblühenden Reichshauptstadt. Einen Campus nach anglo-amerikanischem Vorbild, ein Zentrum für Wissenschaftler unterschiedlicher Fachdisziplinen, die im Idealfall auch auf dem weitläufigen, von großen Grünflächen durchzogenen Terrain wohnten. Das kalifornische Silicon Valley, heute Standort und innovativstes Wirtschaftszentrum der Welt, ist später nach diesem Modell rings um das Gelände der privaten Stanford-Uni entstanden.

Als im Jahr 1910 der 100. Geburtstag der Berliner Universität näher rückte, bekam Harnack abermals den Auftrag für eine Denkschrift. Die sollte die akademischen Institutionen der Hauptstadt analysieren, neue Entwicklungsmöglichkeiten und -ziele formulieren und letztlich als Vorlage für die Ansprache Kaiser Wilhelms II. zum Uni-Jubiläum dienen. In der Festrede des Staatsoberhauptes heißt es dann klar: »Wir bedürfen Anstalten, die über den Rahmen der Hochschulen hinausgehen und, unbeeinträchtigt durch Unterrichtszwecke, aber in enger Fühlung mit Akademie und Universität, lediglich der Forschung dienen.«

Damit war die Idee für eine neue Organisation geboren: mit Neugier und Wissensdurst als zentralen Motiven, mit Prinzipien wie wissenschaftliche Überprüfbarkeit und Systematisierung – aber ohne die Bürden der akademischen Lehre und Ausbildung. Die neue Gesellschaft sollte über alle erforderlichen Mittel für Gerätschaften und Experimente verfügen. Ihre Angestellten sollten ein solides Gehalt beziehen, ihre Leistungsträger und Führungskräfte in gut bürgerlichem Wohlstand leben können. Und weil der deutsche Imperator der namhafteste Förderer dieser neuen Forschungsorganisation war, sollte sie auch seinen Namen tragen: Kaiser-Wilhelm-Gesellschaft zur Förderung der Wissenschaften.

Die Gründung des eingetragenen Vereins am 11.1.1911 war ein kühner Sprung in eine neue Epoche der Wissenschaft. Mit ihr startete, wenn man so will, ein drittes Zeitalter akademischer Forschung: Im ersten waren die mittelalterlich »kanonischen« Universitäten entstanden mit maximal vier Fakultäten (Theologie, Jura, Philosophie und Medizin – aber keine Mathematik, keine Naturwissenschaften). Die zweite Ära, geschaffen durch Wilhelm von Humboldts Bildungs- und Hochschulreform am Beginn des 19. Jahrhunderts, brachte eine »Einheit von Lehrenden und Lernenden«, ein Ineinandergreifen von Forschung und Lehre. Die neue Entwicklungsstufe stellte die Unabhängigkeit dieser Disziplinen von der Obrigkeit, von deren Vorgaben und Beschränkungen wenigstens als Wunsch in den Raum.

Daran gekoppelt war die Forderung nach völliger Freiheit der Wissenschaften – politisch, gesellschaftlich, ideologisch, vor allem jedoch inhaltlich in ihren Zwecken und Zielen. Ein Ideal, das bis heute begrenzt bleibt durch die öffentlichen Mittel für den Betrieb der Hochschulen und Forschungsstätten.

Diesen Vorstellungen folgend sollte die neue Kaiser-Wilhelm-Gesellschaft zur Förderung der Wissenschaften (KWG) weitgehend zweckfrei forschen. Der pure Erkenntnisgewinn sollte im Mittelpunkt stehen, nicht die Verwertbarkeit. Es sollte um möglichst reine Wissensmehrung gehen, weniger um Patente oder gar praktische Nutzanwendungen. Also um »Grundlagenforschung«, die von Beginn an den größten Beitrag zum wissenschaftlichen Fortschritt, letztlich auch zum gesellschaftlichen Wohlstand und zur Zukunftssicherung unserer Zivilisation geleistet hat.

Die neue Organisation war auch deshalb überfällig geworden, weil die Naturforscher in jenen Jahren die Welt gleich zweimal auf neue Füße stellten: Zunächst hatte Max Planck, damals Ordinarius für Theoretische Physik in Berlin, im Dezember des Jahres 1900 eine neue Naturkonstante entdeckt und bewiesen: Das nach ihm benannte »Wirkungsquantum« begründete die Quantenphysik und führte das Denken über die Natur und ihre Zusammenhänge und Gesetzmäßigkeiten in eine neue Dimension. Für seine epochale Entdeckung erhielt Max Planck den Physik-Nobelpreis des Jahres 1918. Mit seiner bahnbrechenden Lehre wurde er zu einem der fundamentalen Welterklärer.

Im Juni 1905 kam die nächste Revolution. In seiner Speziellen Relativitätstheorie wies Albert Einstein, erst 26 Jahre alt und als Technischer Experte 3. Klasse am Schweizer Patentamt in Bern tätig, unter anderem das proportionale Verhältnis zwischen der Ruhe-Energie und der Masse eines Körpers nach. Daraus abgeleitet ergibt sich die legendäre Formel $E = mc^2$.

Daneben konnte Einstein in jenem »Annus mirablilis« 1905 drei weitere elementare Entdeckungen publizieren – was ihm die Bewunderung Plancks und anderer Naturforscher-Titanen einbrachte. Es folgte die übliche Akademiker-Karriere, eine Forschungsprofessur der Preußischen Wissenschafts-Akademie, der Physik-Nobelpreis des Jahres 1921 und schließlich ein Platz im Physiker-Olymp.

Innerhalb weniger Jahre hatte die Physik somit endgültig das mechanistische Weltbild des Isaac Newton hinter sich gelassen. Sie war vorgedrungen in einen Raum, in dem theoretische Erkenntnis mindestens so viel zählt wie Empirie, in dem abstraktes Denken die Grenzen des Vorstellbaren bis heute immer weiter verschiebt. Andere Naturwissenschaften sollten ihr bald folgen – mit ähnlich fundamentalen Erkenntnissen etwa zum Aufbau der Atome, der

Materie im Allgemeinen, zur Struktur und Entwicklung des Universums, zur Genetik, zu elektrischen und magnetischen Phänomenen in Halbleiter-Materialien.

Die Arbeiten von Planck und Einstein – begleitet von denen des Ehepaars Curie, des britischen Physikers Ernest Rutherford, des Dänen Niels Bohr und vielen anderen – haben eine Tür aufgestoßen in einen Kosmos der Gleichzeitigkeit und der Unschärfe, der Ultrapräzision und der Vieldeutigkeit. In den ersten Jahren des 20. Jahrhunderts hatte dies kaum jemand so scharf erkannt wie der preußische Dogmengeschichtler Adolf Harnack. Die Gründung der Kaiser-Wilhelm-Gesellschaft durch diesen Universalgelehrten, Spross einer baltischen Wissenschaftlerdynastie und Bruder eines Mathematik-, eines Literatur- sowie eines Pharmakologieprofessors, darf deshalb als ein intellektuell höchst anspruchsvoller, organisatorisch exzellent vorbereiteter und sowohl akademisch wie ethisch penibel durchdachter Aufbruch in die Moderne gelten.

Die KWG war von Anfang an eine elitäre Vereinigung. Wer bei der Gründung im Januar 1911 als Wissenschaftliches Mitglied dabei sein wollte, musste dazu ernannt werden, dann 2000 Mark entrichten und sich fortan auf 1000 Mark Jahresbeitrag verpflichten – 83 Wissenschaftler hatten sich dazu bereit erklärt. Als Kontrollgremium wurde ein Senat berufen; jedes seiner zehn Mitglieder hatte zuvor mindestens 500.000 Mark an die neue Gesellschaft gespendet. Dafür durften die Senatoren dann später eine eigene Festtracht mit einer pompösen Kopfbedeckung tragen sowie ein Abzeichen mit einem orange und grün durchwirkten Band im Knopfloch, das ein Bildnis des Kaisers zeigte. Der Präsident bekam eine kaum weniger auffällige Amtskette und durfte sich Exzellenz nennen. Und obwohl er keine förmliche Qualifikation für eine Naturwissenschaft vorweisen konnte, wurde der Universalgelehrte Adolf Harnack zum ersten Präsidenten gewählt.

Der Kirchengeschichtler hatte schon konkrete Baupläne in der Schublade, im wilhelminischen Stil entworfen vom kaiserlichen Hofarchitekten Ernst von Ihne: Wie zuvor vom Ministerialdirektor Friedrich Althoff beschrieben, sollte in Dahlem, auf dem Ackerland eines ehemaligen preußischen Musterguts, zunächst ein Institut für Chemie und eines für Physikalische Chemie und Elektrochemie gebaut werden. Beide würden repräsentative Direktorenvillen für die jeweiligen Institutsleiter erhalten.

Bei den Chemikern würde Ernst Beckmann einziehen, zuvor Ordinarius in Leipzig. Im großen Laborgebäude nebenan sollte unter anderem der ambitionierte Otto Hahn eine eigene Arbeitsgruppe für Radiochemie leiten, ergänzt durch die ebenso talentierte wie ambitionierte Physikerin Lise Meitner.

Die Direktorenvilla der Physiko-Chemiker wurde von Fritz Haber bezogen. Der hatte wenige Jahre zuvor entdeckt, wie sich aus dem Stickstoff der Luft und aus herkömmlichem Wasser Ammoniak herstellen ließ – ein wichtiger Rohstoff sowohl für Düngemittel als auch für die Herstellung von Schießpulver und deshalb gleich für mehrere deutsche Industriezweige. Bau und Ausstattung von Habers Gebäude hatte Leopold Koppel, Geheimer Kommerzienrat und Gründungssenator der KWG, mit der Spende von einer Million Mark unterstützt. Der Berliner Bankier sollte später, wie auch der Institutsdirektor, unter der rassischen Verfolgung durch die Nationalsozialisten zu leiden haben. Doch zunächst verpflichtete sich Koppel auch zu einer Förderung der laufenden Institutsausgaben in Höhe von 35.000 Mark jährlich.

Beide KWI wurden im Oktober 1912 von Wilhelm II. eingeweiht. In der Nachbarschaft ließen sich an jenem verregneten Tag schon die Arbeiten an weiteren Neubauten bewundern: Das KWI für experimentelle Therapie wurde 1913 eröffnet. Damit hatte auch die biologisch-medizinische Sektion der KWG ihre erste eigene Forschungsstätte. Etwas kleiner war das KWI für Arbeitsphysiologie.

Für seine fundamentalen Erkenntnisse zum Blattfarbstoff Chlorophyll erhielt Richard Willstätter, Abteilungsleiter am KWI für Chemie, als erster Dahlemer Wissenschaftler 1915 einen Nobelpreis. Im Jahr 1916 wurde dann das KWI für Biologie eröffnet – auf dem 3,7 Hektar großen Institutsgelände errichtete Gründungsdirektor Carl Correns etliche Gewächshäuser für Versuche zur Pflanzengenetik. Zweiter Direktor war Hans Spemann, der 1935, inzwischen als Ordinarius in Freiburg/Breisgau, für seine Erkenntnisse zur Embryonalentwicklung den Medizin-Nobelpreis erhalten sollte.

Im Berliner Stadtschloss nahm 1917 ein KWI für Deutsche Geschichte den Betrieb auf, das erste offizielle Institut der geisteswissenschaftlichen Sektion. Pro forma wurde im selben Jahr auch ein KWI für Physik gegründet. Direktor war Albert Einstein, der seit 1914 in Berlin als außerordentlicher Professor der Preußischen Wissenschaftsakademie forschte, ebenfalls bezahlt vom KWG-Senator Leopold Koppel. Außer seinen Direktor beschäftigte das KWI für Physik in jenen Jahren jedoch keine Wissenschaftler. Es hatte auch kein eigenes Gebäude, sondern wurde aus Einsteins Wohnung in Berlin-Schöneberg betrieben.

Insgesamt hatte die KWG am Ende des Ersten Weltkriegs acht Institute in Betrieb, dazu die noch nicht voll integrierte Bibliotheca Hertziana in Rom, bis heute ein kunstgeschichtliches Institut aus einer privaten Zustiftung, und eine zoologische Forschungsstelle in Rovigno bei Triest.

Für diese Aufbauleistung, freilich auch für seine Verdienste beim Neubau der Königlichen Bibliothek und als Präsident der Preußischen Akademie der Wissenschaften, war KWG-Präsident Adolf Harnack im Jahr 1914 geadelt worden. Zudem trug er den Titel Königlich Preußischer Wirklicher Geheimrat.

Nach dem Ende des Weltkriegs und des Kaiserreichs, nach dem Fortfall des Schirmherrn im November 1918 wurde im KWG-Senat und in weiteren Gremien kurz über die Notwendigkeit eines neuen Namens diskutiert. Man entschied sich dagegen. Die alte Bezeichnung, so schien es, hatte auch nach dem verlorenen Krieg in der Wissenschaftsgemeinde des In- und Auslands noch einen guten Klang. Mit einer neuen Bezeichnung, so die Befürchtung, hätte man das Renommee erst wieder mühsam aufbauen müssen. Ebenso blieb das alte KWG-Emblem mit dem Profil des Kaisers vorerst in Gebrauch.

Auch sonst schritt der Ausbau der Forschungsorganisation ohne neue Vorzeichen voran: Bei der Eröffnung des Harnack-Hauses im Jahr 1929 betrieb die KWG 22 Institute, davon sieben in Dahlem: 1920 war das KWI für Faserstoffchemie aus dem KWI für Physikalische Chemie ausgegliedert worden, 1923 kam das ähnlich kleine KWI für Metallforschung im Gebäude des Staatlichen Materialprüfungsamtes unter. Das KWI für Biochemie entstand ab 1922 als Ausgründung und Weiterentwicklung des Instituts für experimentelle Therapie. 1926 war das KWI für Silikatforschung hinzugekommen, 1927 wurde Carlo Sattlers großer Neubau des KWI für Anthropologie, menschliche Erblehre und Eugenik eröffnet. In anderen deutschen Regionen gab es Institute für Psychiatrie, für Eisen-, Leder-, Strömungs-, Züchtungs- und für medizinische Forschung. In Berlin untersuchte ein erstes juristisches Institut ausländisches öffentliches Recht und Völkerrecht.

Bei der Auswahl der Institutsdirektoren hatte der KWG-Gründungspräsident ein neuartiges Konzept entwickelt, das später seinen Namen tragen und bis heute seine Gültigkeit behalten sollte, auch in der Nachfolge-Organisation, der Max-Planck-Gesellschaft (MPG). Das Harnack-Prinzip orientiert sich nicht etwa am Bedarf der Organisation oder des Instituts, nicht an den Aufgaben, die sich im Labor oder den übrigen Plätzen der praktischen Forschung aktuell stellen, sondern nur an der Wissenschaftler-Persönlichkeit. Dabei geht es ausschließlich um Exzellenz. Was bedeutet: Im Extremfall wird ein Forscher berufen, ohne dass die Muttergesellschaft schon wüsste, in welchem Institut, unter welcher Bezeichnung er künftig arbeiten soll. Seine organisatorische Anbindung wird dann umgekehrt auf seinen Bedarf zugeschnitten. Im Zweifel kann sogar ein neues Institut gegründet werden.

Die zweite Säule des Harnack-Prinzips heißt: Alle Institutsdirektoren werden unbefristet berufen. Einmal im Amt, können sie sich darauf verlassen, dass sie für den Rest ihres Berufslebens nur erforschen, wonach ihnen der Sinn steht. Sie können unterwegs ihr Thema ändern und ihre Methode, ihren Mitarbeiterstab und ihre Ziele – die Mutterorganisation stellt alle Mittel zur Verfügung,

54

die dafür benötigt werden. Abgesehen von der Selbstverwaltung der Institute und der Muttergesellschaft müssen die Wissenschaftler keine organisatorischen Pflichten übernehmen und können ausschließlich ihrem ureigenen Erkenntnisinteresse folgen, ihrer forscherischen Neugier frönen. Bei ihrer Arbeit genießen sie maximale Freiheit.

Dies gelingt, weil die KWG wie ihre Nachfolgerin, die MPG, ihren Institutsdirektoren grundsätzlich einen enormen Vertrauensvorschuss gegeben haben und weiterhin geben. Weil eben nicht das einzelne Forschungsprojekt gefördert wird, sondern die Forscherpersönlichkeit, die dieses Vorhaben hervorgebracht hat. Sowie alle weiteren Projekte, die in deren Umfeld entstehen.

Vor seiner Berufung zum Wissenschaftlichen Mitglied, mithin zum Abteilungsleiter oder Direktor eines Instituts, wird der jeweilige Kandidat (bis heute stellen Frauen nur eine kleine Minderheit) sorgfältig begutachtet: Internationale Fachbeiräte schreiben Dossiers und geben Empfehlungen; wenn das nicht reicht, tagen eigens einberufene Symposien über die einzelnen Aspekte der wissenschaftlichen Exzellenz. Am Ende berät die jeweils zuständige Sektion, also die Naturwissenschaftler, die Lebenswissenschaftler oder die Geistes-, Gesellschafts- und Humanwissenschaftler, über jeden Anwärter. Ein enormer Aufwand, der sich gleichwohl lohnt: Seit ihrer Gründung 1911 bis 1945 haben 15 Forscher der Kaiser-Wilhelm-Gesellschaft einen Nobelpreis erhalten. An Mitglieder der nachfolgenden MPG gingen seit ihrer Gründung im Jahr 1948 bisher 18 Nobelpreise. Damit ist die MPG die erfolgreichste Forschungsorganisation auf dem europäischen Kontinent.

Ihr geistiges Zentrum ist auch heute das Harnack-Haus in Berlin. Nach jahrelanger Modernisierung dient es wieder als Club- und Gästehaus für Wissenschaftler, Vordenker und Führungskräfte aus aller Welt, als Begegnungsstätte von Nobelpreisträgern und ähnlich erfahrenen Exzellenzen mit ambitionierten Talenten für die Gestaltung unserer Zukunft.

Die Vordenker der Dahlemer Forscherkolonie:
Adolf von Harnack, Gründungspräsident der Kaiser-Wilhelm-Gesellschaft
1911 bis 1930; Max Planck, Physik-Nobelpreisträger 1918 und Präsident
der Kaiser-Wilhelm-Gesellschaft 1930 bis 1936; Albert Einstein, Physik-
Nobelpreisträger 1921 und von 1917 bis 1932 Direktor des KWI für Physik;
Fritz Haber, Chemie-Nobelpreisträger 1918 und von 1912 bis 1934
Direktor des später nach ihm benannten Kaiser-Wilhelm-Instituts (KWI)
für Physikalische Chemie.

»Brot aus Luft« – was die Dahlemer Platzhirsche bewegt

Harnack und Planck, Haber und Einstein – die Vordenker der Dahlemer Gelehrtenkolonie behandeln moralische Fragen nicht immer so vorbildlich wie wissenschaftliche: Einer entpuppt sich als skrupelloser Ehebrecher, ein anderer wird wegen seiner Beteiligung an der Entwicklung von Massenvernichtungswaffen als Kriegsverbrecher angeklagt, andere leugnen die deutsche Mitschuld am Ersten Weltkrieg. Dennoch schaffen die Eminenzen im Umfeld des Harnack-Hauses ein geistiges Klima, wie es allenfalls auf den Campus anglo-amerikanischer Elite-Universitäten zu finden ist, und etablieren ein Biotop, in dem man trotz unterschiedlicher Ansichten offen miteinander im Gespräch bleiben kann.

Die sieben Kaiser-Wilhelm-Institute im Berliner Südwesten beschäftigen Ende der 1920er, Anfang der 1930er Jahre einige Hundert Physiker und Zoologen, Anthropologen, Geologen und Ingenieure. Überdies bringen die stadtauswärts fahrenden U-Bahnen allmorgendlich Laborantinnen und Gärtner, Maschinenschlosser und Tierpflegerinnen in die mehrstöckigen Großlabore, etwa am KWI für Chemie, in die Operationssäle der Mediziner und in die Treibhäuser der Biologen, die zusammengenommen hektarweise Anbaufläche für Züchtungsexperimente bieten. Abends fahren die Angestellten und das technische Personal wieder heim in ihre kleinbürgerlichen Wohnviertel von Pankow, Reinickendorf oder Spandau.

Immer mehr internationale Besucher kommen ins Harnack-

Haus. Auch die privaten Gästezimmer in den Direktorenvillen sind meist belegt von ausländischen Wissenschaftlern, die in der Dahlemer Gelehrtenkolonie mitarbeiten oder die für einen Vortrag angereist sind. Nobelpreisträger gehen ein und aus. Auf der Gartenterrasse des Club- und Gästehauses vermischt sich im Sommer das ferne Wiehern von der Pferdekoppel hinterm KWI für Zellphysiologie mit dem Ploppen der Bälle, das von den benachbarten Tennisplätzen herüberweht. Im Winter tauchen die Gaslaternen die lauschigen Kopfsteinpflasterstraßen zwischen den Instituten und Villen in ein mildes Licht.

Das intellektuelle Klima, die Atmosphäre der Debatten in den Laboren und Colloquien wird bestimmt von vier Leitfiguren der Kaiser-Wilhelm-Gesellschaft. Und obwohl diese Patriarchen aus unterschiedlichen Kulturen stammen – zwei aus jüdischen, zwei aus preußischen Protestantenfamilien –, obwohl sie ihre Positionen manchmal innerhalb weniger Wochen radikal ändern, sich widersprüchlich und bisweilen sogar skrupellos eigennützig verhalten, entsteht in ihrem Kraftfeld eine einzigartige Atmosphäre aus wissenschaftlicher Neugier und gesellschaftlicher Verantwortung.

Der älteste Platzhirsch in Dahlem ist Adolf von Harnack. Der evangelische Theologe, am Eröffnungstag des nach ihm benannten Club- und Gästehauses 78 Jahre alt geworden, gehört seit seinem Antritt als Ordinarius für Kirchengeschichte an der Berliner Uni vor gut vierzig Jahren zur gesellschaftlichen Spitze der Hauptstadt. Der Spross der baltischen Gelehrtenfamilie hat seinerseits in eine Professorendynastie eingeheiratet: Gattin Amalia ist eine Tochter des Leipziger Chirurgen Carl Thiersch, Enkelin des Chemikers und Konzerngründers Justus von Liebig. Das Ehepaar Harnack hat sieben Kinder, darunter der preußische Regierungspräsident Ernst von Harnack, der wegen seiner Mitgliedschaft in der Widerstandsgruppe des 20. Juli im März 1945 von den Nationalsozialisten hingerichtet werden wird. Außerdem die Frauenrechtlerin Agnes von Zahn-Harnack und Elisabeth, eine Pionierin der Sozialen Arbeit. Adolf Harnack, schon mit 23 habilitiert und mit 25 außerordentlicher Professor in Leipzig, wird kurz nach seiner Übersiedlung nach Berlin zum Mitglied der Preußischen Akademie der Wissenschaften berufen, deren Präsident er später werden sollte. Sein Hauptwerk, eine dreibändige Dogmengeschichte, bringt ihn in Opposition zu den konservativen Kirchen-Oberen – sodass Professor Harnack zeitlebens nur akademische Prüfungen abhalten darf, keine kirchlichen.

Seine aufs Diesseits bezogene Lehre, die den Protestantismus bewusst gegen die »kultisch« (Harnack) fixierten älteren Religionen des Judentums, der Orthodoxen und der katholischen Kirche positioniert, gefällt auch dem jungen Kaiser Wilhelm II., der Harnack im Jahr 1905 zum Generaldirektor der Königlichen Bibliothek in Berlin macht. Deren Neubau Unter den Linden, organisiert von Harnack, bietet noch heute Zugang zu einer der größten Büchersammlungen der Welt.

Der Gründungspräsident der Kaiser-Wilhelm-Gesellschaft, der auch nach Jahrzehnten in der preußischen Hauptstadt den harten baltischen Zungenschlag noch nicht abgelegt hat, blickt auf Fotografien stets streng durch seine oval gefasste Metallbrille. Das schon früh ergraute Haar ist nach hinten gekämmt, der dunklere Schnauzer betont die nach unten gezogenen Mundwinkel.

Bei Amtshandlungen legt Harnack besonderen Wert auf majestätisches Auftreten und trägt einen hell gefütterten Talar aus schwerem Brokat mit mehreren Samt-Kragen. An die Brust geheftet sind dann mehrere Ehrenzeichen, darunter der achteckige Stern des Verdienstordens. Am wichtigsten dürfte jedoch die Amtskette gewesen sein, eigens gefertigt aus 27 Kettengliedern, in der Mitte mit einem schwarz emaillierten kaiserlichen Adler sowie einer ovalen Porträtmedaille von Kaiser Wilhelm II.

Harnacks wohnen in der Villenkolonie Grunewald. Zu den Nachbarn gehören dort die Gelehrtenfamilien Planck, Bonhoeffer, Delbrück und Mommsen. Mit den Delbrücks sind die Harnacks verschwägert; Tochter Emmi ist wiederum verheiratet mit Klaus Bonhoeffer, der später im Zusammenhang mit dem Hitler-Attentat vom 20. Juli 1944 hingerichtet wird.

Sohn Max Delbrück wird ein wichtiger Mitarbeiter von Lise Meitner. Er verfasst mit der KWI-Abteilungsleiterin ein Standardwerk zur Atomphysik. Nach seiner Emigration aus Nazi-Deutschland wechselt er in die Biologie und erhält für seine genetischen Fundamentalerkenntnisse 1969 den Medizin-Nobelpreis. Das nach der deutschen Wiedervereinigung entstandene Zentrum für Molekulare Medizin in Berlin-Buch trägt seinen Namen.

Altertumsforscher Theodor Mommsen, mit dem Adolf Harnack bei seiner »Geschichte der altchristlichen Literatur bis Eusebius« zusammengearbeitet hat, erhält 1902 den Literatur-Nobelpreis, Max Planck den für Physik im Jahr 1918.

Adolf von Harnack ist auch politisch bestens vernetzt. So gehört er als Wirklicher Geheimrat bis 1917 in den Zirkel von Reichskanzler Bethmann-Hollweg. Dort vertritt er meist bürgerlich-konservative Positionen, teilweise auch nationale. Kurz nach Kriegsausbruch 1914 zählt Harnack zu den prominenten Unterzeichnern des »Manifest der 93«, das die deutschen Kriegsgegner als Lügner beschimpft, Gräueltaten der deutschen Streitkräfte etwa in Belgien glattweg abstreitet und eine deutsche Mitschuld am Ausbruch des Weltkriegs ausschließt. Als Ko-Autor schreibt Harnack für Kaiser Wilhelm den Aufruf »An das deutsche Volk!«, der am 7. August 1914 in scharfer Kriegsrhetorik (»Um Sein oder Nichtsein unseres Reiches handelt es sich, das unsere Väter sich neu schufen«) Tatsachen verdreht (»Mitten im Frieden überfällt uns der Feind.«) und den totalen Krieg erklärt: »Jedes Schwanken, jedes Zögern wäre Verrat am Vaterlande. Wir werden uns wehren bis zum letzten Hauch von Mann und Ross!«

Doch schon bald wendet sich Harnack ab von der Kriegstreiberei. Zumal er schon vorher auch liberalere Positionen vertreten hatte: Er war Mitglied in der »Vereinigung zur Veranstaltung von Gymnasialkursen für Frauen«, gegründet von der Frauenrechtlerin Helene Lange, mit der er eine große Bildungsreform in Preußen durchsetzen konnte. Die brachte im Jahr 1908 unter anderem auch das allgemeine Immatrikulationsrecht für Frauen an den Universitäten des Landes.

Zu Harnacks akademischen Schülern zählt Dietrich Bonhoeffer, der wenige Tage vor Kriegsende im April 1945 hingerichtete Widerstandskämpfer gegen den Nationalsozialismus. Bei der Gedenkfeier im Harnack-Haus nach Adolf von Harnacks Tod im Sommer 1930 hält Bonhoeffer eine der Reden auf seinen Professor. Der damalige Doktorand lobt Harnacks »Streben nach Wahrheit und Klarheit. Dem Geiste seines Seminars war die bloße Redensart fremd«, und schließt schwärmerisch in Latein: »Non potest non laetari, qui sperat in Dominum!« – Wie kann der nicht glücklich sein, der auf den Herrn hofft!

Harnacks Nachbar Max Planck war kaum weniger schnell in der akademischen Elite angekommen. Im Jahr 1858 in Kiel geboren, stammt auch Planck aus einer Gelehrtenfamilie: Sein Vater unterrichtete Jura in Kiel, sein Onkel gehörte zu den Verfassern des Bürgerlichen Gesetzbuchs, das in modifizierter Form bis heute das Fundament unserer Rechtsordnung bildet. Schon mit 16 besteht Max das Abitur, überlegt kurz, Musik zu studieren – er hatte schon eine Operette mit dem Titel »Die Liebe im Walde« komponiert –, entscheidet sich jedoch für den Brotberuf eines Gymnasiallehrers mit den Fächern Physik und Mathematik. Mit 20 Jahren lehrt er an seiner ehemaligen Schule in Kiel.

Im Alter von 21 Jahren promoviert Max Planck mit Bestnote summa cum laude. Mit 22 Jahren habilitiert er sich. Nach den üblichen akademischen Wanderjahren lehrt er ab 1889 Theoretische Physik in Berlin, für Naturwissenschaftler die damals wohl renommierteste deutsche Universität.

Mit nur 35 Jahren wird Planck in die Preußische Akademie der Wissenschaften berufen. Im Jahr 1900 veröffentlicht er seine fundamentale Arbeit über die nur »diskret«, also sprunghaft änderbare elektromagnetische Strahlung, woraus sich das nach ihm benannte »Wirkungsquantum« ableitet, eine neue Naturkonstante wie die Lichtgeschwindigkeit oder die Elementarladung eines Elektrons. Mit der so begründeten Quantenphysik bricht eine neue Ära dieser Wissenschaft an, ja der Weltbetrachtung im Allgemeinen.

In Berlin wendet sich Planck wieder seiner musikalischen Leidenschaft zu, pflegt seine Freundschaft mit dem Geiger Joseph Joachim, Direktor der Akademischen Hochschule für Musik, mit dem er auch regelmäßig gemeinsam musiziert. Im Jahr 1905 kann Familie Planck ihre neu gebaute Villa in der Kolonie Grunewald beziehen.

Obwohl Max Planck in seinen Vorlesungen stets frei spricht und seine komplexe Wissenschaft auch für Laien verständlich darstellt, jede Formel logisch und einfach herleitet, entwickelt sich an seinem Lehrstuhl kein »Wissenschaftsbetrieb«. Planck bleibt der spröde Intellektuelle, der abstrakte Vordenker. In den 37 Jahren seiner akademischen Lehrtätigkeit – andere Professoren bringen in dieser Zeit bis zu 200 Doktoranden zum Abschluss – promoviert Planck nur zwanzig Physiker. Darunter freilich Leuchten wie Max von Laue, der schon 1914, vier Jahre vor seinem akademischen Lehrer, den Physik-Nobelpreis erhält, und Walther Bothe, dem diese Auszeichnung 1954 zugesprochen wird.

Im Jahr 1912 rückt Planck auf ins Präsidium der elitären Preußischen Wissenschafts-Akademie. Als einer ihrer vier »beständigen Sekretare« ist er nun einer der einflussreichsten Forschungsmanager im Land. Zu seinen ersten großen Projekten zählt das Einwerben des jungen Genies Albert Einstein: Der Begründer der Relativitätslehre hatte damals gerade den Ruf auf einen Lehrstuhl für Theoretische Physik an der Eidgenössischen Technischen Hochschule in Zürich angenommen. Als Radikal-Pazifist lehnt Einstein das militaristische Kaiserreich ab, seine deutsche Staatsbürgerschaft hatte der gebürtige Ulmer schon im Alter von 17 Jahren zurückgegeben.

Dennoch schafft es Planck, Einstein im Frühjahr 1914 nach Berlin zu holen: Die Preußische Akademie gibt dem aufsteigenden Star eine Forschungsprofessur ohne Lehrverpflichtung – für große Teile des Gehalts kommt die Stiftung des jüdischen Bankiers Leopold Koppel auf. Die Berliner Universität räumt dem Theoretischen Physiker gleichwohl das Recht ein, jederzeit Vorlesungen oder Seminare zu frei gewählten Themen zu halten, seine Thesen zur Relativität also einem akademischen Publikum öffentlich vorzustellen.

So diplomatisch sich Planck auch gegen den 21 Jahre jüngeren Pazifisten Einstein verhalten haben mag: Zu Beginn des Ersten Weltkriegs im Sommer 1914 ist der »beständige Sekretar« der preußischen Wissenschaftsakademie so patriotisch und militaristisch wie die meisten seiner Professoren-Kollegen. An seinen physikalischen Vortrag zum Stiftungsfest der Berliner Universität hängt er am 3. August 1914 ein politisches Nachwort an: In dem nun ausgebrochenen Krieg gehe es »um Gut und Blut, um die Ehre und vielleicht um die Existenz des Vaterlandes«. In dieser Zeit eines verblendeten Patriotismus – Frankreich hatte an jenem Tag dem Deutschen Reich den Krieg erklärt, das seinerseits seit zwei Tagen im Krieg gegen Russland und Serbien kämpfte – steigert sich Planck hier in eine Art nationalistischen Rausch.

Ansonsten orientierte sich Planck, der in jungen Jahren den Schnauzbart wild wuchern ließ, die dunklen, langen Haare zu Berge bürstete und funkelnd unter buschigen Augenbrauen hervorlugte, schon früh am Dresscode und Comment der preußischen Professorenschaft: Im Dienst trägt er fast immer schwarze Dreiteiler-Anzüge und später eine ovale Metallbrille wie KWG-Präsident Adolf von Harnack.

Und wie Harnack unterschreibt auch Max Planck das »Manifest der 93«. Und obwohl er schon wenig später behauptet, diesen Aufruf »An die Kulturwelt!« nie gelesen zu haben, obwohl er sich gegenüber Einstein von den darin aufgestellten Behauptungen und Forderungen distanziert, unterschreibt Planck wenige Wochen später auch die »Erklärung der Hochschullehrer des Deutschen Reiches«. Dort heißt es dann: »Unser Glaube ist, dass für die ganze Kultur Europas das Heil an dem Siege hängt, den der deutsche ›Militarismus‹ erkämpfen wird.«

Auch in späteren Zeiten gibt sich Planck meist staatstreu und konservativ. Dennoch war er kein eindimensionaler Nationalist: Sohn Erwin, 1893 geboren und in der Weimarer Republik Staatsrat in der Reichskanzlei, nutzt den weltoffenen Geist, den Nachbarn wie die Bonhoeffers, die Harnacks und die Delbrücks in die väterliche Villa bringen, für sein späteres Engagement in der Gruppe des 20. Juli und für seinen Widerstand gegen Hitler. Auch Vater Max setzt sich unter den Nationalsozialisten mehrfach für rassisch verfolgte Wissenschaftler ein. So schützt er den im Sinn der Rassengesetzgebung halbjüdischen Nobelpreisträger Otto Heinrich Warburg und dessen Dahlemer Kaiser-Wilhelm-Institut für Zellphysiologie; die Flucht der Jüdin Lise Meitner aus dem Berlin des Jahres 1938 unterstützt Planck im Hintergrund zumindest ideell.

Als ein Januskopf erweist sich auch Fritz Haber, Direktor des KWI für Physikalische Chemie, das heute seinen Namen trägt: Als Sohn eines jüdischen Kaufmanns 1868 in Breslau geboren, ist Haber auf seinem Weg in die Wissenschaft bei weitem nicht so durch seine Abstammung begünstigt wie die Professorensöhne Harnack und Planck. Dennoch wird auch Haber schon im Alter von 30 Jahren Professor für Technische Chemie an der Technischen Hochschule in Karlsruhe – wenn auch nur außerordentlicher.

Zudem kommt Haber nicht wie die anderen Exzellenzen über die Preußische Akademie der Wissenschaften und die Berliner Uni nach Dahlem, sondern über die vergleichsweise jung-dynamische Kaiser-Wilhelm-Gesellschaft. Als diese im Jahr 1911 nach einem Gründungsdirektor für ihr Physikalisch-Chemisches Institut sucht, stößt sie direkt auf den vielfach talentierten Professor aus Karlsruhe. Die Berliner Friedrich-Wilhelm-Universität bleibt hingegen weiter reserviert: Auch nach seiner Berufung ans KWI bekommt Haber nicht etwa ein Ordinariat, sondern muss sich mit einer wenig repräsentativen Honorarprofessur zufriedengeben – immerhin mit Promotionsrecht.

Habers wissenschaftliches Leitmotiv »Brot aus Luft!« stammt von Sir William Crookes. Der Präsident der britischen Association for the Advancement of Sciences hatte 1898 in einem Vortrag nachgewiesen, dass die Weltvorräte für Dünger, der damals nur aus dem vor allem in Chile natürlich vorkommenden Salpetersalz gewonnen werden konnte, nur noch für zwanzig Jahre reichen würde. Danach wären die Vorräte des Rohstoffs aufgebraucht, die im Zuge der Industrialisierung angewachsene Weltbevölkerung wäre brotlos.

Da industriell hergestellter Dünger vor allem aus Stickstoffverbindungen besteht, postulierte Sir William die »Fixierung des Stickstoffs aus der Luft«, also dessen Umwandlung in Verbindungen, die das Wachsen und Gedeihen von Getreide- und anderen Nutzpflanzen beschleunigen können, »als eine der großen Entdeckungen, die auf den Einfallsreichtum der Chemiker warten«. Schon 1904 beginnt Haber in Karlsruhe seine Suche nach geeigneten Synthesemethoden. Ein erstes Patent, 1908 angemeldet, erweist sich jedoch wider Erwarten als nicht praktikabel. Die BASF bietet ihm darauf einen Mitarbeitervertrag an. Gemeinsam mit Carl Bosch, einem Neffen des Stuttgarter Industriellen Robert Bosch und damals Laborleiter bei dem Chemiekonzern, entwickelt Haber dann ein Verfahren, das die Verbindung Ammoniak aus Luft-Stickstoff herstellen kann. Der chemische Trick, beigesteuert von Haber, ist ein raffiniert zusammengesetzter Katalysator – also ein Prozessbeschleuniger, der bei der Reaktion nicht verbraucht wird. Der technische Trick, beigesteuert von Bosch, ist ein Hochdruck-Reaktor, aus dem sich das produzierte Ammoniak-Gas kontinuierlich abziehen lässt. Aus Ammoniak kann die BASF leicht Düngemittel, Schießpulver und Sprengstoffe produzieren. Ein Milliardengeschäft – bis heute.

Das Patent, 1910 erteilt, begründet eine Monopolstellung der BASF, macht sie zum bis heute weltgrößten Chemie-Konzern und führt zu einem sagenhaften Boom dieser Industriebranche insgesamt. Im Laufe der Jahre bringt es seinen Inhabern Millionen an Lizenzen ein. Zudem ist es der einzige Grund, der das Deutsche Reich das erste Jahr des ersten Weltkriegs überleben lässt: Ein See-Embargo der gegnerischen Mächte hatte Deutschland abgeschnitten von der Versorgung mit Chile-Salpeter. Ohne die im Reaktor synthetisierte Substanz hätte somit auch keine Munition hergestellt werden können.

Schon 1913 geht die erste Großanlage für die Ammoniaksynthese nach dem Haber-Bosch-Verfahren in Ludwigshafen-Oppau in Betrieb, eine zweite im anhaltinischen Leuna drei Jahre später. Die Fabriken stellen sicher, dass deutsche Soldaten überhaupt Gewehre, Kanonen, Mörser, Granatwerfer und so weiter abfeuern können. Und dass genug Dünger hergestellt wird, um heute eine Weltbevölkerung von 7,5 Milliarden Menschen einigermaßen zu ernähren: Ein heutiges Reaktormodell produziert bis zu 3000 Tonnen Ammoniakgas täglich. Abgefüllt in Hochdruck-Kesselwagen, ergibt das einen Güterzug von 180 Metern Länge – und die Basis für die »Grüne Revolution« der Landwirtschaft im 20. Jahrhundert. Eine humanitäre Großtat.

Der technisch versierte Carl Bosch, 1919 zum Vorstandsvorsitzenden der BASF und später, nach dem Zusammenschluss der größten deutschen Chemiekonzerne, auch zum Chef der I.G. Farben aufgerückt, erhält 1931 den Nobelpreis. Der Wissenschaftler Fritz Haber durfte seinen schon 1919 entgegennehmen – was umso erstaunlicher ist, als er im Ersten Weltkrieg eine aus heutiger Sicht geradezu kriegsverbrecherische Rolle spielt: Zu Beginn der Kampfhandlungen hatte sich Haber freiwillig als Berater im Kriegsministerium gemeldet. Seine Aufgabe: für genügend Explosiva zu sorgen. Daneben sollte er auch den Nachschub anderer kriegswichtiger Rohstoffe sicherstellen.

Schon 1914 verlangt der deutsche Generalstab nach einer chemischen Waffe, die Menschen dauerhaft kampfunfähig macht. Fritz Haber schlägt daraufhin das giftige Chlorgas vor: Das lässt sich massenhaft und günstig herstellen aus herkömmlichem Salz, dann aus Druckbehältern über Flanderns ebene Felder und in die Schützengräben des Feindes verströmen. Dort verätzt es die Lungen und die Schleimhäute der Soldaten, die daraufhin einen qualvollen Tod sterben.

Haber lässt sich, wie viele Bürger jüdischer Abstammung in jenen Jahren, von Glanz und Gloria des preußischen Militärs blenden und hofft, durch demonstratives Tragen der Uniform als besonders guter Deutscher wahrgenommen zu werden. Auf den meisten Fotografien, die im Weltkrieg entstehen, ist Haber nur in den »feldgrauen«, unvorteilhaft geschnittenen, groben Wollstoffen der Uniform zu sehen.

Im Februar 1915 reist Haber selbst ins belgische Ypern, um die Premiere dieser ersten Massenvernichtungswaffe in der Geschichte der Menschheit zu überwachen. Befördert zum Hauptmann, entwickelt er danach eine Spezialtruppe für den Gaskampf, in der auch die späteren Nobelpreisträger James Franck (Physik 1925) und Otto Hahn (Chemie 1944) dienen. Zurück in Berlin wird Fritz Haber wissenschaftlich Verantwortlicher für das gesamte Kampfgaswesen im Ersten Weltkrieg und entwickelt eine weitere Chemiewaffe, das äußerst giftige Phosgen.

Dennoch kann Haber im Frühjahr 1919 den Chemie-Nobelpreis des Jahres 1918 unbehelligt entgegennehmen. Erst nach Inkrafttreten des Versailler Vertrags im Juli 1919 erwägen die Siegermächte des Ersten Weltkriegs, die deutschen Kampfgasforscher als Kriegsverbrecher zu verfolgen. Wie auch Walther Nernst, Chemie-Nobelpreisträger von 1920, setzt sich Haber daraufhin für einige Monate in die Schweiz ab. Die internationale Initiative gegen die Entwickler von Chemiewaffen bleibt folgenlos, sodass beide Großforscher bald wieder in Berlin ihre Arbeit aufnehmen können.

Fataler für Haber sind die häuslichen Folgen seiner militärischen Ambitionen: Seine Ehefrau Clara Immerwahr erschießt sich am Morgen des 2. Mai 1915 mit Habers Dienstwaffe im Garten der Dahlemer Direktorenvilla – mutmaßlich aus Protest gegen das Engagement ihres Gatten für die Massenvernichtungswaffen, die sie als »Perversion der Wissenschaft« bezeichnet hat. Frau Dr. Haber war nicht nur die erste promovierte Chemikerin Deutschlands, sie war auch engagierte Frauenrechtlerin und Pazifistin. Dennoch lässt es sich ihr Mann nicht nehmen, nach dem Chlorgaseinsatz in der Schlacht von Ypern in Berlin zu einer häuslichen »Siegesfeier« zu laden. Schon am Tag nach dem Selbstmord seiner Frau reist Haber zurück an die Front. An der Beerdigung nimmt er nicht teil.

Als Letzter stößt Albert Einstein zur illustren Runde der Dahlemer Forschungsfürsten. Planck und Haber, aber auch Walther Nernst von der Berliner Universität hatten ihn mit sagenhaften Arbeitsbedingungen nach Berlin geködert: Seine Forschungsprofessur an der Preußischen Akademie der Wissenschaften mit Vorlesungsrecht an der Uni wird um ein Drittel besser bezahlt als ein normaler Lehrstuhl, enthält aber kein Lehrdeputat. Einstein hat somit alle akademischen Rechte plus zusätzliche Privilegien, aber keinerlei Pflichten. Außerdem stellt ihm die junge Kaiser-Wilhelm-Gesellschaft den Direktorenposten eines künftigen Instituts für Physik in Aussicht.

Als Einstein dem Werben der honorigen Berliner Kollegen nachgibt, sieht es auf den ersten Blick so aus, als habe der geniale Physiktheoretiker und Radikal-Pazifist seine politisch-moralischen Vorbehalte gegen das militaristische Deutschland hintangestellt zugunsten einer hoch besoldeten akademischen Karriere. Doch tatsächlich folgt Albert Einstein mit seinem Umzug nach Berlin vor allem dem Ruf seines Herzens: Seine Ehe mit Mileva Marić, im Januar 1903 in ungestümer Verliebtheit in Bern geschlossen, ist zerrüttet – spätestens seit Einstein 1912 beim Besuchen seiner Mutter in Berlin seine dort verheiratete Cousine Elsa Löwenthal wiedergetroffen hat. Die beiden verlieben sich ineinander und senden sich romantische Briefe: »Ich habe dich in diesen wenigen Tagen so lieb gewonnen, dass ich's kaum sagen kann!«, notiert Einstein für Elsa. Nach seiner Zusage an die Preußische Wissenschaftsakademie schreibt Einstein an die inzwischen geschiedene Geliebte: »Ich habe jetzt jemand, an den ich mit ungetrübtem Vergnügen denken und für den ich leben kann. (…) Das halbe Jährchen« bis zu seinem Dienstantritt in Berlin werde »bald vorbei sein«.

Einstein zieht also auch wegen Elsa nach Berlin – was Gattin Mileva jedoch nicht weiß, als sie im Herbst 1913 nach Berlin fährt, um ein geeignetes Logis für die vierköpfige Familie anzumieten. Während ihrer Wohnungssuche kommt Frau Einstein wie schon zuvor ihr Ehemann in der Direktorenvilla der Habers am Kaiser-Wilhelm-Institut in Dahlem unter – Albert hatte Fritz Haber im September 1911 bei einer Versammlung der Deutschen Ärzte und Naturforscher kennengelernt. Der Chemiker bewundert das junge Physik-Genie, und über eine nicht abreißende Korrespondenz freunden sich die beiden Forscher an – trotz der völlig gegensätzlichen Haltung zu Krieg und Waffen. Einstein blendet Habers Begeisterung fürs Militärische, seinen Eifer beim Entwickeln grässlich inhumaner Kampfgase vollkommen aus. Später ignoriert und überspielt er den fundamentalen Streit des Ehepaars Haber zu diesem Thema.

Auch die beiden Ehefrauen – Mileva hatte wie Albert Einstein in Bern Naturwissenschaften studiert – schließen Freundschaft. In der Ehrenbergstraße, fußläufig vom Kaiser-Wilhelm-Campus entfernt, findet sich eine im Jugendstil erbaute Patrizierwohnung für die Einsteins.

Nach seinem Einzug dort am 1. April 1914 feiert Einstein zunächst zwei Wochen lang sturmfreie Bude mit seiner Berliner Liebschaft Elsa; Mileva und die beiden Söhne hatte er noch zwei Wochen »zur Erholung« nach Locarno geschickt. Als die Gattin dann auch nach Berlin zieht, versichert Albert seiner Geliebten: »Ich behandle meine Frau wie eine Angestellte, der ich allerdings nicht kündigen kann.«

In der ersten Zeit nach Milevas Ankunft in Berlin bleibt Albert tagelang verschwunden, taucht einfach nicht auf in der Ehrenbergstraße. Tatsächlich vergnügt er sich in der Innenstadt mit Elsa. Als er dann, ohne dies zuvor mit seiner Ehefrau besprochen zu haben, einen Untermieter für die Dahlemer Wohnung präsentiert, die in seinen Augen zu groß ist für die Familie, ziehen Mileva und die Söhne aus. Sie finden abermals Quartier bei den Habers, die in den kommenden Wochen noch zu vermitteln versuchen zwischen den zerstrittenen Eheleuten. Doch nichts hilft. Schriftlich zeigt Albert eisige Gefühlskälte gegenüber Mileva (»Du hast weder Zärtlichkeiten von mir zu erwarten noch mir irgendwelche Vorwürfe zu machen«), und nach wochenlangen hässlichen Auseinandersetzungen reisen Frau und Kinder wieder zurück nach Zürich.

Anders als erwartet zieht Albert jedoch nicht gleich bei Elsa ein. Vielmehr macht er es sich in der angeblich zu großen Wohnung in der Ehrenbergstraße erst mal allein gemütlich. In den nächsten Monaten arbeitet Einstein dort sein Opus Magnum aus, die Allgemeine Relativitätstheorie, die 1915 fertig wird. Zudem schreibt er mit Georg Friedrich Nicolai, dem Hausarzt seiner Geliebten und späteren Liebhaber seiner Stieftochter Ilse, an dem pazifistischen Manifest »Aufruf an die Europäer!« Das soll einen Gegenpol zum militaristisch-patriotischen Kriegstreiber-»Manifest der 93« bilden. Allerdings wird das Nicolai-Einstein-Papier nur von zwei weiteren Wissenschaftlern unterzeichnet und erst 1917 diskret veröffentlicht. Aus der Patrizierwohnung in Dahlem zieht Einstein Anfang Dezember 1914 aus. Fortan wohnt er stadtnäher in der Schöneberger Haberlandstraße.

Schon Mitte Juli 1914, zwei Tage vor der Allgemeinen Mobilmachung für den Ersten Weltkrieg, hat das preußische Finanzministerium den Antrag der Kaiser-Wilhelm-Gesellschaft auf Einrichtung eines Instituts für Physik abgelehnt. Grund waren angeblich nicht fehlende Mittel in Anbetracht des unmittelbar bevorstehenden Krieges, sondern das Fehlen eines plausiblen Konzepts: In ihrem eingereichten Entwurf hatte die KWG lediglich versprochen, bereits budgetierte Forschungsgelder, etwa der Deutschen Forschungsgemeinschaft, der Ministerien oder der vielen Stiftungen, an besonders vielversprechende Projekte zu verteilen. Weder war ein eigenes Gebäude geplant noch ein eigenes Labor.

So muss Albert Einstein bis ins vierte Kriegsjahr warten, bevor er Direktor des ihm versprochenen KWI für Physik werden kann. Das wird erst ins Leben gerufen, als die Groß-Spende eines Berliner Industriellen sinnvoll angelegt werden muss: Der Mäzen hatte Kriegsanleihen im Wert von einer halben Million Mark gestiftet. Deren Zinsen sollen nun in physikalische Forschung fließen.

Zudem will die Stiftung des jüdischen Bankiers Koppel ein Drittel zum geplanten Institutsetat von jährlich 75.000 Mark zuschießen. Daraus soll Einstein – zusätzlich zu seinen Bezügen als Forschungsprofessor der Wissenschaftsakademie – ein Direktorengehalt von 5000 Mark jährlich erhalten. Das entspricht zwar nur der Hälfte von dem, was etwa der Chemie-Institutsdirektor Ernst Beckmann in dieser Zeit von der KWG bezieht, der als Ordinarius der Universität ebenfalls ein zweites Gehalt bekommt. Doch hat der Relativitätstheoretiker, anders als Beckmann, keinerlei Verantwortung – weder für Forschungsprojekte noch für Liegenschaften oder andere Aktiva. Außer einer Teilzeit-Sekretärin – die 19-jährige Ilse Löwenthal, Tochter von Einsteins Geliebter, hilft an drei Nachmittagen in der Woche aus –, gibt es kein Personal. Der Direktor muss nur Anträge lesen und das Geld der Stifter und Spender verteilen.

Im Oktober 1917 nimmt das KWI für Physik seinen Betrieb unter der Leitung von Albert Einstein auf; Dienstsitz ist die Wohnung des Forschungsprofessors in Berlin-Schöneberg.

Satzungsgemäß sollen die Geförderten von den KWG-Geldern vor allem modernes Laborgerät anschaffen: teure und raffinierte Apparate, die oft auf Maß und individuell gefertigt werden müssen, für die es noch keine Vorlagen oder gar Baupläne gibt. Heute würde diese Aufgabe im Management-Jargon wohl als »Beschaffung und Betrieb von Forschungs-Infrastruktur« beschrieben werden.

Management war jedoch nicht die Sache des Physiktheoretikers Einstein. Und so nennt der Jahresbericht 1921/22 des KWI nur zwei Projekte, die von dem Institut während des gesamten Zeitraums gefördert worden waren. Weder wird erwähnt, was genau angeschafft wurde, noch wird beschrieben, wie die Apparate eingesetzt werden, mit welchen Ergebnissen zu rechnen sein sollte und wann die so gesponserten Experimente wohl zu welchem Abschluss kommen könnten.

So kommod sich die äußeren Umstände von Einsteins Aktivitäten auch lesen – in eigener Sache bleibt der Gelehrte fleißig. Er veröffentlicht weiter einen wissenschaftlichen Aufsatz nach dem anderen und beteiligt sich an den Versuchsplanungen, mit denen seine Theorien empirisch bestätigt werden sollen. Etwa durch die Vermessung einer Sonnenfinsternis, bei der das Licht der dahinter leuchtenden Fixsterne tatsächlich, wie von der Relativitätstheorie gefordert, durch das Schwerefeld der Sonne abgelenkt wird. Oder durch den Bau einer astronomischen Beobachtungsstation nahe Potsdam, dem späteren »Einstein-Turm«.

Zudem beginnt er umfangreiche Vortragsreisen. Seinen Nobelpreis kann der Physiker zum Beispiel im Herbst 1922 nicht persönlich entgegennehmen, weil er zu dieser Zeit in Japan unterwegs ist, Referate bei akademischen Veranstaltungen hält.

Zudem wird Einstein in Berlin immer öfter öffentlich angefeindet – wegen seines pazifistischen Engagements, vor allem aber wegen seiner jüdischen Abstammung. Eine Vorlesung an der Berliner Universität etwa muss er im Februar 1920 abbrechen, weil das Publikum antisemitisch pöbelt. Und die Japan-Reise im Herbst 1922 tritt das Ehepaar Einstein unter anderem auch deshalb an, weil Elsa, die Albert im Juni 1919 nur vier Monate nach der Scheidung von Mileva geheiratet hatte, sich an Leib und Leben bedroht sieht.

Die Geschäftsführung des KWI für Physik hat Einstein zu diesem Zeitpunkt bereits an Max von Laue, Nobelpreisträger des Jahres 1914, abgetreten. Pro forma bleibt der Relativitätstheoretiker weiter Institutsdirektor, wenn auch ohne Bezahlung. Einstein ist zu diesem Zeitpunkt schon finanziell unabhängig: Sein Jahresgehalt als Forschungsprofessor der preußischen Wissenschafts-Akademie beträgt damals 75.000 Mark, für einen einzigen Vortrag erhält er bis zu 2000 Mark Honorar. Hinzu kommen Lizenzeinnahmen aus dem Patent für einen Kreiselkompass, den ein Kieler Industrieunternehmen nach Einsteins Berechnungen und Plänen herstellt, in Höhe von rund 20.000 Mark jährlich.

Trotz seines weitgehenden Rückzugs aus dem Berliner Wissenschaftsbetrieb bleibt Einstein der Kaiser-Wilhelm-Gesellschaft eng verbunden und springt ein, wenn etwa bei der großen Vortragsreihe im Harnack-Haus der lange angekündigte Redner ausfällt. Im November 1931 sitzt Einstein dann ein letztes Mal in der vordersten Reihe des voll besetzten Helmholtz-Hörsaals, als der amerikanische Physik-Nobelpreisträger Robert Millikan dort referiert.

Tags darauf versammeln sich die vier im Publikum anwesenden Nobelpreisträger – Walther Nernst, Max Planck, Max von Laue und Albert Einstein – mit dem fünften, dem amerikanischen Gast, zu einem förmlichen Abendessen bei von Laue. Alle sind korrekt im Smoking erschienen. Nur Einsteins Garderobe ist, wie üblich, nachlässig: Der zerstreute Professor trägt einen Stresemann – von der Etikette ausgeschlossen für Anlässe nach 17 Uhr – und dazu Schnürstiefel.

Ein Sommerabend auf der Gartenterrasse des Harnack-Hauses in den frühen 1930er Jahren: Chefin Margarethe Carrière-Bellardi mit gut gelaunten Gästen und livriertem Kellner im Hintergrund.

Jasminduftende Ländlichkeit, nobelpreiswürdige Forschung und rauschende Feste

Das Club- und Gästehaus der KWG blüht auf, trotz der schwierigen wirt-schaftlichen Lage nach den dramatischen Kursstürzen an den wichtigsten Börsenplätzen: Vordenker aus aller Welt reißen sich um Plätze in den Gästezimmern, Führungspersönlichkeiten aus Wissenschaft, Wirtschaft, Politik und Publizistik etablieren eine Dialog-Plattform für Innovationen, Vortragsreihen brillieren mit prominenten Referenten und widmen sich bri-santen Themen, große Kostüm- und Gartenfeste werden zu Höhepunkten des gesellschaftlichen Lebens von Berlin. 35 Nobelpreisträger sind hier zu Gast, und schon wenige Monate nach der Eröffnung ist das Harnack-Haus eine internationale Institution.

Wer in den 1930er Jahren die kurze, halbkreisförmige Auffahrt zum Harnack-Haus überquert, erreicht unterm Vordach eine doppel-flügelige Holztür. Drinnen erwartet linkerhand eine Portiersloge die Besucher – wie in einem noblen Hotel. Gegenüber, auf der anderen Seite des Vestibüls, führen die Stufen einer breiten Holz-treppe nach oben zu den kleineren Gesellschaftsräumen, vor allem aber zu den Gästezimmern und -wohnungen. Ebenerdig gelan-gen die Besucher in die Bismarck-Halle: ein repräsentatives Foyer mit schweren Lederfauteuils und offenem Kamin, ebenfalls nicht unähnlich den entsprechenden Örtlichkeiten in Clubs britischen Stils oder in zeitgenössischen Luxushotels. Noch heute, der Raum

75

wurde durch einen Wintergarten erweitert zum Planck-Foyer, steht an der Südseite der übermannshohe Renaissance-Schrank, der schon bei der Eröffnung des Harnack-Hauses im Jahr 1929 zum Mobiliar gehörte.

Von hier aus geht es nach links in den kürzeren Seitenflügel zum Mozart-Zimmer für musikalische Veranstaltungen, zur Leibniz-Bibliothek und zum Humboldt-Zimmer, in dem sich kleinere Gesellschaften trafen, etwa für Sitzungen der Senatsausschüsse oder beim Herrenabend des Präsidenten. Über der breiten Treppe hängt in den 1930er Jahren das hölzerne Modell eines historischen Segelschiffs, so groß wie ein Kinderwagen. Nach rechts führt eine Treppe ein halbes Stockwerk nach oben zum Goethe-Saal im größeren Seitenflügel, eine zweite nach unten ins Liebig-Gewölbe, in dem das Casino für die Beschäftigten der umliegenden KWG-Institute untergebracht ist, außerdem die Duisberg-Bierstube. Die Wand an der Front des Goethe-Saals, der sich vom Flur durch zwei Doppelflügeltüren betreten lässt, ziert ein Aphorismus des Namensgebers: »Das schönste Glück des denkenden Menschen ist, das Erforschliche erforscht zu haben und das Unerforschliche ruhig zu verehren.«

Im Originalzustand des Harnack-Hauses setzt sich der Flur vor diesem größten Raum fort in einen überdachten Durchgang zum Helmholtz-Hörsaal. Dieser ist, etwa bei öffentlichen Veranstaltungen, auch direkt von der Straße zugänglich. Zu seiner Außentür führt eine zweite überdachte Auto-Vorfahrt. Im Untergeschoss gibt es eine große Garderobe mit Tresen und einzelnen Gewölben – wie in einem Theater oder Konzerthaus.

Schräg dahinter liegt ein Anfang der 1930er Jahre fast unbebautes Stadtrand-Idyll. Die Reportagereihe »Funkstunde« des Berliner Rundfunks beschreibt das Panorama, das sich von den Gästezimmern in den oberen Stockwerken des Harnack-Hauses bietet, so: »Man blickt auf Kornfelder, (…) und von der Grenze nach Lichterfelde grüßt die letzte alte Windmühle herüber. Auf der anderen Seite der Ihnestraße schließt dunkler Kiefernwald den Horizont ab, jetzt allerdings durch den Einschnitt der bis zur Krummen Lanke verlängerten Untergrundbahn an einer Stelle unterbrochen.«

Im Untergeschoss des kürzeren Seitenflügels ist die Turnhalle untergebracht – nebst Umkleideräumen, Duschen und einem Liegeraum. Insgesamt ist es im Innern das Harnack-Hauses viel heller als die Holzvertäfelung etwa in der Bismarck-Halle, die schmalen Zweiflügelfenster zur Straßenseite und der hohe Baumbestand ringsum vermuten lassen. Das liegt vor allem an den großen, meist bodentiefen Fenstern oder Türen zur Parkseite. Der Goethe-Saal hat auf seiner südöstlichen Schmalseite sogar eine Fensterfront über zwei Stockwerke. Die Bühne wird dadurch tagsüber vollständig in natürliches Licht getaucht.

Auch die Sporträume im Souterrain wirken hell und offen: die Gartenlandschaft draußen wurde ausgebaggert, sodass die Fenster über Bodenlevel liegen. Die Eingangstür zum Park ist ebenerdig. Von den Tennisplätzen am Südrand des viele Tausend Quadratmeter großen Grundstücks dringen die Rufe der Spieler bis auf die Gartenterrasse vor der Bismarck-Halle. Die ist an schönen Tagen schon frühmorgens gut besetzt, wenn sich die Logiergäste das Frühstück aus dem Restaurant dorthin mitnehmen.

Sonnenschirme stellen sicher, dass die Gäste bequem im Schatten sitzen, sich beim Schach- oder Bridgespielen ausruhen können. Vor der Terrasse, auf der Rasenfläche des Parks, trifft man sich auf eine Partie »Boccia: ein Spiel, das nicht zu sehr ermüdet und doch den Körper betätigt,« wie es im Jahresbericht der KWG für die Jahre 1930/31 heißt. Der Betrieb auf der Veranda und im Garten hält oft bis in die Nachtstunden an, wenn die letzten Diskutanten aus den Abendveranstaltungen dort noch einen Drink nehmen, Paare untergehakt durch den Park schlendern, um ein paar vertrauliche Worte zu wechseln.

Nur Margarethe Carrière, die emsige, ambitionierte Leiterin des Hauses hat seit ihrem Amtsantritt Sorgen: Wochen nach der Eröffnungsfeier ist der Weinkeller noch immer nicht eingeräumt, die Kisten mit dem vorab angeschafften Vorrat von tausend Flaschen stehen im Weg, wenn die Köche und Mamsellen täglich 200 Mittagessen zubereiten müssen, dazu die offiziellen Diners und die

Häppchen für kleinere Empfänge. In einem Brief an KWG-Verwaltungsdirektor von Cranach listet Carrière die Probleme auf: Der Küchenbetrieb lasse sich nur mit größter Mühe aufrechterhalten, die wöchentliche Arbeitszeit des Personals betrage 48 bis 54 Stunden. Obendrein sei der Clubdiener offenbar nicht ausgebildet für das Servieren von Speisen.

Zudem sorgt sie sich um die Rentabilität des Casinos. Ob der Preis von 0,80 Mark für ein Mittagessen langfristig gehalten werden kann, wo doch jede Mahlzeit eine Suppe und einen Hauptgang mit Fleisch und Gemüse bietet? Schon gibt es Beschwerden über die Qualität. Vor allem das Fräulein Professor Meitner vom benachbarten KWI für Chemie, das seine Hauptmahlzeit beinahe täglich im Harnack-Haus einnimmt und als aufgeklärte Naturwissenschaftlerin auf ihre Ernährung achtet, äußert hier Kritik. Als rundum moderne Zeitgenossin legt Lise Meitner darüber hinaus Wert auf eine »ganzheitlich gesunde Lebensweise«: Auf ihren dringenden Wunsch engagiert die Harnack-Hausverwaltung eine Gymnastiklehrerin für regelmäßige Kurse im Turnsaal, die vor allem für weibliche und sitzend arbeitende Beschäftigte angepriesen werden. Auch dieses Angebot fehlt im ersten Budgetplan und erhöht den Kostendruck.

Schließlich sind die Zimmerpreise unverhältnismäßig günstig: 3,85 Mark kostet die Nacht in einem einfachen Zimmer; 7,70 Mark werden für eine komplette Wohnung mit zwei Betten fällig. Die Monatsmiete für das Zimmer beträgt 100 Mark, für die solide möblierte Wohnung mit Bad 210 Mark – jeweils inklusive Bedienungsgeld. Senatoren der KWG und ihre Auswärtigen Mitglieder zahlen nur 5,50 Mark pro Nacht für die Wohnung, wenn sie etwa zu Gremiensitzungen oder für Vorträge anreisen. Verglichen mit dem damaligen Monatsgehalt etwa eines Chemie- oder Physikprofessors an einer deutschen Durchschnittsuniversität müsste eine Übernachtung in einer komplett ausgestatteten Gästewohnung heute nur 22 Euro kosten.

Tatsächlich hat die KWG-Verwaltung jede Rentabilitätsrechnung vor Inbetriebnahme des Harnack-Hauses versäumt, kein

Hotelier oder Betreiber ähnlicher Kongress- und Begegnungsstätten wurde je um Rat gefragt. Immerhin kann der Geschäftsführer des Studentenhauses in Berlin-Charlottenburg hilfreiche Hinweise geben, sodass sich Frau Carrière die Fortführung ihres Amtes auch unter wirtschaftlichen Aspekten weiter zutraut. Als Eugen Fischer, Direktor des benachbarten Kaiser-Wilhelm-Instituts für Anthropologie, menschliche Erblehre und Eugenik im November anfragt, ob die jeweils rund 45 Teilnehmer, die er künftig in regelmäßigen Kursen zu den Themen seiner Forschung praktisch ausbilden möchte, ebenfalls im Harnack-Haus zu Mittag essen können, sagt Frau Carrière gern zu: Fischers externe Gäste müssen jedoch 1,30 Mark je Mahlzeit bezahlen, gut sechzig Prozent mehr als die Angestellten der KWG.

Auch von der Hochschule für Politik, nur 200 Meter die Ihnestraße hinunter und gegenüber dem Erblehre-KWI gelegen, kommen Lehrer und Mitarbeiter zum Essen ins Harnack-Haus, darunter der Publizist Theodor Heuss, der ab 1930 zunächst für die linksliberale Deutsche Demokratische Partei, später für die Deutsche Staatspartei im Reichstag sitzt, sowie seine Ehefrau Elly Heuss-Knapp, Dozentin für Bürgerkunde und Frauenfragen an der besagten Hochschule. Im Jahr 1949 wird Heuss zum ersten Präsidenten der Bundesrepublik Deutschland gewählt.

Das gesellschaftliche Leben im Harnack-Haus blüht auf, auch international: Bei einer Studienreise durch die USA hat Michael Polanyi, Abteilungsleiter in Fritz Habers KWI, den Chemiker Irving Langmuir kennengelernt, einen der leitenden Forscher beim Weltkonzern General Electric. Langmuir entwickelt gerade neue Technologien für Glühlampen – ein Milliardenmarkt. Polanyi gewinnt den Industrieforscher für einen Vortrag im Rahmen von Habers »Montags-Colloquien« im Helmholtz-Hörsaal.

Langmuir hat 1906 bei Walther Nernst in Berlin promoviert und spricht perfekt deutsch. Im März 1930 referiert er in Dahlem vor 500 Zuhörern über »Die chemischen und elektrischen Eigenschaften von adsorbierten Schichten an Wolfram«. Bei der sich anschließenden Gesellschaft sind auch sein Doktorvater und Albert Einstein, Max Planck, Max von Laue, Otto Hahn, Lise Meitner und Otto Heinrich Warburg dabei. Für seine Erkenntnisse über die großtechnische Verwendbarkeit des Metalls Wolfram wird Langmuir den Chemie-Nobelpreis des Jahres 1932 erhalten.

Auch das größere, auf ein breiteres Publikum zielende Vortragsprogramm läuft gut an. Der Domkapitular und Päpstliche Haus-Prälat Georg Schreiber, im Reichstag einst der politische Wegbereiter des Harnack-Hauses, spricht über »Internationale Kulturpolitik«. Als Referent Theodor Leipart, Vorsitzender des Allgemeinen Deutschen Gewerkschaftsbunds, wegen eines Unfalls nicht über »Die Rolle der Gewerkschaften in der Wirtschaft« referieren kann, übernimmt an seiner Stelle kurzfristig Albert Einstein mit dem Thema »Das physikalische Raum- und Aetherproblem«. Der Goethesaal platzt an jenem Abend aus allen Nähten; sogar die enge, stickige Empore ist überfüllt.

Die übrigen Vortragsthemen belegen das breite Interessenspektrum der Organisatoren quer durch die Schwerpunkte der Kaiser-Wilhelm-Gesellschaft: Medizin und Physik, Chemie, Genetik, Materialwissenschaften – jeweils auch mit Hinblick auf die technische Umsetzung, die wirtschaftliche oder gesellschaftliche Nutzung neuer Erkenntnisse. Konkret wird in der ersten Saison eingeladen zu Referaten über »Praktische Ergebnisse der psychiatrischen Erblichkeitsforschung«, »Die Bedeutung hydraulischer Großversuche für den Wasserbau« und »Die Natur der Festigkeit«.

Nach den Vorträgen trifft sich das Publikum regelmäßig in der Bismarck-Halle. In dieser Atmosphäre überspringen die Dialoge schnell die Grenzen der einzelnen Fach- und Denk-Disziplinen. Die Wissenschaftler auf den Podien des Harnack-Hauses treffen nicht nur auf Kollegen, sondern auch auf fachfremde, gleichwohl hochqualifizierte Forscher. Und auf ein kritisch-interessiertes Laienpublikum, oftmals aus den Führungszirkeln der großen Unternehmen – Berlin war damals, anders als heute, eine Industriestadt –, der Ministerien, der Kulturszene und anderer gesellschaftlicher Organisationen wie etwa Gewerkschaften. Der Abend mit Irving Langmuir ist vielleicht das beste Beispiel, doch auch für die anderen gilt: Angezogen werden die Zuhörer vom Reiz des Neuen, das die Vorträge im Harnack-Haus präsentieren. Etwa: neue Werkstoffe und Produkte, neue Technologien, neue Methoden für den Erkenntnisgewinn oder für die industrielle Produktion.

So etabliert sich Schritt für Schritt ein neues Denken in neuen Dimensionen: grenzüberschreitend verknüpft, etwa auch durch Telekommunikation, und deshalb international aufgestellt, technisch reproduzierbar durch Fotografie, Druck und Film, oftmals auch medial vermittelt. Dadurch entsteht, obwohl die Begriffe in den 1930er Jahren bei weitem noch nicht so populär sind wie heute, auf dem Forschungscampus in Berlin-Dahlem eine Keimzelle für Innovationen, neue Geschäftsmodelle und soziale Strukturen, für die Akzeptanz oder die Kritik an diesen Neuerungen. Ähnliche Prozesse und Konstellationen begründen später den Ruhm, den gesellschaftlichen und ökonomischen Reichtum von Hightech-Regionen wie dem kalifornischen Silicon Valley. Das Harnack-Haus jedenfalls profiliert sich schon früh als der Kern dieser Keimzelle.

Ähnliche Vielfalt wie bei den Vortragsthemen herrscht bei den Hausgästen des Harnack-Hauses. Lise Meitner etwa bringt den Schweizer Physiker Ernst Stahel, der zuvor in Brüssel gelehrt hat, für ein halbes Jahr im Obergeschoss unter. Allein im ersten Betriebsjahr wohnen elf US-Wissenschaftler im Harnack-Haus, drei davon mit ihren Ehefrauen. Die UdSSR lässt das Harnack-Haus am 29. Oktober 1929 von zwei Mitarbeitern und einer Mitarbeiterin ihres Wissenschaftlichen Rats für Ernährungsfragen besichtigen.

Richard Goldschmidt, seit 1919 Direktor am KWI für Biologie und ein Begründer der Molekulargenetik, bringt nicht nur seinen amerikanischen Kollegen Ross Harrison im Harnack-Haus unter, der ihm bei einem vom Ersten Weltkrieg erzwungenen Exil einen

Laborplatz an der Yale University besorgt hatte, sondern darüber hinaus auch Kollegen aus Indien, Japan, Finnland und der Schweiz.

Der indische Schriftsteller Rabindranath Tagore, Literatur-Nobelpreisträger des Jahres 1913 und Vorbild unter anderem für den deutschen Lyriker Rainer Maria Rilke, wohnt im ersten Jahr nach der Eröffnung gleich zwei Mal im Harnack-Haus. Der Allround-Künstler und Philosoph, der in Berlin 1930 unter anderem eine Ausstellung mit eigenen expressionistischen Zeichnungen und Gemälden eröffnet, hat zwar keine förmliche Verbindung zur Forschergemeinde der Kaiser-Wilhelm-Gesellschaft, befasst sich jedoch in seinem Essay »The Religion of the Forest« mit einer Art Welt-Universität. Wegen seiner fundamental-pazifistischen Gesinnung entwickelt sich bei seinem Deutschland-Besuch ein engerer Kontakt zu Albert Einstein. Der Relativitätstheoretiker trifft Tagore im Harnack-Haus und lädt ihn daraufhin in sein Landhaus im Dorf Caputh am Schwielowsee ein, wo er mit ihm über das Kausalprinzip diskutieren möchte. Doch leider gelingt es den beiden Großdenkern nicht, hierfür auch nur eine gemeinsame Begrifflichkeit zu entwickeln. Also verlegen sie sich bald auf Gespräche über Musik – Einstein spielt begeistert Geige, musiziert im Ensemble mit Max Planck und anderen Wissenschaftsgrößen. Die beiden Männer werden bis zu Tagores Tod im Jahr 1941 miteinander korrespondieren.

Tür an Tür mit dem Inder wohnt der Züricher Kunstgeschichtler Heinrich Wölfflin, der im Sommer 1930 ein Semester lang als Gastprofessor an der Berliner Universität lehrt. Wölfflin lobt am Harnack-Haus die »jasminduftende Ländlichkeit von Dahlem« und empfängt dort seine Berliner Freunde. Zu diesem Kreis gehört unter anderem die kapriziöse Schriftstellerin Ricarda Huch, mit der ihn auch eine erotische Beziehung verbindet.

Daneben logieren Exoten wie der indische Physiker, Yogi und Pflanzenphysiologe Boshi Sen in den Gästezimmern des Obergeschosses: Sen nimmt 1930 an der Weltkraftkonferenz in Berlin teil. Diese Vorläufer-Organisation des heutigen World Energy Councils diskutiert alle sechs Jahre über die Energieversorgung der Welt. Während seines zweimonatigen Aufenthalts im Harnack-Haus trifft sich Sen auch mit Albert Einstein und diskutiert mit ihm über das Verhältnis von Religion und Wissenschaft.

Schnell wird das Club- und Gästehaus der KWG zu einer von Berlins ersten Adressen für Vordenker und Führungskräfte aus der Wissenschaft. Die liberal-bürgerliche »Vossische Zeitung« schafft eine eigene Rubrik, in der sie die prominenten Besucher auflistet: »Zu Gast im Harnack-Haus«. Der Andrang auf die Gästezimmer ist so groß, dass die Kaiser-Wilhelm-Gesellschaft einen eigenen Ausschuss bilden muss, der im Zweifelsfall über die Vergabe der Unterkünfte zu entscheiden hat. Dem Gremium gehören fünf Berliner Institutsdirektoren an.

In der Bismarck-Halle liegen mehrere Dutzend internationale Tages- und Wochenzeitungen, Journale und Zeitschriften aus. Bibliothekar Ludwig Carrière, Ehemann von Harnack-Haus-Leiterin Margarethe, baut die hauseigene Leibniz-Bibliothek aus, hauptsächlich aus Spenden renommierter Verlage. Die Benutzung der Büchersammlung ist kostenlos. Beschäftigte der Kaiser-Wilhelm-Gesellschaft können Lektüren ausleihen, sofern sie sich zuvor durch eine persönliche Leihkarte registriert haben. Auch das Ausleihen kostet nichts – ein weiteres Beispiel für die Vertrauenskultur im Harnack-Haus und bei der Kaiser-Wilhelm-Gesellschaft.

Am 24. Oktober 1929 stürzen die Notierungen an der New Yorker Börse dramatisch ab. Allein an diesem Tag gehen Kurswerte in Höhe von 11 Milliarden Dollar verloren, was zu weiteren Kursstürzen führt. Viele Anleger müssen ihre Aktien zwangsweise und zu jedem Preis verkaufen, weil deren Wert so weit zurückgegangen ist, dass die Banken die auf Anteilscheine beliehenen Kredite zurückfordern.

Am »Schwarzen Dienstag«, dem 29. Oktober 1929, verliert die New York Stock Exchange weitere 14 Milliarden Dollar an Wert. Zahllose Unternehmen gehen pleite, die so ausgelöste Weltwirtschaftskrise wird an den Börsen bis ins Jahr 1932 anhalten, auf den Arbeitsmärkten auch darüber hinaus.

In Deutschland, das noch immer unter den Reparationszahlungen des Versailler Vertrags leidet und sich nur langsam von der Hyperinflation der Jahre vor 1924 erholt, hat die Krise verheerende Folgen: Das Bruttosozialprodukt bricht um ein Drittel ein, die Arbeitslosenquote steigt auf 33 Prozent. Auch die Kaiser-Wilhelm-Gesellschaft spürt das Problem: Etliche wissenschaftliche Mitglieder können sich die teure Jahresgebühr nicht mehr leisten, müssen aus finanziellen Gründen ausscheiden. In der Folge sinken die Grundgehälter der KWG-Beschäftigten, die Ortszuschläge und Wohnungszuschüsse werden um sechs Prozent reduziert, so stark wie die der Beamten. Prompt geht die Zahl der verkauften Mittagessen im Harnack-Haus zurück. Frau Carrière muss den Portionspreis auf 0,75 Mark senken, um die Nachfrage wieder zu stimulieren – eine betriebswirtschaftliche Herausforderung.

Am 17. Januar 1930 beherbergt das Harnack-Haus zum ersten Mal einen »Dahlemer Medizinischen Abend«. Der renommierte Physiologieprofessor Wilhelm Trendelenburg, bei der Gründung im Jahr 1911 erster Generalsekretär der Kaiser-Wilhelm-Gesellschaft, und sein Juniorpartner Otto Heinrich Warburg, in jenen Tagen noch als Abteilungsleiter am KWI für Biologie tätig und wenig später Direktor des KWI für Zellphysiologie in der Nachbarschaft, hatten dieses anspruchsvolle Format 1928 am Sitz der KWG-Zentrale im Berliner Stadtschloss begonnen, später ins KWI für Biologie nach Dahlem verlegt. Als sich die medizinische Themensetzung als zu eng erweist, wird die Reihe durch »Biologische Abende« ergänzt, die im Wechsel stattfinden. Die Organisatoren laden namhafte Gastredner von auswärts ein, oft auch aus dem Ausland. Eine Aufforderung zum Vortrag im Rahmen eines »Dahlemer Abends« gilt als Ritterschlag für junge Forscher, auch von den älteren sagt keiner grundlos ab.

Bei der Premiere im Harnack-Haus, wo die Vortragsreihe fortan stattfindet, spricht der erst 26-jährige, aber schon strahlende

Biochemie-Star Adolf Butenandt über »Das Progynon, ein kristallisierbares weibliches Sexualhormon«; danach zeigen zwei Heidelberger Privatdozenten »Lebende Organe im Fluoreszenzlicht.« Es geht also nicht nur um abstrakte Fakten und Erkenntnisse, sondern auch um eine bildhafte Darstellung des Neuen und um bahnbrechende Methoden der Forschung. Butenandt wird 1936 Direktor am benachbarten KWI für Biochemie. Im Jahr 1939 erhält er den Nobelpreis für Chemie, von 1960 bis 1972 ist er Präsident der Max-Planck-Gesellschaft, der Nachfolge-Organisation der KWG.

An den Vortrag des Mäzens und KWG-Senators Paul Schottländer über die meeresbiologische Forschungsstation im istrischen Rovigno (heute: Rovinj) schließt sich ein förmliches Diner an – eine besondere Geste gegenüber dem besonders großzügigen Unterstützer der KWG: Die Herren erscheinen im Frack, die Damen im großen Abendkleid. Mit dabei sind unter anderem die Ehepaare Planck und Hahn sowie Lise Meitner. Das Menu ohne Getränke kostet 4,50 Mark für KWG-Mitglieder, 5,50 Mark für Außenstehende.

Das Jahr 1930 bringt aber auch einen schweren Verlust für die Kaiser-Wilhelm-Gesellschaft: Der 79-jährige Gründungspräsident Adolf von Harnack stirbt am 10. Juni kurz nach der Jahreshauptversammlung in Heidelberg. Die Gedenkfeier für ihn findet nur fünf Tage später im Harnack-Haus statt – und wird zu einer ersten, nicht erklärten Manifestation jenes neuen Denkens, das nun nicht nur die Grenzen der wissenschaftlichen Fachdisziplinen überwindet, sondern auch ideologische Schranken aufweicht und politische Lager zum Dialog zusammenbringt: Zahlreiche Professoren der Berliner Universität, aber auch von auswärtigen Hochschulen sind angereist, Wissenschaftsmanager Friedrich Schmidt-Ott, Präsident der Notgemeinschaft der deutschen Wissenschaften, hält die Hauptansprache. Joseph Wirth, Reichskanzler a. D. von der Zentrumspartei und im Sommer 1930 Reichsinnenminister, erwähnt Harnacks Freundschaft mit dem ersten Reichspräsidenten Friedrich Ebert (SPD) und lobt gleichzeitig Harnacks »konservative Auffassung«, die nach der Niederlage im Ersten Weltkrieg und dem Zusammenbruch des Kaiserreichs geholfen habe, »die letzten Elemente staatlichen Lebens zu retten«.

Adolf Grimme, letzter frei gewählter preußischer Minister für Wissenschaft, Kunst und Volksbildung (SPD) vor der nationalsozialistischen Diktatur und später Vorbild für den nach ihm benannten Medienpreis, dankt Harnack für seine Forschungen, für sein wissenschaftspolitisches Engagement und für seine Leistungen beim Aufbau der KWG, »vor allem aber für das So-Sein seiner Person«. Selten zuvor in der fragilen politischen Landschaft der Weimarer Republik haben sich die unterschiedlichen Grundhaltungen der gesellschaftlichen Kräfte so leicht, so einmütig auf gemeinsame Werthaltungen verständigen können. Danach, in den sich immer schneller aufheizenden politischen Debatten vor Beginn der NS-Diktatur, wurden ähnlich lagerübergreifende Konsense schnell unmöglich.

Die Suche nach einem geeigneten Nachfolger als KWG-Präsident reduziert sich auf wenige interne Kandidaten: Soll es Fritz Haber werden oder besser der Chemiker Richard Willstätter? Beide haben als Dahlemer KWI-Direktoren den Chemie-Nobelpreis erhalten. Soll man den ehemaligen bayerischen Kultusminister und KWG-Senator Carl Heinrich Becker ernennen, oder wäre die Organisation mit dem gewitzten Generaldirektor Friedrich Glum als Präsidenten bessergestellt, der als außerordentlicher Juraprofessor immerhin auch ein wissenschaftliches Mitglied ist? Nach kurzem Hin und Her entscheidet sich der Senat per Akklamation für den 72-jährigen Max Planck. Der beginnt sofort nach seiner Amtseinführung mit einer Reihe von »kleinen Abendessen« im Harnack-Haus, »bei denen in- und ausländische Gelehrte mit Vertretern der Wirtschaft, Finanz und Presse, des Parlaments und der Regierung sich zu zwangloser Fühlungnahme« treffen, wie der Jahresbericht der KWG für 1930/31 formuliert.

Zu den Pressevertretern zählt etwa Theodor Wolff, Chefredakteur des liberal-republikanischen »Berliner Tageblatts« und über

Jahrzehnte Kritiker jeder autoritären Politik. Schon 1933 muss Wolff ins Exil gehen; er wird in Nizza festgenommen und ausgeliefert und stirbt 1943 nach der Haft im KZ-Sachsenhausen im Berliner Jüdischen Krankenhaus. Heute erinnert der im deutschsprachigen Raum wohl renommierteste Preis für Zeitungsjournalisten an den streitbaren Publizisten.

Seinen Antrittsvortrag als Präsident der Kaiser-Wilhelm-Gesellschaft hält Max Planck im Harnack-Haus über das Thema »Positivismus und reale Außenwelt« – womit er, in bester KWG-Tradition, zunächst eine Brücke schlägt zwischen naturwissenschaftlichem und gesellschaftlichem Erkenntnisinteresse. Konkret geht er dann auch auf die aktuellen Krisen in Wirtschaft und Politik ein: »Es ist eine seltsame Welt, in der wir leben«, konstatiert der Physiker, der mit seiner Quantenlehre doch selbst ein neues Weltbild geschaffen hat. »Wohin wir blicken, auf allen Gebieten der geistigen Kultur, sind wir in eine Zeit schwerer Krisen hineingeraten, die unserm gesamten privaten und öffentlichen Leben mannigfache Zeichen der Unruhe und Unsicherheit aufprägt. Manche wollen darin den Beginn einer großartigen Aufwärtsentwicklung sehen, andere wieder deuten sie als Vorboten des unabwendbaren Verfalls.«

Im Frühjahr 1931 ist der Münchener Physiologe Hans Fischer Gast im Harnack-Haus. Er hat Chemie und Medizin studiert und arbeitet jetzt an der Schnittstelle der beiden Wissenschaften, die sich in jener Zeit noch viel mehr überschneiden als heute. Im Jahr 1928 hat er die komplizierte Struktur des roten Blutfarbstoffs Hämin (heute: »Hämoglobin«) analysiert. Darüber soll er bei der KWG sprechen.

Der zerstreute Professor kommt jedoch gerade von einer langen Auslandsreise zurück, auf der er angeblich vollkommen abgeschnitten war von Radio-Empfang, Zeitungslektüre oder ähnlichen Quellen für Neuigkeiten. So fällt er aus allen Wolken, als ihn Margarethe Carrière bei der Ankunft im Harnack-Haus als Chemie-Nobelpreisträger begrüßt: Offenbar hat ihn das Komitee der schwedischen Wissenschafts-Akademie unterwegs nicht erreichen können; keine seiner vorherigen Kontaktpersonen hatte ihm die Botschaft überbracht, die längst veröffentlicht und durch alle Nachrichten gegangen war.

Noch im selben Jahr wird in Dahlem der nächste Nobelpreis gefeiert: Otto Heinrich Warburg, Direktor des neu eröffneten KWI für Zellphysiologie, erhält die Auszeichnung für seine Entdeckung der Enzyme, die zur Energiegewinnung in lebenden Zellen beitragen. Auch der Chemie-Nobelpreisträger des Jahres 1931 ist im Harnack-Haus kein Unbekannter: Carl Bosch, Vorstandsvorsitzender der I.G. Chemie und seinerzeit Fritz Habers Industriepartner beim Entwickeln des großtechnischen Verfahrens zur Ammoniaksynthese, hat als Senator der KWG an vielen Sitzungen im Humboldt-Zimmer teilgenommen.

In der Saison 1930/31 öffnet sich das Vortragsprogramm im Harnack-Haus weit für geistes- und kulturwissenschaftliche Themen. Als Trost für seine Niederlage bei der Präsidentenkür – immerhin ist er noch 3. Vizepräsident geworden – darf Carl Heinrich Becker seine jüngsten Reise-Erinnerungen präsentieren (»Das Erbe der Antike im Orient und Occident«). Der Portugiese Mendes Correia spricht vor einem voll besetzten Goethe-Saal über »Die Prähistorische Völkerwanderung und ihre Beweise auf der Iberischen Halbinsel«.

Immer mehr internationale Koryphäen werden eingeladen: Zwei Professoren vom Pariser Institut Pasteur tragen vor, für einen Abend mit dem schwedischen Metallurgen Arne Westgren haben sich gleich vier große Fachgesellschaften zusammengetan. Hans von Euler-Chelpin, Wissenschaftliches Mitglied der KWG in Stockholm und Chemie-Nobelpreisträger des Jahres 1929, spricht über »Vitamine und Aktivatoren«. Der gebürtige Bayer bedankt sich später brieflich für »die gastliche Aufnahme im Harnack-Haus«. Diese habe alle seine »Erwartungen übertroffen, sowohl hinsichtlich der Organisation als auch hinsichtlich der besonders aufmerksamen Aufnahme durch Frau Carrière«.

Insgesamt wohnen in der Saison 1930/31 fast 100 Amerikaner,

Briten, Österreicher und andere Ausländer im Harnack-Haus, etliche für einige Wochen oder länger. Wegen des besonders intensiven Austauschs mit den Vereinigten Staaten liegt am Empfang der aktuelle Fahrplan der Cunard-Linie griffbereit, deren Passagierschiffe zweimal wöchentlich von Hamburg den Atlantik überqueren, damals die schnellste Reisemöglichkeit von der Alten in die Neue Welt.

Die 20. Jahreshauptversammlung der KWG bringt 1931 endlich auch den ersten großen Wissenschaftsvortrag einer Frau ins Harnack-Haus: Lise Meitner spricht über »Wechselbeziehungen zwischen Masse und Energie«, also über Einsteins Spezielle Relativitätstheorie und deren Auswirkungen für die aktuelle Ausrichtung physikalischer Forschung. Die »Vossische Zeitung« lobt tags darauf die »vorbildlich klaren Ausführungen«, die deutlich machen, »wie wörtlich man den revolutionären Satz der neuen Physik zu nehmen hat«, nach dem Masse nur eine spezielle Form der Energie darstellt.

Leider bleibt Meitner für lange Zeit die einzige Frau, die vor dem großen Publikum des Harnack-Hauses große Themen der Wissenschaft präsentiert. Die Forscherszene wird in jenen Jahren nahezu vollständig dominiert von einem rein männlichen Establishment – wobei sich die deutsche Situation kaum von der in anderen Ländern unterscheidet: Von der ersten Nobelpreisverleihung im Jahr 1901 bis 1963 werden nur viermal Wissenschaftlerinnen (darunter zweimal Marie Curie) diese höchste Auszeichnung erhalten.

Insgesamt verzeichnet die Chronik des Harnack-Hauses 212 verschiedene Veranstaltungen in der Saison 1930/31. Gesellschaftlicher Höhepunkt ist das Kostümfest, das die KWG in den großen Räumen des Harnack-Hauses für alle Beschäftigten der Dahlemer Institutskolonie veranstaltet. Über 660 Gäste kommen, großteils junge Forscher und Laboranten, es wird eine rauschende Ballnacht.

Das Feiern im großen Stil bleibt lange Zeit eine der Hauptattraktionen des Dahlemer Gästehauses – auch nachdem sich das politische und gesellschaftliche Klima mit der Machtübernahme der Nationalsozialisten Ende Januar 1933 verdüstert hat. Am 14. Juni 1935 geben zum Beispiel die Familien Planck und Delbrück im Harnack-Haus ein privates Sommerfest. Zum Auftakt spielt Max Planck, der in seiner Jugend beinahe eine akademische Ausbildung zum Konzertpianisten begonnen hätte, am Bechstein-Flügel Schuberts Forellenquintett, begleitet von einem professionellen Streichquartett. Zum Dessert singt eine Frau Richter Johannes Brahms' »Zigeunerlieder«, begleitet von Max Planck am Klavier. Als die ausgelassene Gesellschaft danach auf Wunsch des alten Planck mit einer Polonaise ins Freie tanzt, hat sich das Streichquartett schon im Park aufgebaut – und setzt das Musikprogramm dort fort.

Drei Jahre später, Planck ist inzwischen nicht mehr Präsident der Kaiser-Wilhelm-Gesellschaft, feiert er am 23. April 1938 seinen 80. Geburtstag im Harnack-Haus. Auch jetzt herrschen noch Heiterkeit und Frohsinn, selbst bei Gästen jüdischer Abstammung wie Lise Meitner. Bisher war sie als Ausländerin vor den schlimmsten Folgen rassischer Verfolgung geschützt; seit dem »Anschluss« Österreichs an das NS-Reich am 12. März 1938 gilt jedoch auch die gebürtige Wienerin als »großdeutsche« Reichsbürgerin – auf die auch die Nürnberger Rassengesetze anzuwenden sind. Keine drei Monate nach Plancks Geburtstagsfeier muss Meitner vor dieser Bedrohung heimlich, ohne gültigen Pass und völlig mittellos ins Ausland fliehen.

Teil 2
Durchmogeln, Wegducken, Mitmachen, Aushalten (1933 – 1942)

Es ist in der Ethik ebenso wie in der Wissenschaft: Das Wesentliche ist nicht der stabile Zustand, das Wesentliche ist der unaufhörlich auf das ideale Ziel hin gerichtete Kampf um die tägliche und die stündliche Erneuerung des Lebens, verbunden mit dem immer wieder von vorn beginnenden Ringen nach Verbesserung und Vervollkommnung.

MAX PLANCK, *Physik-Nobelpreisträger 1918 und als Präsident der Kaiser-Wilhelm-Gesellschaft von 1930 bis 1936 Hausherr im Harnack-Haus*

Der ganze Nazi-Krempel hängt mir zum Hals heraus, aber ich muss im Geschirr bleiben, sonst ist die Wissenschaft verloren.

CARL BOSCH, *Chemie-Nobelpreisträger des Jahres 1931, Aufsichtsratsvorsitzender der I. G. Farben und als Präsident der Kaiser-Wilhelm-Gesellschaft von 1936 bis 1940 Hausherr im Harnack-Haus*

Albert Einstein an Bord seines Jollenkreuzers »Tümmler« am brandenburgischen Schwielowsee. Das Segelboot aus Mahagoni mit rund 20 m² Segelfläche war 1929/30 nach den Plänen des Physik-Nobelpreisträgers gebaut worden, u. a. mit einem versteckten Hilfsmotor.

Der Tümmler vom Schwielowsee verschwindet

Wenige Monate nach Hitlers Machtübernahme werden zahlreiche Wissenschaftler und Vordenker aus der Dahlemer Gelehrtenkolonie vergrault, darunter auch Chemie-Nobelpreisträger Fritz Haber. Die führende Rolle spielt dabei Rudolf Mentzel, der als SS-Offizier eine steile Karriere im NS-Wissenschaftsbetrieb macht und sich zum Stachel im Fleisch der elitären KWG entwickelt. Die wehrt sich bei einer Großveranstaltung im Harnack-Haus durch »passive Opposition«. Albert Einstein, wegen seiner pazifistischen Grundhaltung in Berlin zunehmend verachtet und beschimpft, emigriert in die USA, noch bevor die Nationalsozialisten die Macht übernehmen. Im Frühjahr 1933 gibt er auch die deutsche Staatsbürgerschaft zurück. In der Folge enteignet der NS-Apparat den Weltbildner und seine Erben, beschlagnahmt und verhökert den gesamten Besitz.

Die turbulenten Jahre der Weimarer Republik, den Börsenkrach und die Wirtschaftskrise, den »Berliner Blutmai« von 1929 und die ständigen Regierungswechsel haben die Vororte im Südwesten der Hauptstadt einigermaßen überstanden. Dahlem ist in den frühen 1930er Jahren ein Nobelviertel: Schauspieler wohnen neben Industriellen, hohe Ministerialbeamte neben Filmproduzenten, Spekulanten neben Regisseuren. Die neuen Straßen, ursprünglich einfach durchnummeriert (»Straße 6«), erhalten jetzt Namen nach Forschergrößen, die Boltzmannstraße etwa, die van-t'Hoff-Straße und die Garystraße. Zusätzliche Flurstücke werden erschlossen, auf weitläufigen Parzellen mit altem Baumbestand entstehen großzügige Einfamilienhäuser in der architektonischen Vielfalt der Zeit: Neue Sachlichkeit neben Neobarock, Bauhaus neben Heimatschutzstil.

An den Kaiser-Wilhelm-Instituten im Umfeld des Harnack-Hauses hat sich einiges verändert: Das KWI für Experimentelle Therapie ist endgültig zum KWI für Biochemie geworden, geleitet von Carl Neuberg. Das Institut für Silikatforschung – damals wurde der Rohstoff nicht etwa für eine frühe Halbleitertechnik genutzt, sondern für die Produktion von Glas und Keramik – hat sich im Vorderhaus des schon älteren KWI für Faserstoffchemie eingemietet. Und das große Chemie-Institut hat einen neuen Direktor: Otto Hahn, der wohl erfahrenste deutsche Forscher beim Studium des radioaktiven Zerfalls und seit 1907 in Laborpartnerschaft mit der Physikerin Lise Meitner. Seit der Eröffnung des KWI im Jahr 1912 haben die beiden als ambitioniertes Team in Dahlem gearbeitet, Hahn von Beginn als Abteilungsleiter, Meitner wenig später im selben Rang. Nach gut anderthalb Jahrzehnten in der zweiten Reihe wird Hahn zum alleinigen Direktor der großen Forschungsstätte ernannt, die noch vor Ende des Jahrzehnts Geschichte schreiben wird.

Neben diesen Personalien und Strukturveränderungen bleibt die Dahlemer Gelehrtenkolonie auf ihrem bewährten Erfolgskurs: KWG-Senator Carl Bosch, Generaldirektor der I.G. Farben, erhält 1931 den Chemie-Nobelpreis, Otto Heinrich Warburg, künftiger Direktor des KWI für Zellphysiologie, den für Medizin. Mit einer Millionenspende der amerikanischen Rockefeller-Stiftung entsteht im Sommer 1931 Warburgs neues KWI für Zellphysiologie – im Stil eines Rokoko-Schlosses.

Mit der Machtübernahme der Nationalsozialisten im Frühjahr 1933 ändert sich jedoch die Atmosphäre auch im idyllischen Dahlem. Die liberale Verantwortungsethik der Kaiser-Wilhelm-Forscher, ihr offener Blick auf die Welt, ihre wissenschaftliche Neugier und ihre Freiheiten geraten in Gefahr. Otto Hahn ist zu jener Zeit Gastprofessor an der amerikanischen Cornell University. Die ist der Kaiser-Wilhelm-Gesellschaft eng verbunden spätestens seit dem enthusiastischen Auftritt ihres Ex-Präsidenten James G. Schurman bei der Eröffnung des Harnack-Hauses im Mai 1929.

Lise Meitner vertritt den Direktor während seiner Abwesenheit, informiert ihn regelmäßig per Brief über aktuelle Vorgänge am Institut. Anfang März wundert sich die Österreicherin zum Beispiel, dass das KWI auf Anweisung der Generalverwaltung bei offiziellen Anlässen künftig nicht mehr die schwarz-rot-goldene Fahne der Weimarer Republik hissen soll, sondern die schwarz-weiß-rote Reichsstandarte. Zur Reichstagseröffnung am 21. März weist die KWG ihre Institute sogar an, neben der Reichsfahne auch die Hakenkreuz-Flagge der Nationalsozialisten zu zeigen. Immerhin, räumt Meitner ein, habe die Generalverwaltung diese Dekoration nicht nur angeordnet, sondern die neuen Fahnen auch bezahlt. Der Institutsetat wurde also nicht belastet durch politische – im Zweifelsfall auch politisch fragwürdige, weil parteiliche – Repräsentationsaufgaben und -mittel.

Die Physikerin hat Hitlers erneute Vereidigung als Reichskanzler am Radio verfolgt und schreibt darüber an Hahn. Als Jüdin muss sie Verfolgung durch die Nazis befürchten, die zu diesem Zeitpunkt kaum Zweifel an ihrem aggressiven Antisemitismus lassen. Meitners Kommentare lesen sich wie das Pfeifen eines Kindes im dunklen Wald, als Mittel zum Vertreiben der Angst: Die Zeremonie sei »durchaus harmonisch und würdevoll« gewesen, formuliert die Physikerin. Sie lobt sogar den wiedergewählten Regierungschef, weil »der sehr maßvoll, taktvoll und persönlich« gesprochen habe: »Hoffentlich geht es in diesem Sinn weiter. Wenn die besonnenen Führer (…) sich durchsetzen, so kann man schließlich auf eine zum Guten sich auswirkende Entwicklung hoffen.«

Wenige Tage später zertrampelt die nationalsozialistische Politik diese zarten Hoffnungen. Angeblich zur Abwehr von umstürzlerischen Attacken wie der Brandstiftung, die das Reichstagsgebäude Ende Februar zerstört hat, wird am 7. April 1933 das »Gesetz zur Wiederherstellung des Berufsbeamtentums« erlassen. Das soll der Regierung die Möglichkeit geben, zunächst alle missliebigen

Beamten, später auch Angestellte und Arbeiter ohne weiteres aus ihren Ämtern zu entfernen. Darunter fallen vor allem Beschäftigte aus jüdischen Familien. Alle Behörden und öffentlichen Institutionen müssen Fragebogen an ihre Mitarbeiter verteilen – auch jene Kaiser-Wilhelm-Institute, die mehrheitlich aus öffentlicher Hand finanziert werden. Anhand dieser Fragebogen entscheiden dann die Ministerien, wer bleiben darf und wem gekündigt wird.

In Dahlem ist Fritz Haber, Chemie-Nobelpreisträger des Jahres 1918, das erste prominente Opfer dieser Diskriminierung. Zwar wurde der Direktor des KWI für Physikalische Chemie schon vor Jahrzehnten protestantisch-lutherisch getauft. Aber er ist der Sohn jüdischer Eltern. Streng juristisch betrachtet kann Haber nicht gekündigt werden: Das Berufsbeamtengesetz sieht Ausnahmen vor, unter anderem für Frontkämpfer des Weltkriegs. Darunter fällt kaum jemand so deutlich wie Haber, Erfinder und Betreiber des Gaskriegs in Flandern, der die Einsätze seiner Massenvernichtungswaffen freiwillig selbst vor Ort leitete. Doch soll der Institutsdirektor zwölf seiner 49 Mitarbeiter vor die Tür setzen, darunter seinen Stellvertreter Herbert Freundlich und den Abteilungsleiter Michael Polanyi. Beide sind jüdischer Abstammung, als Wissenschaftliche Mitglieder der KWG indessen unersetzlich. Am 30. April 1933 bittet Haber deshalb beim Preußischen Kultusminister um seine eigene Entlassung. Verbittert schreibt der Institutsdirektor: »Meine Tradition verlangt von mir in einem wissenschaftlichen Amte, dass ich bei der Auswahl der Mitarbeiter nur die fachlichen und charakterlichen Eigenschaften eines Bewerbers berücksichtige, ohne nach ihrer rassenmäßigen Beschaffenheit zu fragen. Sie werden von einem Manne, der im 65. Lebensjahr steht, keine Änderung der Denkweise erwarten, die ihn in den vergangenen 39 Jahren seines Hochschullebens geleitet hat (…).« Polanyi und Freundlich schließen sich dem Rücktrittsgesuch ihres Chefs an. In den nächsten Monaten emigrieren die drei Wissenschaftler nach Großbritannien.

Präsident Max Planck erkennt sofort, welcher Verlust der Kaiser-Wilhelm-Gesellschaft durch Habers Rückzug droht. Er beantragt einen Termin bei Hitler, um eine Ausnahmeregelung für das gesamte Haber-Institut zu erwirken. Bei dem Privatissimum in der Reichskanzlei am Vormittag des 16. Mai 1933 zeigt sich der Nationalsozialist jedoch ganz und gar unempfänglich für die Bitten des 75-jährigen Physiknobelpreisträgers und ergeht sich in Tiraden über die Juden im Allgemeinen. Planck muss unverrichteter Dinge abziehen. Als Zeichen der Solidarität werden die drei Emigrierten im Oktober 1933 zu Auswärtigen Wissenschaftlichen Mitgliedern des KWI für Physikalische Chemie ernannt.

Um das Gespräch unter vier Augen zwischen Planck und Hitler ranken sich Legenden, seit die renommierten »Physikalischen Blätter« nach Ende des Zweiten Weltkriegs die Audienz zu rekonstruieren versuchten. Wegen seiner angeschlagenen Gesundheit konnte Planck die Anfrage der Fachzeitschrift im Mai 1947 nicht mehr selbst beantworten, er starb fünf Monate später im Alter von 89 Jahren. Folglich verfasste seine Ehefrau Marga ein Gedächtnisprotokoll, bei dem sie gelobte, alles »nahezu wörtlich« wiederzugeben. Demnach habe Hitler gegenüber Planck beteuert: »Gegen die Juden an sich habe ich gar nichts. Aber die Juden sind alle Kommunisten, und diese sind meine Feinde, gegen sie geht mein Kampf.« Einwände seines Gegenübers, wonach es doch auch unter Juden »alte Familien mit bester deutscher Kultur« gebe, soll der Reichskanzler barsch zurückgewiesen haben: »Jud ist Jud; alle Juden hängen wie Kletten zusammen. Wo ein Jude ist, sammeln sich sofort andere Juden aller Art an.«

Es wäre, so die Notizen der Plancks zu Hitlers Ausführungen, »die Aufgabe der Juden selber gewesen, einen Trennungsstrich zwischen den verschiedenen Arten zu ziehen«. Das hätten sie jedoch »nicht getan«, weshalb er »gegen alle Juden gleichmäßig vorgehen« müsse. Am Ende seines Ausbruchs, berichtet das Protokoll, habe sich Hitler »kräftig auf das Knie« geschlagen, »immer schneller« gesprochen und »sich in eine solche Wut hinaufgeschaukelt«, dass dem KWG-Präsidenten »nichts anderes übrig blieb, als zu verstummen« und sich zu verabschieden.

An der Korrektheit dieser Schilderung gibt es starke Zweifel.

Schließlich wurde sie erst 14 Jahre nach dem Ereignis fixiert. Ein Zeuge aus Hitlers Vorzimmer schrieb jedoch abermals Jahrzehnte später an die »Frankfurter Allgemeine Zeitung«, der aufgebrachte Reichskanzler habe Planck durch die offene Tür nachgerufen, der nun scheidende Besucher sei ein »armer Wirrkopf«.

Nach Habers Ausscheiden soll Otto Hahn neben seinem eigenen KWI für Chemie kommissarisch auch das benachbarte für Physikalische Chemie leiten. Als er im Juli 1933 seinen USA-Aufenthalt abbricht und nach Berlin zurückkehrt, muss er jedoch feststellen, dass die Nationalsozialisten schon andere Pläne umgesetzt haben: Erziehungs- und Wissenschaftsminister Bernhard Rust hat den Göttinger Gerhart Jander als Leiter des KWI für Physikalische Chemie berufen – über den Kopf des im Sommerurlaub weilenden KWG-Präsidenten hinweg und vorbei an allen Gremien, Regularien und Gepflogenheiten der Organisation. In einer geheimen Abteilung und finanziert vom Reichswehrministerium soll das SS-Mitglied in Dahlem Forschungen zu neuen Giftgasen starten. Jander hatte zuvor als außerordentlicher Professor an der Uni Göttingen bereits auf diesem Gebiet geforscht. Ausgerechnet der Giftgasexperte Haber musste nun dafür seinen Stuhl räumen.

Für die KWG ist diese Besetzung ein Schlag ins Kontor: In den Augen des Präsidenten hat der außerordentliche Professor Jander kaum akademische Qualifikationen, nur politische: Als Teilnehmer von Hitlers »Sturm auf die Feldherrnhalle« in München 1923 trägt der neue Institutsdirektor das Goldene Ehrenzeichen der NS-Partei. Seine Publikationsliste ist jedoch dürftig, an wichtigen Forschungen hat Jander nicht mitgewirkt. Damit ist das Harnack-Prinzip der KWG, wonach nur der weltweit bestgeeignete Wissenschaftler auf eine Führungsposition berufen werden kann, außer Kraft gesetzt, ein zentraler Wert der elitären Forschungsorganisation geradezu annulliert.

Doch es kommt noch schlimmer: Jander entlässt nahezu alle Mitarbeiter des KWI für Physikalische Chemie, die nach dem Exodus der Haber-Truppe verblieben waren. In der Folge scheitert er auf ganzer Linie an den Herausforderungen, die sich ihm in Dahlem stellen – organisatorisch, wissenschaftlich, gesellschaftlich. Dem KWI gelingt unter Janders Führung kein größeres Experiment, es gibt weder nennenswerte Veröffentlichungen noch Vorträge, und nicht einmal die Abrechnungen stimmen. Als Jander im Frühjahr 1935 auf Vermittlung von Rudolf Mentzel, zu diesem Zeitpunkt Stellvertretender Leiter des Wissenschaftsamts im Reichserziehungsministerium, den Ruf auf einen regulären Chemie-Lehrstuhl an der Uni Greifswald erhält, nimmt der Überforderte diesen Ausweg dankbar an.

Die Jander-Personalie darf als Paradebeispiel für Mentzels Geschick gelten, Freunde und Förderer, alle beinharte Nationalsozialisten, auf lukrative und einflussreiche Posten zu hieven. Und damit zugleich den eigenen Aufstieg zu beschleunigen, den eigenen Nutzen zu mehren: An der Göttinger Uni war Rudolf Mentzel noch Janders »Privatassistent«. Im Sommer 1933 ist er seinem Chef nach Dahlem ans KWI für Physikalische Chemie gefolgt, wo er zum Leiter der Abteilung für chemische Kampfstoffe ernannt wird. Da der ehemalige Freikorps-Kämpfer jedoch seit über 13 Jahren schon aktiv in der NS-Partei und ihrer »Sturmabteilung« (SA) ist, seit neuestem auch zur SS gehört und dort schnell Karriere macht, gewinnt er auch in der Wissenschaftsverwaltung von Reichserziehungsminister Bernhard Rust schnell Einfluss – wo er im Juni 1934 einen Referentenposten erhält. Quasi als Doppelagent – Führungskraft in einem der prominentesten Kaiser-Wilhelm-Institute und zugleich dessen behördlicher Kontrolleur – kann er die Entwicklung der KWG von innen und von außen mitsteuern, wichtige Personalfragen in seinem Sinn, im Interesse von Partei und SS gestalten.

Damit ist Mentzel so etwas wie das Gegenmodell zur Meritokratie der Kaiser-Wilhelm-Gesellschaft. Dort gelingt ein Aufstieg nur durch wissenschaftliche Exzellenz. Bei dem im NS-Apparat bestens vernetzten Mentzel genügt für seine Habilitation jedoch eine obskure Abhandlung über ein chemisches Verfahren, das die Filter von militärischen Gasmasken durchlässig macht für Atemgifte. Die akademischen Gremien der Universität Greifswald, die Mentzel auf der Basis dieser Arbeit die Lehrbefugnis für das Spezialgebiet der »angewandten Chemie unter besonderer Berücksichtigung des Luftschutzes« erteilen, haben die Schrift nie gesehen. Und obwohl er keine Erfahrung in der Hochschullehre hat, wird Mentzel 1935 parallel zu seiner Position im Reichsministerium als Professor für Wehrchemie verbeamtet – ohne Lehrdeputat und ohne Präsenzpflichten.

Die Nachfolge des gescheiterten Jander organisiert Mentzel abermals am Votum von KWG-Präsident Planck und seinen Gremien vorbei: Peter Adolf Thiessen, ein weiterer SS-Weggefährte aus Göttingen, wird im Spätjahr 1935 Direktor des KWI für Physikalische Chemie. Fortan logieren Mentzel und Thiessen Tür an Tür in den beiden Wohnungen der ehemals Haber'schen Direktorenvilla. Der Gegenentwurf zu den Idealen der Kaiser-Wilhelm-Gesellschaft nistet sich somit unmittelbar angrenzend ans Harnack-Haus ein – ein Stachel im Fleisch der elitären Forschungsorganisation.

In den folgenden Jahren macht Rudolf Mentzel Karriere in der Wissenschaftsverwaltung wie in der SS: Dort schafft er es bis in den Generalsrang des Brigadeführers. Im Ministerium wird er 1939 zum Leiter des Wissenschaftsamts ernannt. Seit 1936 ist er schon Präsident der Deutschen Forschungsgemeinschaft (DFG). Im Jahr 1937 wird er Senator der KWG, 1941 deren Zweiter Vizepräsident. Im Jahr 1942 steigt er auf zum Leiter des Geschäftsführenden Beirats im Reichsforschungsrat – und wird so endgültig zur Grauen Eminenz des NS-Wissenschaftsbetriebs.

Durch seine chemische Kampfstoffforschung kooperiert Peter Adolf Thiessen so eng mit dem Reichswehrministerium, dass das KWI für Physikalische Chemie zunächst das »Gaudiplom für hervorragende Leistungen« erhält. Ab 1939 darf sich das ehemalige Haber-Institut sogar »Nationalsozialistischer Musterbetrieb« nennen. In der Folge verschwindet das einstige Elitelabor für mehrere Jahrzehnte aus der Liga international anerkannter wissenschaftlicher Exzellenz. Erst im Jahr 2007 rückt es in der öffentlichen

Aufmerksamkeit wieder ganz nach oben, als sein Direktor Gerhard Ertl den Nobelpreis für Chemie erhält. Mit modernsten Methoden der Elektronenmikroskopie hat Ertl ausgerechnet jene katalytischen Prozesse entschlüsselt, die das Verfahren zur Ammoniaksynthese, das dem Gründungsdirektor des KWI den Chemie-Nobelpreis des Jahres 1918 verschafft hat, so raffiniert und effizient machen.

Albert Einstein hat Deutschland schon am 12. Dezember 1932 verlassen, um am California Institute of Technology Vorträge zu halten. Robert Millikan, der Vorsitzende des CalTech-Verwaltungsrats und im Jahr zuvor Gast im Harnack-Haus, hatte den Relativitätstheoretiker eingeladen. Außerdem war ausgemacht, dass Einstein ab 1933 eine privilegierte Forschungsprofessur am erst kurz zuvor eröffneten Institute for Advanced Studies in Princeton antreten sollte, die ihn künftig die gesamten Winterhalbjahre an der US-Ostküste halten würde. Im Sommerhalbjahr, so der ursprüngliche Plan des Physik-Nobelpreisträgers, wollte er dann in der deutschen Hauptstadt und an seinem Zweitwohnsitz im Dorf Caputh am Schwielowsee vor den Toren der Stadt verbringen – trotz der zum Teil heftigen antisemitischen Anfeindungen und Bedrohungen, denen seine Familie und er in den vergangenen 15 Jahren in Deutschland ausgesetzt waren.

Als Einstein jedoch Ende Januar 1933 von der Wahl Hitlers zum Reichskanzler erfährt, beschließt er, nicht mehr nach Deutschland zurückzukehren. Am 10. März 1933, unmittelbar vor seiner Rückreise nach Europa, erklärt er im kalifornischen Pasadena: »Solange mir eine Möglichkeit offensteht, werde ich mich nur in einem Lande aufhalten, in dem politische Freiheit, Toleranz und Gleichheit aller Bürger vor dem Gesetz herrschen. Diese Bedingungen sind gegenwärtig in Deutschland nicht erfüllt.«

Keine drei Wochen später, am Tag seiner Ankunft in Brüssel, erklärt Einstein an der dortigen Botschaft seinen Verzicht auf die deutsche Staatsbürgerschaft und schreibt seinem Berliner Arbeitgeber: »Die in Deutschland gegenwärtigen herrschenden

Zustände veranlassen mich, meine Stellung in der Preußischen Akademie der Wissenschaften hiermit niederzulegen.« Durch diesen Schritt verliert Einstein selbstverständlich auch seine luxuriöse Professur ohne Lehrverpflichtung in Berlin. Seine Position am KWI für Physik erwähnt der Relativitätstheoretiker nicht. Doch auch für KWG-Präsident Planck ist klar, dass sein ihm persönlich wie fachlich nahestehender Kollege verloren ist für seine Forschungsorganisation. Bis zu seinem Tod im Jahr 1955 wird Einstein nicht wieder deutschen Boden betreten.

Mit seinem Austritt aus der Preußischen Akademie der Wissenschaften kommt Einstein nur dem förmlichen Ausschluss zuvor, den die Akademie ihrerseits drei Tage später am 1. April ausspricht. Ernst Heymann, einer der vier »ständigen Sekretäre« der Akademie, wirft dem Theoretischen Physiker in einer Presseerklärung »Greuelhetze« gegen die neue Regierung vor – und sieht aus diesem Grund »keinen Anlass, den Austritt Einsteins zu bedauern«.

Am 11. April wird dem Ehepaar Einstein eine »Reichsfluchtsteuer« in Höhe von 15.675 Reichsmark auferlegt – dabei war Einsteins Antrag auf Ausbürgerung noch längst nicht stattgegeben worden. Der Einspruch, den der Rechtsanwalt der Einsteins einlegt, wird abgelehnt. Nun soll der Physiker auch noch die Gerichtskosten zahlen. Am 10. Mai 1933, dem Tag der Bücherverbrennungen in Deutschland, bei dem auch Einsteins Werke öffentlich vernichtet werden, wird das Konto des Ehepaars bei der Dresdner Bank mit einem Guthaben in Höhe von 62.700 Reichsmark »zur Abwehr auch in Zukunft noch zu erwartender kommunistischer staatsgefährdender Umtriebe« enteignet.

Unter dem Vorwand einer polizeilichen Hausdurchsuchung bricht die SA wenig später in die Wohnung der Einsteins in Wilmersdorf ein und plündert dort Teppiche, Silber, Bilder und sonstige Wertgegenstände. Wenigstens können Stieftochter Ilse und ihr Ehemann noch wichtige Akten und Arbeitsunterlagen, die Bibliothek sowie einige Möbel aus der aufgebrochenen Wohnung sicherstellen und mithilfe der französischen Botschaft schließlich zu ihrem rechtmäßigen Eigentümer in die Vereinigten Staaten schaffen.

Einsteins Sommerhaus im brandenburgischen Caputh, wo er nach eigenen Aussagen mit die glücklichsten Stunden seines Lebens verbracht hat, wird am 28. Januar 1935 vom Regierungspräsidium Potsdam »beschlagnahmt und zugunsten des preußischen Staates eingezogen« – obwohl es im Grundbuch längst auf die Erben der ursprünglichen Eigner, die Stieftochter Margot Einstein und auf Rudolf Kayser, Witwer der inzwischen verstorbenen zweiten Stieftochter Ilse, übertragen war. Die Behörde wendet die Paragrafen ausdrücklich »ohne Rücksicht auf die Eigentumsverhältnisse« an. Schließlich geht sie davon aus, dass Einstein die Immobilie gut zwei Jahre nach seiner Flucht noch immer »zur Förderung kommunistischer oder volks- und staatsfeindlicher Bestrebungen« missbraucht hat. Als neuer Eigentümer verkauft der preußische Staat das Anwesen am 27. August 1936 zur Hälfte des Schätzpreises an die Gemeinde Caputh.

Einsteins gleichfalls geliebtes Segelboot namens »Tümmler«, ein Jollenkreuzer aus Mahagoniholz mit gut sieben Metern Länge, zwei Schlafkojen in einer kleinen Kajüte, zwanzig Quadratmetern Segelfläche und einem nach Einsteins Wünschen versteckt eingebauten Hilfsmotor, wird am 12. Juni 1933 »beschlagnahmt und für das Reich sichergestellt«. Die »Vossische Zeitung« vermeldet, dies sei geschehen, um zu verhindern, dass Einstein das Boot ins Ausland verschiebe.

Im März 1934 wird die »Tümmler« samt Zubehör versteigert und – nachdem die Gestapo überprüft und bestätigt hat, dass es sich bei dem Käufer nicht um eine »staatsfeindlich gesinnte Person« handelt – für 1300 Reichsmark einem meistbietenden Zahnarzt zugesprochen. Über den weiteren Verbleib des Jollenkreuzers ist nichts bekannt.

In jenen Tagen sieht sich KWG-Präsident Planck einem formalen Problem gegenüber, das sich unter den gegebenen Umständen schnell zu einem moralischen auswächst: Fritz Haber, der wegen seiner jüdischen Abstammung vergraulte Nobelpreisträger und KWI-Direktor, war nur ein Jahr nach seiner Auswanderung gestorben. Auf einer beschwerlichen Reise vom Exil im britischen Cambridge nach Palästina hatte Habers Herz versagt. Chaim Weizmann, nach der Staatsgründung Israels erster Präsident, hatte Haber als einen der Gründungsdirektoren an das elitäre Forschungsinstitut eingeladen, das heute Weizmanns Namen trägt.

Ein Jahr nach Habers Tod im Januar 1934, so verlangt es die Etikette, will nun die Kaiser-Wilhelm-Gesellschaft eine Gedenkfeier für ihr prominentes Mitglied ausrichten. Wo sonst sollte diese stattfinden, wenn nicht im großen Goethe-Saal des Harnack-Hauses, in unmittelbarer Nachbarschaft zu Habers ehemaliger Wirkungsstätte am KWI und seiner »Direktorenvilla«?

Doch schon die Ankündigung weckt Widerstand. Eugen Fischer, Direktor am ebenfalls benachbarten KWI für Anthropologie, menschliche Erblehre und Eugenik und zu jener Zeit Rektor der Berliner Universität, weist Planck schriftlich darauf hin, dass der Wunsch nach einem öffentlichen Gedenken an den geschassten Juden Haber als »eine Herausforderung des Nationalsozialistischen Staates« aufgefasst werde.

Tatsächlich verbietet Reichserziehungs- und -wissenschaftsminister Bernhard Rust die Feier. Nach einer brieflichen Debatte mit Planck über mögliche Reaktionen, die im Ausland drohen, sobald das Verbot bekannt wird, erlaubt er fünf Tage vor dem angesetzten Termin lediglich eine »rein private und interne Veranstaltung der KWG«. Die Presse darf nicht berichten, verbeamteten Professoren und anderen Mitarbeitern des öffentlichen Dienstes bleibt die Teilnahme ausdrücklich untersagt. Was unter anderem zur Folge hat, dass Karl Friedrich Bonhoeffer, zu jener Zeit Auswärtiges Wissenschaftliches Mitglied an Habers ehemaligem Institut und angesehener Professor für Physikalische Chemie an der Uni Leipzig, nicht wie geplant seine Gedenkrede halten kann. Der Verein Deutscher Chemiker sagt kurzfristig seine Teilnahme an der Veranstaltung ab, auch Reichswehrminister von Blomberg schreibt, er werde »aus Rücksicht auf den Ministerkollegen« Rust keinen Vertreter zu der Veranstaltung entsenden.

Planck, normalerweise kooperativ und kompromissbereit gegenüber der nationalsozialistischen Obrigkeit, reagiert nun ungewohnt trotzig: An Minister Rust schreibt er, dass er die geforderte Teilnehmerliste nicht liefern könne, da es keine Anmeldepflicht gegeben habe. So verhindert er, dass das Ministerium ohne Aufwand allzu genau Kenntnis über die Anwesenden erhält. Und statt Bonhoeffer wird eben Otto Hahn – als Direktor eines mehrheitlich nicht staatlich finanzierten KWI und als außerordentlicher, nicht verbeamteter Professor ist er vom Teilnahmeverbot nicht betroffen – nach seinem eigenen Manuskript auch Bonhoeffers Ansprache verlesen. So kann das Programm fast wie geplant ablaufen.

Noch am Vorabend beteuert Planck gegenüber Lise Meitner: »Diese Feier werde ich machen, außer man holt mich mit der Polizei heraus!« Ihm bleibt nur die Sorge, die SA oder andere Nazi-Rabauken könnten die Feier stören durch rohe Gewalt, durch einen Stinkbombenanschlag oder andere Sabotageakte.

Nichts dergleichen passiert. Als das Streicherensemble aus Mitgliedern des Philharmonischen Orchesters zur Mittageszeit des 29. Januar 1935 das Andante aus Franz Schuberts Quartett Nr. 14 anstimmt, ist der Saal voll besetzt: Die verbeamteten Forscher haben ihre Ehefrauen geschickt, um ihrem vergraulten, unglücklich aus Amt und Leben geschiedenen Kollegen Fritz Haber eine letzte Ehre zu erweisen. Max Planck schließt seine Gedenkrede mit den pathetischen Worten: »Fritz Haber hat uns die Treue gehalten, so werden nun wir ihm die Treue halten.«

Von den Wissenschaftlichen Mitgliedern und der Zentralverwaltung des KWG haben nur Generaldirektor Friedrich Glum, die Redner Planck und Hahn sowie Lise Meitner genug Zivilcourage gezeigt und sich ins Harnack-Haus gewagt. Das wird damit zum ersten Mal Schauplatz einer »passiven Opposition«. Die Nationalsozialisten ahnden diese in den folgenden Tagen und Wochen zwar nicht so gnadenlos wie später die Widerstandsaktionen der Weißen Rose, der Edelweißpiraten oder der Gruppe um Goerdeler und von Stauffenberg. Doch sollte zumindest einer der Anwesenden nach wenigen Monaten seinen Mut bereuen müssen.

Der Bismarck-Saal, die »Gute Stube« des Harnack-Hauses.
Erst im Jahr 1939 wird ein neutrales Landschaftsölgemälde über dem Kamin
ausgetauscht gegen ein teures Hitler-Porträt von Arthur Kampf, einem von
nur vier Malern auf Hitlers persönlicher Liste »gottbegnadeter« Künstler.

Hitler überm Kamin

Mitte der 1930er Jahre dringen Nationalsozialisten immer tiefer in die Dahlemer Gelehrtenkolonie vor, Hitler selbst besucht deren Club- und Gästehaus drei Mal. In mehreren Anläufen besetzen die politischen Machthaber einen Führungsposten nach dem anderen mit Parteigängern oder -mitgliedern. Auch wissenschaftsfremde NS-Institutionen wie das neu gegründete Reichsfilmarchiv nutzen den repräsentativen Rahmen des Harnack-Hauses für ihre Zwecke. Am Ende dieser »Nationalsozialisierung« funktioniert die KWG nach dem »Führerprinzip«, und auf dem Campus im Südwesten von Berlin herrscht eine ganz andere Atmosphäre als noch wenige Jahre zuvor. Daran vermag auch nichts zu ändern, dass das Harnack-Haus im Frühsommer 1938 ein neues großes Freibad eröffnen kann.

Am 4. Februar 1935, keine Woche nach der Gedenkfeier für den vergraulten und in der Emigration verstorbenen Chemie-Nobelpreisträger Fritz Haber, steigt im Harnack-Haus schon die nächste Großveranstaltung. Diesmal tragen die Teilnehmer jedoch zum ersten Mal hauptsächlich NS-Uniformen: Die Reichsfilmkammer, ein Organ des Propagandaministeriums, hat zur Eröffnung des Reichsfilmarchivs eingeladen. Für Minister Joseph Goebbels spielt das noch junge Medium Film eine zentrale Rolle beim Steuern der öffentlichen Meinung; die Nationalsozialisten nutzen die umfassenden Möglichkeiten, die sich durch bewegte und vertonte Bilder ergeben, für ihre rassistisch-völkische Kultur- und Gesellschaftspolitik.

Die ehemals unabhängige Filmindustrie, etwa die legendäre

Ufa des Medienunternehmers Alfred Hugenberg, wird deshalb gleichgeschaltet: Kein Film kann in Deutschland entstehen, keine internationale Produktion vor Publikum gezeigt werden ohne die engmaschige Kontrolle und Genehmigung durch die Behörden. Die Nationalsozialisten haben auch für die Entlassung aller »nicht-arischen« Filmschaffenden gesorgt, vom Produzenten bis hinunter zur einfachen Hilfskraft am Set. Politisch missliebige Drehbuchautoren, Regisseure, Schauspieler, Komponisten, Songtexter, Kostüm- und Szenenbildner werden gegängelt oder erhalten keine Aufträge mehr. Schon wenige Jahre nach der Machtübernahme der Nazis sind über tausend Filmleute emigriert, darunter etliche Stars vor und hinter der Kamera.

Jahre bevor sich die ersten Filmhochschulen akademisch mit dem Medium beschäftigen, soll nun ein neu gegründetes Reichsfilmarchiv die verfügbaren Werke aus dem In- und Ausland sammeln, katalogisieren und so konservieren, dass es zu einer »gegenseitigen Auseinandersetzung zwischen den am deutschen Film Schaffenden« kommen kann und »um das Filmwerk von heute zum Filmkunstwerk von morgen zu erheben«, wie Fritz Scheuermann, Präsident der vorgesetzten Reichsfilmkammer und Stifter der neuen Institution formuliert. Tatsächlich ermöglicht das Reichsfilmarchiv vor allem, dass die Behörden, die nationalsozialistische und die militärische Nomenklatura Zugriff auf möglichst große Teile des schnell anwachsenden Gesamtœuvres haben.

Für die neue Institution und ihre Aufgaben – das Sammeln, Katalogisieren und Ausleihen, die Auseinandersetzung mit den Werken – gibt es weltweit noch keine Vorbilder. Als sich zum Beispiel herausstellt, dass zigtausend Filmdosen im Format eines Wagenrades nur in speziell gesicherten, klimatisierten Räumen aufbewahrt werden können, muss das Reichsfilmarchiv, das seine Büros, Katalogräume und seinen offiziellen Geschäftssitz innenstadtnah in Kreuzberg am Tempelhofer Ufer nehmen wird, eilig provisorische Lagerstätten in Berlin und umliegenden Gemeinden anmieten. Die Stummfilmsammlung gelangt so in die Nachbarschaft des Harnack-Hauses, in die Hüninger Straße 32.

Die Reichsfilmkammer hat das Club- und Gästehaus der Kaiser-Wilhelm-Gesellschaft für seine Eröffnungsfeier gebucht, weil es hierfür alle Annehmlichkeiten bietet. Sowohl im Helmholtz-Hörsaal wie im Goethe-Saal gibt es Lautsprecher, Verstärker und alle erforderliche Technik für das Vorführen von Tonfilmen, auch liegt das Harnack-Haus verkehrsgünstig auf halbem Weg zwischen dem Regierungsviertel in der Innenstadt und den Produktionsstätten der Ufa in Potsdam-Babelsberg. Die Film-Moguln und -stars haben es somit nicht weiter als die Nazi-Größen und Beamten aus den Ministerien.

Neben dem üblichen Empfang und den Reden über eine glorreiche Zukunft des deutschen wie des nationalsozialistischen Films wird an jenem Abend die Vorab-Vorführung der jüngsten Ufa-Produktion »Der alte und der junge König« geboten – ein Historienstreifen über das schwierige Verhältnis zwischen Preußens »Soldatenkönig« Friedrich-Wilhelm I. und seinem Sohn Friedrich, über dessen musische Neigungen und seine versuchte Flucht aus dem Militärdrill.

Oscar-Preisträger Emil Jannings geht hier in der Rolle des strengen Königsvaters auf; Claus Clausen, bekannt geworden durch den Propagandafilm »Hitlerjunge Quex« und später vor allem durch linientreue Produktionen wie das Durchhalte-Drama »Kolberg«, spielt Friedrichs Vertrauten und Fluchthelfer, den Leutnant Hans Hermann Katte. Dessen Rolle als Liebhaber des Prinzen sowie die Homosexualität des späteren Preußenkönigs Friedrich II. bleiben in »Der alte und der junge König« selbstverständlich unerwähnt.

Adolf Hitler höchstselbst nimmt an der Eröffnungsfeier teil, gibt sich jovial und nahbar. Am späteren Abend, so berichtet die umtriebige Hausleiterin Margarethe Carrière der Lokalpresse, unterhält sich der Führer »fröhlich im Liebig-Gewölbe«, umgeben von einem Kreis von Schauspielern. Außerdem angereist sind der zuständige Fachminister Joseph Goebbels und der künftige Leiter des Reichsfilmarchivs, Frank Hensel: ein bunter bis schräger Vogel mit einer für die Zeit des Nationalsozialismus typischen Karriere – unvereinbar mit der Meritokratie in der Dahlemer Gelehrtenkolonie, die auf Fleiß, methodischer Präzision und wissenschaftlicher Korrektheit basiert.

Über seine beruflichen Qualifikationen ist wenig bekannt: Hensel betreibt das »Capitol«-Kino in Frankfurt am Main, seit dessen jüdische Besitzer vertrieben wurden. Im Jahr 1928 in die NSDAP eingetreten, erhält der 41-Jährige 1934 einen ersten Auftrag vom Propagandaministerium für einen vorgeblich dokumentarischen Film über politische Verfolgte, die vor den Nazis aus dem Reich ins damals französisch besetzte »Saargebiet« geflohen waren, Titel: »Volksverrat gegen deutsches Land«. Nach Ablieferung der Produktion darf Hensel einen nächsten »Dokumentarfilm« über das neu gegründete Winterhilfswerk drehen, einen NS-Sozialdienst, der abgelegte Wollkleidung und andere Gebrauchsgegenstände an Bedürftige verteilt.

Als Leiter des Reichsfilmarchivs ist Hensel ab 1935 vor allem auf Auslandsreisen unterwegs zu Partnerorganisationen in Europa – bis im Jahr 1937 seine massiven Steuerschulden bekannt werden. Hensel muss das öffentliche Amt aufgeben, tritt der SS bei und verdingt sich zunächst als Zirkusdirektor; das Reichsfilmarchiv wird in der Folge des Skandals aus der Reichsfilmkammer ausgegliedert und dem Ministerium direkt unterstellt.

Einen Absturz als Passagier eines Linienflugzeugs überlebt Hensel 1942 schwer verletzt. Aus dem Schmerzensgeld und den Entschädigungszahlungen der Lufthansa kann er die Steuerschulden begleichen und sich ein Landgut in der Mark Brandenburg zulegen. Von dort flieht er am Ende des Krieges vor der heranrückenden Roten Armee. In Darmstadt wird Frank Hensel wegen seiner Mitgliedschaft in der SS inhaftiert. Nach seiner Entlassung eröffnet er in Bonn eine private Sauna. Er stirbt in den 1970er Jahren in Bad Breisig.

Die Eröffnungsfeier des Reichsfilmarchivs im Harnack-Haus hat bei den Organisatoren offenbar so viel Eindruck hinterlassen, dass sie das Anwesen für den 29. April 1935 erneut anmieten: Im Rahmen des Internationalen Filmkongresses, der in jenen Tagen in der Reichshauptstadt tagt, will die junge Filminstitution einem ausgesuchten Publikum wertvolle Momente aus seiner Sammlung zeigen. Rund 400 Fachleute aus aller Welt kommen zu der Abendveranstaltung nach Dahlem, und viele genießen, wie die Zeitschrift »Film- Kurier« berichtet, die gesellige Atmosphäre im Club- und Gästehaus bis lange nach Mitternacht.

Einer der prominenten Gäste beim Internationalen Filmkongress ist Ufa-Star Henny Porten. Es ist einer ihrer letzten großen öffentlichen Auftritte: Die Nationalsozialisten grenzen die Schauspielerin zunehmend aus, weil sie sich nicht von ihrem jüdischen Ehemann scheiden lassen will; ab 1934 erhält die Diva kaum noch Filmrollen. Dafür steht sie Modell bei der Kaiser-Wilhelm-Gesellschaft: Die Büsten der Minerva, die der Bildhauer Carl Ebbinghaus in jenen Jahren als Wahrzeichen der Forschungsorganisation anfertigt, sind nach Portens Proportionen entstanden. An den Fassaden einiger Dahlemer Institute, etwa dem 1937 eröffneten KWI für Physik, lassen sich die ebenmäßigen Gesichtszüge der Mittvierzigerin noch heute bewundern.

Hitler besucht das Harnack-Haus zu zwei weiteren Anlässen: Als Gast von Carl-Eduard, Herzog von Sachsen-Coburg und Gotha, der die Nationalsozialisten schon seit 1922 unterstützt und seit 1933 zum Senat der Kaiser-Wilhelm-Gesellschaft gehört, nimmt er an »Kleinen Abendessen« in den Gesellschaftsräumen teil, einmal anlässlich der privaten Geburtstagsfeier des Herzogs. Ansonsten machen sich die obersten NS-Ränge jedoch rar: Goebbels lehnt einen Sitz im Verwaltungsrat des Harnack-Hauses »wegen dienstlicher Überlastung« ab. SS-Führer Heinrich Himmler wird mehrfach zu Vorträgen eingeladen, lässt sich jedoch jedesmal »aus terminlichen Gründen« entschuldigen. Hermann Göring hatte schon kurz vor Weihnachten 1933 eine Einladung zu einem »Kleinen Essen« abgesagt.

Dennoch dringen die NS-Ideologie und ihre Atmosphäre immer weiter ein in die Gremien der Kaiser-Wilhelm-Gesellschaft; ihre Vertreter erhalten immer mehr Einfluss, auch an den einzelnen

Instituten: Schon im Frühjahr 1933 war Präsident Planck und Generaldirektor Glum klar geworden, dass der Senat, das eigentliche Kontrollorgan der KWG, mit zwei ehemaligen Ministern aus der SPD und zahlreichen jüdischen Mitgliedern nicht mehr zu halten war. Folglich wurde das Gremium von 44 auf 28 Mitglieder verkleinert. Die Hälfte der verbliebenen Sitze sollte weiterhin aus der Gesellschaft gewählt werden, die andere Hälfte von den Ministerien besetzt. Von den jüdischen Senatoren durften lediglich Franz von Mendelssohn, Paul Schottländer und Alfred Merton, allesamt Spender von sechs- bis siebenstelligen Beträgen an die KWG, vorerst im Amt bleiben. Mendelssohn starb 1935, Schottländer wurde 1936 geschasst, Merton schied mit der Satzungsänderung der KWG 1937 aus.

Stattdessen sollten, so Generaldirektor Glum in seinen nach dem Krieg veröffentlichten Lebenserinnerungen, »harmlose Bourgeois« wie die Industriellen Carl Bosch und Fritz Thyssen gewählt werden, beide zu jener Zeit bei den Nationalsozialisten hoch angesehen. Dazu »Hitlers Herzog« Carl Eduard von Sachsen-Coburg-Gotha, Großsponsor der NS-Partei. Nobelpreisträger Johannes Stark und Philipp Lenard, die beiden prominentesten Vertreter der »Deutschen Physik«, rückten 1933 ebenfalls in den Senat der KWG ein, obwohl sie in jener Zeit eine große Kampagne zur Auflösung der Gesellschaft betrieben.

Mit diesen Personalien versuchte die KWG-Führung einen Interessenausgleich: Einerseits können nationalsozialistische Positionen nicht vollständig ausgeschlossen bleiben aus den Gremien, andererseits soll ihr Einfluss so gering wie möglich gehalten werden. Was allerdings nur vorläufig gelingt, in den kommenden Jahren rücken immer mehr NS-Größen zu Entscheidern auf. So gelangt zum Beispiel SS-Mann Rudolf Mentzel 1937 in den KWG-Senat, 1941 wird der Graue Wolf der NS-Wissenschaftspolitik sogar Vizepräsident der Organisation.

Im September 1934 wird Carl Neuberg, Direktor des KWI für Biochemie, zwangspensioniert – wie Fritz Haber seit der Institutseröffnung in Dahlem dabei und von jüdischer Abstammung. Und wie Haber als »Frontkämpfer« des Ersten Weltkriegs anfänglich nicht betroffen vom »Gesetz zur Wiederherstellung des Berufsbeamtentums« der NS-Regierung. Doch die Tolerierung hält nicht lange: In Neubergs Institut hetzt Mechaniker Kurt Delattrée-Wegner spätestens ab 1933 gegen seinen Chef. Das NS-Parteimitglied verleumdet Neuberg so lange mit dreisten Unterstellungen, bis Wissenschaftsminister Bernhard Rust dem Professor die Lehrbefugnis entzieht und von KWG-Präsident Planck dessen Entlassung verlangt.

Der gehorcht. Immerhin kann Neuberg noch durchsetzen, dass er in den Laboren des KWI weiter forschen darf, bis ein Nachfolger gefunden ist. Das stellt sich als schwieriger heraus als gedacht, denn das Arbeitsklima gilt als vergiftet: Hans von Euler-Chelpin zum Beispiel, der in Deutschland geborene Chemie-Nobelpreisträger des Jahres 1929 und Gastvortragender im Harnack-Haus 1931, lehnt den Ruf nach Dahlem ab. Erst 1936 willigt der ebenso talentierte wie ambitionierte Adolf Butenandt ein, Neubergs verwaisten Chefposten am KWI für Biochemie anzutreten. Butenandt ist erst 33 Jahre alt, doch seit bereits drei Jahren ordentlicher Professor an der TU Danzig. Trotz eines generellen Aufnahmeverbots, das die NSDAP erlassen hat, weil nach ihrer Machtübernahme zu viele Aufnahmeanträge gestellt worden waren, konnte er kurz vor seiner Berufung nach Berlin Mitglied in der NS-Partei werden.

Neuberg würde gern unentgeltlich weiterhin experimentieren in seinem ehemaligen Institut und bittet um einen bescheidenen Arbeitsplatz im Austrag des sogenannten Torhauses. Doch Butenandt lehnt ab. Also transportiert der ausgemusterte Direktor seine Laborgerätschaften, die er wenige Jahre zuvor mit ihm persönlich zugesprochenen Geldern der amerikanischen Rockefeller Foundation anschaffen konnte, zunächst in eine Bäckerei nach Steglitz, wo er sich provisorisch einrichtet. Von dort geht es weiter in den Berliner Stadtteil Schöneberg, wo Neuberg zusammen mit einem Pharmazeuten das private »Biologisch-chemische Forschungsinstitut« gründet.

Erst 1938, quasi in letzter Minute vor den endgültigen Ausreise-verboten, emigriert Neuberg nach Palästina. Die fällige »Reichs-fluchtsteuer« kann er nur bezahlen, indem er seine Dahlemer Villa zu einem Spottpreis an die Hannoveraner Kali AG verkauft. Die lässt dort fortan ihre Direktoren wohnen, wenn diese in Berlin wei-len. Auf Umwegen schafft es Neuberg nach New York und forscht dort weiter bis in die 1950er Jahre. Die Auswärtige Mitgliedschaft, die ihm die Max-Planck-Gesellschaft als Nachfolgerin der KWG dann andient, sieht er als einen späten Versuch zur Wiedergutma-chung – und nimmt sie an.

An Neubergs einstigem Institut in Dahlem entwickeln sich die Dinge zunächst positiv. Der junge Butenandt, durch einen gro-ßen Vortrag und mehrere Gastaufenthalte im Harnack-Haus mit Dahlem vertraut, nimmt nach einer Generalrevision des Personal-bestands und aller Labore 1937 den Forschungsbetrieb wieder auf. Im Jahr 1939, kurz nach Ausbruch des Zweiten Weltkriegs, wird ihm der Chemie-Nobelpreis für seine Arbeiten über Sexualhor-mone zugesprochen.

Wegen eines »Führer-Erlasses« darf Butenandt jedoch den Preis nicht entgegennehmen: Hitler hatte allen Deutschen ver-boten, den Nobelpreis anzunehmen, nachdem die schwedische Akademie dem pazifistischen Publizisten Carl von Ossietzky den Friedensnobelpreis verliehen hatte. Ossietzky, einst Herausgeber der in Berlin verlegten Zeitschrift »Die Weltbühne«, saß bereits seit April 1933 in KZ-Haft.

Im Harnack-Haus schlägt sich das nationalsozialistische Denken, der totalitäre Geist der neuen Machthaber sichtbar zunächst in den Zeitungs- und Zeitschriftenabonnements nieder. Mit der Begrün-dung, »die etwa 200 täglich dort verkehrenden Angehörigen der Institute (…) durch Lesen dieser Zeitschriften mit den Ideen der NSDAP vertraut« zu machen, bittet KWG-Generaldirektor Fried-rich Glum beim Zentralverlag der Partei um Frei-Abonnements der Titel »Völkischer Beobachter«, »Der Angriff«, »Die Bren-nessel«, »Der S.A.-Mann«, »N. S. Funk«, »Nationalsozialistische

Landpost« und »Nationalsozialistische Monatshefte«. Glums Mitarbeiter Max Lucas von Cranach bestellt für die Bibliothek die Bücher »Luftschutzbibel«, »Gaskampf und Gasschutz«, »Schutz gegen Gasbomben«, »Deutschlands Wehrlosigkeit in der Luft« und »Volk und Rasse«. Eine zweite Order für die wissenschaftliche Bibliothek enthält aktuelle Buchtitel wie »Die Soldatenfibel«, »Heereskavallerie im Bewegungskriege« und »Die Vernichtungsschlacht«. Auch diese Literaturbestellungen sind als Schachzüge zur Entspannung der Atmosphäre zwischen den NS-Hardlinern und der im Kern noch immer bürgerlich-liberalen, kosmopolitischen KWG zu verstehen. Als nächstes ändert sich die Arbeitsatmosphäre für die Beschäftigten des Harnack-Hauses. Der Chefin Margarethe Carrière war im Juni 1933 Erwin Giersch als »Wirtschaftsleiter« zur Seite gestellt worden, Mitglied der SA und als Mitglied der Nationalsozialistischen Betriebszellenorganisation (NSBO) »Betriebsobmann« der NS-Partei im Harnack-Haus. In dieser Position, quasi die systemkonforme Variante eines Betriebsrats, setzt er als erstes das Verbot der neuen Regierung durch, Doppelverdiener zu beschäftigen: Am 1. Oktober gibt Ludwig Carrière seinen Posten als Bibliothekar auf. Der Ehemann der Hausleiterin will sich jedoch weiter engagieren für den weltoffenen Geist im Bestand der kostenlosen Leihbücherei und arbeitet fortan ehrenamtlich.

Unterdessen beginnt Giersch eine Art Schreckensherrschaft. Darüber beschwert sich im Mai 1934 eine Plätterin schriftlich: Der Wirtschaftsleiter soll sich demnach »in sittenwidriger Weise gegen andere weibl. Angestellte benommen« haben und »nunmehr seinen Einfluss« aufbieten, um »seiner Willkür freien Weg zu schaffen«. Der Obmann droht darauf der Plätterin mit Kündigung – was erst durch eine persönliche Intervention von Max Planck verhindert werden kann.

Gegenüber dem KWG-Präsidenten zeigt sich Giersch Mitte Juni 1934 ähnlich anmaßend und übergriffig: Zusammen mit einem weiteren NSBO-Mitglied will er Senator der KWG werden. Stattdessen kann Planck seine Entlassung durchsetzen.

Ab Dezember 1934 finden zentrale »Kameradschaftsabende« für alle Dahlemer Institute im Harnack-Haus statt. Planck, im Arbeitsalltag ein eher scheuer, auf hierarchische Distanz bedachter Akademiker, will die KWG mit diesem Format offenbar annähern an die Kumpaneikultur der Nationalsozialisten und lädt selbst zu der ersten Veranstaltung ein. Dabei kommt es ihm darauf an, »dass sämtliche Angehörige der Kaiser-Wilhelm-Gesellschaft teilnehmen, einschließlich der Lohnempfänger. Beurlaubungen sollen nur in dringenden Fällen und durch den Institutsdirektor erfolgen. Gäste sollen nicht eingeführt werden.« Die Generalverwaltung der KWG übernimmt einen Teil der Kosten, um die Preise besonders niedrig zu halten: »freie Garderobe, 1 Glas Bier RM 0,10, belegtes Brot RM 0,15 usw.« Der obligatorische Vortrag, der die erste Veranstaltung eröffnet, hat den Titel »Deutsches Soldatentum in Geschichte und Gegenwart«. Danach schließt sich ein Bierabend im Liebig-Gewölbe und im Duisberg-Saal an. Der unmissverständlichen Teilnahmeverpflichtung folgen 432 Institutsangehörige – tatsächlich fast die Gesamtbelegschaft der KWG in der Dahlemer Forscherkolonie.

Ein anderer »Bierabend«, den der wegen seiner Mitgliedschaft im Göttinger SS-Zirkel zum KWI-Direktor berufene Gerhart Jander im deutlich kleineren Kreis schon am Samstag, 10. Februar 1934, im Harnack-Haus abgehalten hatte, war hingegen desaströs geendet: Am Montagmorgen schreibt Margarethe Carrière, vor Empörung bebend und daher wohl auch die Regeln der Rechtschreibung vergessend: »Der kleine Saal, der ein Gesellschaftsraum des Harnack-Hauses ist, wurde am Sonntag Morgen in einer unbeschreiblichen Verfassung vorgefunden, der kleine Nebenraum, die Treppe nach unten sowie die kleine Damentoilette und die große Herrentoilette, die von allen Gästen benutzt werden muss, waren derart beschmutzt, wie es garnicht zu schildern ist.« Ihren Brief an Jander, dem auch eine Rechnung für zusätzliche Reinigungskosten beiliegt, schließt die Herrin des Harnack-Hauses mit der »höflichen Bitte (…), derartige Trinkabende in Zukunft lieber in ein Bierlokal zu verlegen«.

Auch der KWG-Generaldirektor lässt sich die Gelegenheit nicht entgehen, den akademisch unstandesgemäßen SS-Mann Jander nach dem Debakel zu tadeln: Sowohl das Außen- wie das Propagandaministerium brächten regelmäßig »hochgestellte diplomatische Gäste im Harnack-Haus« unter, schreibt Glum. Diese sollten »einen möglichst guten Eindruck von den deutschen Verhältnissen, den Sitten im Land erhalten«.

Umgekehrt gibt die politische Haltung einzelner Führungskräfte und der KWG-Leitung insgesamt immer deutlicher Anlass zu Kritik, Diskriminierung und Denunziation durch NS-Parteimitglieder und -Funktionäre: Schon am 21. Mai 1933 hatte zum Beispiel Oberingenieur Ewald Reche, Mitarbeiter im Dahlemer KWI für Faserstoffchemie und NSDAP-Mitglied, das Pamphlet »Die Kaiser-Wilhelm-Gesellschaft in Dahlem: Eine Brutstätte jüdischer Ausbeuter; Bedrücker und Marxisten« verfasst, das er ans Preußische Wissenschaftsministerium schickte. In dem Papier heißt es, »jüdische Direktoren« säßen »an der Spitze von fast allen KWI«, deutsche Wissenschaftler würden dort »zu Sklaven und Knechten degradiert«, ihre Arbeiten »an Ausländer und Juden verschachert«. Die »Saboteure«, folgert der Autor, »müssen entfernt werden, sie müssen verschwinden. Sie sind nur Parasiten am deutschen Volkskörper, sie sind nur Vampire an höchster wissenschaftlicher Kulturstätte.«

Reches absurd übersteigerte Angriffe können Präsident Planck und Generaldirektor Glum noch mit vereinten Kräften abwehren. Nicht verhindern können sie jedoch, dass Reginald Oliver Herzog, Direktor am KWI für Faserstoffchemie, nach weiteren antisemitischen Attacken im Oktober 1933 mit 55 Jahren zwangsweise in den Ruhestand versetzt wird. Zwar nimmt Herzog im türkischen Exil noch mal eine Professur für Technische Chemie an. Deren Renommee ist aber nicht zu vergleichen mit dem prestigeträchtigen Posten eines KWI-Direktors. Als er erfährt, dass die deutsche Textilindustrie nun seine Dahlemer Institutsgründung nicht mehr hinreichend finanziert, sodass diese aus Geldmangel geschlossen werden muss, begeht Herzog 1935 in Zürich Selbstmord.

Für die KWG heikel ist auch eine vierseitige »Denkschrift«, die Wilhelm Eitel, Direktor am Dahlemer KWI für Silikatforschung, im Sommer 1933 an Reichsinnenminister Frick schickt. Ähnlich wie die »Deutschen Physiker« Stark und Lenard fordert der stramme Nationalsozialist eine Auflösung der KWG-Generalverwaltung und eine komplette Neuordnung der gesamten Gesellschaft. Dazu sollen etwa die geisteswissenschaftlichen Institute den Universitäten angegliedert, die naturwissenschaftlichen durch einen »Reichskommissar« geführt werden. Generell soll sich die KWG-Forschung an volkswirtschaftlichem oder kriegstechnischem Nutzen orientieren.

Eitel formuliert weniger dröhnend als Reche, argumentiert aber ähnlich radikal. Dennoch gelingt es, auch diesen Vorstoß zu einem umfassenden Struktur- und Strategiewandel der KWG abzuwehren. Präsident und Generalverwaltung wickeln den Forscher ein: Wie zur Entschädigung wird das Parteimitglied Eitel zum Leiter sämtlicher NS-Betriebszellenorganisationen in den Instituten ernannt, was ihm erheblichen politischen Einfluss auf alle Beschäftigten und damit eine entsprechende Hausmacht in der ganzen KWG bringt. Nach der Auflösung des KWI für Faserstoffchemie erhält Eitel zudem dessen Gebäude und den Posten des zwangspensionierten Direktors, was seine persönlichen Bezüge maßgeblich verbessert.

In seiner »Denkschrift« hatte Eitel auch sachliche Gründe angeführt: Insbesondere kritisiert er die aufwendige Verwaltung der KWG und die hohen Gehälter der Zentralbürokratie. So genehmigte sich Friedrich Glum – während der Inflationsjahre und während der Weltwirtschaftskrise war er vor allem durch sein Finanzgeschick aufgefallen – neben seiner für ihn kostenlosen Wohnung in der »Generaldirektorenvilla« zeitweise ein höheres Jahresgehalt, als es einem preußischen Minister nominell zustand. Dieses Argument stach bei den Beamten, der Vorwurf sollte hängen bleiben.

In den Jahren 1934 und '35 nutzen die Nationalsozialisten und ihre nachgeordneten Organisationen das repräsentative, großzügige Harnack-Haus immer öfter für ihre Zwecke. Das Luftgaukommando III etwa, das später in den gediegenen Neubau in der Nähe ziehen wird, in dem heute das Konsulat der US-Botschaft untergebracht ist, feiert im Club- und Gästehaus der KWG drei Bälle.

Doch zugleich legt sich dessen Leiterin Margarethe Carrière immer öfter mit NS-Organisationen und ihren Protagonisten an: Als die NS-Volkswohlfahrt am 15. November 1934 ein Konzert im Harnack-Haus veranstaltet, fordert sie wie von jedem anderen Nutzer Saalmiete und die Reinigungskosten. Erst auf Intervention der KWG-Generalverwaltung verzichtet sie auf das Eintreiben der Summe.

Keine zwei Wochen später beschwert sich Fritz Scheuermann, Präsident der Reichsfilmkammer, bei Generaldirektor Glum:»Mir scheint, daß Frau Carrière nicht verstanden hat, sich irgendwie in den nationalsozialistischen Staat einzuleben.« Der Jurist rügt, dass die Hausherrin die von der Gauleitung der NS-Betriebszellenorganisation »vorgeschriebenen Versammlungen der Belegschaft des Harnack-Hauses, ebenso wie die Inanspruchnahme von Räumen (…) für die NS-Gemeinschaft ›Kraft durch Freude‹ zu verhindern sucht«. Zwei Tage später mahnt die Gauleitung der NS-Partei bei der KWG-Zentralverwaltung an, Frau Carrière habe das Harnack-Haus nicht für den Tagesaufenthalt und die Heimabende von 18 Jungmädeln zur Verfügung gestellt. Folglich fordert die Partei die Freigabe mehrerer Zimmer sowie des Turnsaals ab 1. Januar 1935.

Im Januar 1936 will die KWG ihr 25-jähriges Jubiläum feiern, unter anderem mit einem »Kameradschaftsabend« für alle in Berlin Beschäftigten, also auch für die Zentralverwaltung und die anderen Institute. Da im größten Raum des Harnack-Hauses allenfalls die Dahlemer Belegschaft Platz findet, wird auf Betreiben der NS-Betriebszellenorganisation, namentlich von Georg Graue, Mit-

arbeiter und Betriebszellenleiter im KWI für Physikalische Che-
mie, die Großveranstaltung in externe Festsäle verlegt. Auf dem
Podium sitzen fünf Parteifunktionäre, von der KWG jedoch nur
Präsident Planck, Generaldirektor Glum und Graue.

Die akademische Jubiläumsfeier findet dann wenige Tage später im Harnack-Haus statt. Hier sind vor allem die Direktoren
und Abteilungsleiter der auswärtigen Institute angereist, Präsident Planck hält seine Festrede im Goethe-Saal. An den Seiten
der Bühne hängen nun schwarz-weiß-rote Hakenkreuzfahnen,
mehrere Stockwerke hoch. Höhepunkt hier: ein Glückwunschtelegramm des Namensgebers und einstigen Schirmherren, des
abgedankten Kaisers Wilhelm II., aus dem niederländischen Exil.

Danach, also ab der zweiten Hälfte des Jahres 1936, wird es endgültig ungemütlich für die Hauptverantwortlichen – im Harnack-
Haus wie außerhalb. Reibungen und Konflikte mit den Nationalsozialisten ergeben sich fortan nicht mehr nur in konkreten
Einzelfällen, sondern systematisch.

Max Plancks Rückzug vom Präsidentenamt der KWG ist ausge-
machte Sache: Seine zweite Amtszeit war vom Reichsinnenminister Frick auf den 1. April 1936 verkürzt worden; aus Alters-
gründen mag der bald 78-Jährige nicht noch einmal kandidieren.
Gleichwohl erklärt er sich bereit, die Geschäfte bis zur endgültigen
Ernennung eines Nachfolgers weiterzuführen. Im Erziehungsministerium ist man unschlüssig: Soll der Industrielle Gustav Krupp
von Bohlen und Halbach, bewährter Vizepräsident der KWG,
antreten? Oder besser Johannes Stark, der Physik-Nobelpreisträger und prominente Vertreter der »Deutschen Physik«? Doch
wie sein Kampfgenosse Philipp Lenard, der die KWG 1936 mehr
denn je für eine »jüdische Mißgeburt« hält, die nichts vorhat als
»Juden, deren Freunde oder ähnliche Geister in angenehme und
einflußreiche Stellungen als ›Forscher‹ zu bringen«, hat Stark nach
kurzem Intermezzo alle KWG-Gremien verlassen.

Schon fürchtet Generaldirektor Glum, ein völliger Außenseiter wie Fritz Todt, Reichsinspekteur für das Straßenbauwesen und später Rüstungsminister sowie Chef der nach ihm benannten paramilitärischen »Organisation«, die den Westwall und die Abschussrampen für die V2-Raketen baute, könne an die Spitze der elitären Forscherorganisation gelangen. Stattdessen bringt Glum den KWG-Senator Carl Bosch ins Spiel. Abermals ein Schachzug: Der Chemie-Nobelpreisträger des Jahres 1931, Neffe des Stuttgarter Großindustriellen Robert Bosch, war in den Nullerjahren Partner von Fritz Haber bei der Entwicklung des Ammoniak-Syntheseverfahrens und sitzt seit Mitte der 1930er Jahre dem Aufsichtsrat der I.G. Farben vor.

Bosch ist kein Mitglied der NS-Partei, aber ein verlässlicher Partner der Forschung: Gegenüber seinem Vertrauten Kurt von Lersner bekennt Bosch: »Der ganze Nazi-Krempel hängt mir zum Hals heraus, aber ich muss im Geschirr bleiben, sonst ist die Wissenschaft verloren.« Nur Insider wissen, wie es um den Wirtschaftsmagnaten bestellt ist: Seine Mitarbeiter schirmen ihn so weit ab, dass seine Alkoholabhängigkeit nicht offenkundig wird. Reichsminister Bernhard Rust stimmt Boschs Nominierung als KWG-Präsident nur zu unter der Bedingung, dass die Organisation eine neue Satzung nach dem »Führerprinzip« erhält – und dass Glum den Posten des Generaldirektors niederlegt.

Trotz der aus eigenem Antrieb verfolgten »Selbstgleichschaltung«, die der Wissenschaftsmanager mit der Senatsumbildung 1933 und mit anderen Anpassungsschritten längst vollzogen hatte, ist Glum unbeliebt bei den NS-Oberen: Nie hat er sich um eine Mitgliedschaft in deren Partei beworben. Bei der Gedächtnisfeier für den vergrämten, im Exil verstorbenen Nobelpreisträger Fritz Haber, die Minister Rust am liebsten untersagt hätte, saß er im Januar 1935 neben Planck auf dem Podium. Zudem ist die Kritik an seinem exorbitanten Gehalt nicht ausgeräumt.

Im Sommer 1936 attackieren »Der Stürmer« und »Das schwarze Corps« Glums Tätigkeit als außerordentlicher Professor an der Berliner Universität. Die nationalsozialistischen Kampfblätter zitieren aus seiner sechs Jahre alten Veröffentlichung »Das geheime

Deutschland – Die Aristokratie der demokratischen Gesinnung«, diffamieren den Juristen als opportunistischen und oberflächlichen Hochschullehrer. Universitätsrektor Wilhelm Krüger, von Haus aus Veterinäranatom und oft in SA-Uniform im Amt, beantragt daraufhin, Glum die Lehrbefugnis zu entziehen. Ab dem Sommer 1936 hält dieser keine Vorlesungen oder Übungen mehr ab.

Ein letztes Mal wählt der KWG-Senat im Mai 1937 einen neuen Präsidenten – in Abwesenheit des Kandidaten Carl Bosch »wegen Krankheit«. Nach dem Wechsel wird am 22. Juni auch die Satzung der Kaiser-Wilhelm-Gesellschaft geändert. Fortan gilt hier wie schon zuvor in fast allen deutschen Wissenschaftsorganisationen das sogenannte Führerprinzip. Was bedeutet: nicht mehr gewählte Gremien kontrollieren die Exekutivorgane. Stattdessen bestimmen die vom Ministerium ernannten Leiter allein über Strategie und Ziele, über Maßnahmen und Finanzen. Im Zweifelsfall stellen die übergeordneten Ministerien und Staatsorganisationen die Weichen und ziehen gegebenenfalls den Stecker.

Immerhin kann Bosch durch geschickt formulierte Passagen in den neuen Paragrafen durchsetzen, dass die KWG fortan auch noch »jüdische Mischlinge ersten Grades« beschäftigen darf – was etwa für Otto Heinrich Warburg, Medizin-Nobelpreisträger von 1931 und Direktor am Dahlemer KWI für Zellphysiologie, in den kommenden Jahren zentrale Bedeutung haben wird.

Neben Friedrich Glum muss auch Verwaltungsdirektor Max Lucas von Cranach die KWG verlassen. Auch er gilt als politisch unzuverlässig. Cranachs Stelle entfällt, auf Glums Posten rückt Ernst Telschow auf. Der Chemiker war 1912 einer der ersten Doktoranden von Otto Hahn und ist seit 1931 bei der KWG beschäftigt. Nach seinem Eintritt in die NS-Partei Anfang Mai 1933 macht der ehemalige Verwaltungsassistent Karriere: Noch im selben Jahr wird er Zweiter Geschäftsführer, 1935 Erster Geschäftsführer und 1937 Direktor beziehungsweise Generalsekretär. Die Bezeichnung »Generaldirektor« entfällt mit dem Personalwechsel.

Auch Ernst Telschow hat freilich seine Eitelkeiten. Als ihm

Harnack-Hauschefin Carrière zum Aufrücken an die Spitze der KWG-Generalverwaltung mit einem Strauß weißer Margeriten gratulieren will, weist er das Geschenk zurück. Erst als »Poldi«, wie sich Carrière von Vertrauten gern nennen lässt, standesgemäß mit einem Strauß roter Rosen gratuliert, ist auch der neue KWG-Direktor zufrieden, nimmt Blumen und Glückwünsche an.

Doch auch die Anschaffung eines zweiten, deutlich teureren Willkommensgeschenks hilft der rührig-resoluten Dame des Hauses nicht beim Erhalt ihres eigenen Postens. Zunächst muss ihr Mann Ludwig, der seinen Posten als Bibliothekar in den vergangenen Jahren ohnehin nur noch unentgeltlich ausüben konnte, diese Aufgabe endgültig aufgeben. Die Reichsschrifttumskammer hatte herausgefunden, dass Carrière 1935 unter dem Pseudonym Lothar Steinbrech das Buch »Unser Lebensproblem« veröffentlicht hat. Dies stellt sich nach einem Gutachten der Reichsstelle zur Förderung des Deutschen Schrifttums deutlich gegen die Rassenpolitik der Reichsregierung und startet einen »jesuitisch-raffinierten Großangriff auf unsere Weltanschauung« – weshalb es umgehend verboten und von der Gestapo eingezogen wird.

Und obwohl sie sich noch 1937, wenngleich erfolglos, um eine Mitgliedschaft in der NS-Partei bemüht hat, erhält Margarethe Carrière zum Jahreswechsel auf das Jahr 1938 selbst die Kündigung aus der Zentralverwaltung. Sie wehrt sich dagegen mit allen ihr zur Verfügung stehenden Mitteln, protestiert brieflich beim neuen KWG-Präsidenten Carl Bosch (»Ich glaube, eine unbescholtene Volksgenossin zu sein. Ist es zulässig, mir auf diese Weise nicht nur die wirtschaftliche Existenz zu zerstören, sondern mir auch, was schlimmer ist, die nationale Ehre abzuschneiden?«), schreibt sogar dem Preußischen Ministerpräsidenten und Führer-Stellvertreter Hermann Göring – vergebens.

Ihre Nachfolgerin wird Angelika Freiin von Schuckmann, eine Hauswirtschafterin und Deutschlehrerin, die sich schon vor Carrières endgültigem Ausscheiden um die Stelle beworben hat. Nach sechs Jahren NS-Herrschaft ist somit die komplette Führungsmannschaft sowohl des Harnack-Hauses wie der Kaiser-Wilhelm-

Gesellschaft ausgetauscht. In dem in rotem Leder eingebundenen Poesie-Album, das die Büromannschaft der KWG ihrem neuen Direktor Ernst Telschow auf der Weihnachtsfeier der Zentralverwaltung 1938 schenkt, fasst seine Sekretärin Erika Bollmann ein zentrales Stichwort der vorausgegangenen Monate in einer gereimten Widmung zusammen:»Dieses Buch ist fragmentarisch/aber garantiert rein arisch.«

Aus der Generaldirektorenvilla, dem künftigen Habitat von Ernst Telschow, muss die Familie des Friedrich Glum umgehend ausziehen. Obwohl Gustav Krupp von Bohlen und Halbach den Geschassten für höhere Posten im Bankgewerbe empfiehlt, findet das ehemalige Finanzgenie der KWG im NS-Deutschland keinen geeigneten Posten. Der habilitierte Jurist versucht sich zunächst als Finanz- und Grundstücksmakler. Als dieses Geschäft unter den Kriegswirren nicht weiter auszuüben ist, landet er 1943 schließlich als Büro-Hilfskraft in der juristischen Abteilung des Berliner Stickstoff-Syndikats.

Nach dem Krieg konvertiert Friedrich Glum, bis dahin evangelisch, zum Katholizismus, tritt in die CSU ein und ist bis 1950 Ministerialdirigent der bayerischen Landesregierung. Außerdem arbeitet er im Beraterstab von US-General Lucius Clay, nach dem heute die große Allee vor dem amerikanischen Konsulatsgebäude in Berlin-Dahlem benannt ist, und baut die deutsch-amerikanischen Beziehungen mit auf.

Margarethe Carrière wird 1940 Leiterin einer höheren Mädchenschule in Berlin. Nach dem Krieg verliert sie diesen Posten wieder – wegen ihrer Mitgliedschaft in der NS-Partei, zu der sie in der Zwischenzeit offenbar doch noch gekommen war.

Der nächste große Schritt für das Harnack-Haus steht im Sommer 1938 an: Auf einem nahegelegenen Grundstück Gary-, Ecke Boltzmannstraße wird endlich das betriebseigene Freibad eröffnet, das schon 1935 und somit noch unter der Ägide von Präsident Planck und Generaldirektor Glum als nächste Ausbaustufe für das Club-

und Gästehaus geplant worden war. Die Ausschachtarbeiten, bei denen die Beschäftigten der umliegenden Institute kräftig Hand angelegt haben, waren nicht ganz so aufwendig wie andernorts für ähnliche Projekte: Das KWI für Biologie hatte an dieser Stelle zuvor seinen Ententeich angelegt. Dessen Kuhle musste nur noch ausgeweitet und weiter vertieft werden. Am 17. Mai kann dann das Becken zum ersten Mal mit Wasser gefüllt werden.

Anfangs machen die rohen Betonwände noch einen schmutziggrauen Eindruck. Badestimmung stellt sich erst ein, nachdem die erste Wasserfüllung wieder abgepumpt und ein blauer Schutzanstrich aufgebracht ist. Von nun an ist »Plancks Plansche« in jedem Sommer Magnet für die Kinder der KWG-Beschäftigten, die im Berliner Südwesten wohnen. Und natürlich für die Gäste des Harnack-Hauses.

Am Ende der großen Umgestaltung muss auch das stimmungsvolle Landschaftsbild über dem Kamin in der Bismarck-Halle des Harnack-Hauses weichen und durch ein Hitler-Porträt ersetzt werden. Im Auftrag der Generalverwaltung sucht Architekt Carl Sattler monatelang nach einem geeigneten Objekt. Ein Porträt, das der Künstler Ernst Zimmermann für 4000 – 5000 Reichsmark fertigstellen will, missfällt dem neuen KWG-Direktor Ernst Telschow, weil Hitler hier sinnend in die Ferne schaut, was »den harten Willen, der doch ein besonderer Wesenszug des Führers ist«, nicht genügend zum Ausdruck bringt.

Im Frühjahr 1939 kauft Telschow ein Ölbild von Arthur Kampf, das sofort den Ehrenplatz über der Sitzecke in der Bismarck-Halle erhält. Der Schöpfer, ein im »Dritten Reich« populärer Monumental- und Historienmaler, wird 1944 auf Hitlers persönlicher Liste der vier »Gottbegnadeten Künstler« auftauchen.

Eugen Fischer (M.), von der Eröffnung 1927 bis 1942 Direktor des Kaiser-Wilhelm-Instituts für Anthropologie, menschliche Erblehre und Eugenik, beim Hitler-Gruß. Der zeitweilige Rektor der Berliner Universität gehört zu den akademischen Wegbereitern des NS-Rassenwahns.

Augen aus Auschwitz – Dahlemer Forscher betreiben tödliche Wissenschaft

Das Kaiser-Wilhelm-Institut für Anthropologie, menschliche Erblehre und Eugenik liefert das geistige Fundament für den nationalsozialistischen Genozid und für eine entmenschlichte Medizin. Gegen Ende der NS-Herrschaft wird hier mit Körperteilen und Präparaten aus den Konzentrationslagern experimentiert. Gleichwohl sind die Institutsleiter angesehene Mitglieder der Dahlemer Forscherkolonie, die Teilnehmer ihrer Aus- und Fortbildungskurse essen täglich im Harnack-Haus und garantieren somit wichtige Umsätze für die Hauswirtschaft. Auch ideell gehen die Vordenker der Kaiser-Wilhelm-Gesellschaft nicht auf Distanz. Im Gegenteil: Einzelne unterstützen sogar die grauenvollen Versuche.

Auch wenn im Rückblick ein anderer Hintergrund, eine andere Entstehungsgeschichte logischer erschiene: Das Kaiser-Wilhelm-Institut für Anthropologie, menschliche Erblehre und Eugenik, in der Ihnestraße 24 gleich neben dem Harnack-Haus gelegen, war keine Gründung der Nationalsozialisten. Tatsächlich hatten Carl Correns, Richard Goldschmidt, Erwin Baur und andere botanische Institutsdirektoren schon früh in den 1920er Jahren bei der KWG ein Institut angeregt, das genetische Erkenntnisse auch auf den Menschen übertragen sollte. Begründung: In den USA, in Schweden, Frankreich und Großbritannien werde diese Forschung bereits intensiv gepflegt. Und obwohl der damalige KWG-Präsident Adolf von Harnack in seinem ans Treuherzige grenzenden Protestantismus im Jahr 1927 beteuert hatte, eine

»rechte« (gemeint ist: korrekt-gerechte) Rassenkunde werde »die Gruppen eines Volkes näher bringen, nicht sie feindlich spalten« hatte das Konzept des neuen KWI von Anfang an auch rassenhygienische Ziele formuliert:»In der Eugenik (Rassenhygiene) gipfelt die Arbeit, die in dem Institut geleistet werden wird«, heißt es im KWG-Jahrbuch 1928 zu dessen Gründung.

Das Gebäude des KWI für Anthropologie, wie es abkürzend genannt werden soll, war 1926 vom Hausarchitekten Carl Sattler im selben schmucklos-stattlichen Heimatschutzstil entworfen worden wie zuvor schon die Generaldirektorenvilla von Friedrich Glum oberhalb in der Ihnestraße und wenig später das Harnack-Haus: als dreiflügeliger, dreistöckiger Bau und dahinter, wie bei den bereits bestehenden Instituten in der Gelehrtenkolonie Dahlem, ein repräsentatives Wohnhaus für den Leiter. Dessen erste Bewohner waren die Familienmitglieder des Freiburger Anatomieprofessors Eugen Fischer.

Fischer war nach Berlin als Institutsdirektor der KWG und zugleich auf den Lehrstuhl für Anthropologie an der Universität berufen worden, weil er, wie Erwin Baur, Co-Autor und Herausgeber des zweibändigen Werkes »Grundriss der menschlichen Erblichkeitslehre und Rassenhygiene« war. In diesem Handbuch, das auch im Ausland als Standardwerk galt, geht es um eindeutig rassistische Themen wie »Die Zusammenhänge zwischen sozialer und biologischer Auslese«, um die »rassenhygienische Gestaltung des persönlichen Lebens« und um die Frage:»Was kann der Staat für die nordische Rasse tun?«

Am neuen Institut soll Eugen Fischer die Abteilung für Anthropologie leiten. Hermann Muckermann, ein ehemaliger Jesuitenpastor, der über seine katholischen Verbindungen einen Löwenanteil der Baukosten für das Institut als Spenden eingeworben hatte, übernimmt die Abteilung für Eugenik. Fischers akademischer Schüler Otmar Freiherr von Verschuer, nach dem rechtsradikalen Kapp-Putsch des Jahres 1920 als Mörder angeklagt, aber mangels Beweisen freigesprochen, wird Chef der Abteilung für menschliche Erblehre.

Auch sonst weist die Auswahl des Personals schon früh in eine politische Richtung: Einer von Fischers Assistenten hatte 1922 den offenen Mercedes beschafft, aus dem heraus der liberale Reichsaußenminister Walther Rathenau von Rechtsradikalen ermordet wurde. Dafür war das Mitglied der NS-Partei zu vier Jahren Haft verurteilt worden. Als im Jahr 1933 das »Berufsbeamten«-Gesetz in Kraft tritt, kommt beim KWI für Anthropologie niemand auf die Kündigungsliste. Es hat als einziges Institut der gesamten KWG noch nie einen jüdischen oder anderweitig vom Gesetz Betroffenen beschäftigt.

Der Kongress für Vererbungswissenschaft, mit dem das KWI für Anthropologie am 15. September 1927 eröffnet wird, ist die erste wissenschaftliche Großveranstaltung auf deutschem Boden mit internationaler Beteiligung, seit die Entente-Mächte des Weltkriegs zum Boykott der Forschung ihres ehemaligen Kriegsgegners aufgerufen haben. Das Symposium wird als Durchbruch für die gesamte deutsche Gelehrtengemeinschaft betrachtet.

Dabei haben die Rassenforscher in der Zwischenkriegszeit noch keine Ahnung, was sie wirklich untersuchen: Die Genetiker wissen damals nicht, wie Gene aussehen oder chemisch funktionieren. Weder ist das Erbgutmolekül der DNA entdeckt noch seine Architektur als Doppelhelix, noch die Struktur des Chromatins aus DNA und Proteinmolekülen, noch die vier organischen Basen, die den genetischen Code formulieren. Ende der 1920er Jahre lässt sich kein Vorgang der Vererbung im Labor analysieren, methodisch findet sich die erbbiologische Forschung bis in die 1950er Jahre ungefähr auf dem Stand der Astronomie vor Entdeckung des Fernrohrs.

Umso mehr Fleiß legt das KWI für Anthropologie an den Tag. Bis zu seiner neuen politischen Ausrichtung im Sinn der Machthaber nach 1933 können die 37 angestellten Wissenschaftler schon die beeindruckende Zahl von 220 Publikationen vorweisen. Über die Hälfte stammt aus Fischers anthropologischer Abteilung. Hier geht es oft um morphologische Studien der verschiedenen Menschenrassen oder -gruppen, also um Schädelformen, Länge der

Gliedmaßen usw., weniger um biochemische Experimente oder langfristige Beobachtungen.

Im Vergleich dazu sind Verschuers Zwillingsstudien komplexer, Ergebnisse lassen hier lange auf sich warten: Der Mediziner vergleicht die Ausprägung und Entwicklung verschiedener Merkmale und Krankheiten bei eineiigen, also genetisch identischen Zwillingen, mit zweieiigen, also nur geschwisterlich verwandten, gleichaltrigen Paaren. Er will damit herausfinden, welche Eigenschaften und Auffälligkeiten vererbt werden, welche aus Umwelteinflüssen herrühren. Rund 800 Zwillingspaare finden sich in seiner Kartei am KWI für Anthropologie; in der Anfangszeit müssen die Probanden, bei Minderjährigen deren Eltern oder Vormünder in die Untersuchungen einwilligen. Am Ende seiner Studien wird Verschuer Daten zu insgesamt 4000 Zwillingen gesammelt haben.

Hermann Muckermann, der als Eugeniker für die praktische Umsetzung der erbbiologischen Erkenntnisse verantwortlich ist, trägt nur zehn Prozent zu den frühen Veröffentlichungen aus dem KWI für Anthropologie bei. Hier zeigt sich die tiefe »Unwissenschaftlichkeit« des Jesuiten, die Physik-Nobelpreisträger Max von Laue vertraulich gegenüber seinem Chemiker-Kollegen Otto Hahn konstatiert: Muckermann sei ein guter und redegewandter Mensch, schreibt von Laue nach einem Vortrag des ehemaligen KWG-Kollegen, »dem jedoch leider der wissenschaftliche Geist« fehle.

Dennoch bewerten im 21. Jahrhundert selbst kritische Wissenschaftshistoriker wie die Amerikanerin Sheila Faith Weiss die Arbeit der frühen Humangenetiker wohlwollend: »In weiten, wenn auch bestimmt nicht in allen Teilen scheint die Forschung des Kaiser-Wilhelm-Instituts für Anthropologie, menschliche Erblehre und Eugenik den damaligen internationalen Standards guter Wissenschaft entsprochen zu haben«.

Zudem spielen Fischer und seine Kollegen durch ihr praktisches Arbeiten an Abstammungs- und Vaterschaftsgutachten zusätzliche Mittel für ihr KWI ein. Und anders als die anderen Institute der elitären KWG engagieren sie sich in der Lehre: Sie geben Fort- und

Weiterbildungskurse in Vererbungslehre für niedergelassene Ärzte und Beamte von Gesundheitsbehörden, Juristen und Ministeriale. Die Seminarteilnehmer essen mittags im Harnack-Haus, sodass man dort immer über die aktuellen Vorgänge bei den Nachbarn Bescheid weiß.

All diese Aktivitäten sind den Nationalsozialisten jedoch nicht genug. Als im Frühjahr 1933 die Wahl eines neuen Rektors für die Berliner Universität ansteht, stimmen im Senat alle NSDAP-Mitglieder gegen den Kandidaten Eugen Fischer. Der ist eben kein Parteimitglied – und hat in den vergangenen Jahren unter anderem auch die Reichstagsfraktionen der SPD und die katholische Kirche beraten, als die sich, dem allgemeinen Zug der Zeit folgend, mit Fragen der »Rassenhygiene« beschäftigt haben. Außerdem steckt Fischers Antisemitismus – für sein einschlägiges Buch »Das antike Weltjudentum« hat er unter anderem im Ghetto des polnischen Lodz recherchiert – noch immer voll akademischer Wenns und Abers. In den Augen der NS-Entscheider tritt Fischer insgesamt nicht radikal und kämpferisch genug auf.

Dennoch gewinnt Fischer die Wahl zum Rektor der angesehensten deutschen Universität und ist somit im Jahr 1933 ein im Wissenschaftsbetrieb einflussreicher Mann: Neben seinem Posten als KWI-Direktor sitzt er auch im Senat der KWG, ist Präsident der Deutschen Gesellschaft für Rassenhygiene und Vorstand der Berliner Gesellschaft für Anthropologie, Ethnologie und Urgeschichte. Mit diesem prallen Profil hält er am 1. Februar 1933 im Harnack-Haus den ersten großen Abendvortrag nach dem Sieg der Nationalsozialisten in der Reichstagswahl. Titel: »Rassenkreuzung und geistige Leistung«.

Fischer spricht an jenem Abend über die »Bastardisierung« mit Juden – und differenziert mit gespreizten Konjunktiven: »Ob die nicht selten zu beobachtende psychische Disharmonie solcher Mischlinge« nicht nur auf »Tradition, Erziehung und Vorurteil« beruhe, sei »schwer zu sagen: Es dürfte einen ungeheuren Unterschied bedeuten, ob Sprösslinge alter kultivierter deutscher Judenfamilien sich kreuzen oder solche aus kürzlich eingewanderten ostjüdischen Familien.«

Mit solcher Bedenkenträgerei können die Nationalsozialisten nichts anfangen. Auf einer Kuratoriumssitzung des KWI für Anthropologie im Sommer 1933 bittet Arthur Gütt, als neu bestellter Leiter des Amts für Bevölkerungspolitik und Erbgesundheitslehre im Stab des Reichsführers SS sowie der Abteilung Volksgesundheit im Reichsinnenministerium eigentlich nur als Gast anwesend, sogleich um Hilfe des Instituts bei der Durchführung des Gesetzes zur Verhütung erbkranken Nachwuchses (»Sterilisationsgesetz«) sowie des anstehenden Reichsbürgerschaftsgesetzes.

Gütt weiß: Die Rassenpolitik der Nationalsozialisten wird zumindest im Ausland auf Kritik, vielleicht sogar auf Widerstand stoßen. Also braucht die Regierung wissenschaftliche Erkenntnisse als akademischen Rückhalt, um international nicht sofort völlig isoliert dazustehen. Die Arbeit des KWI für Anthropologie, dem »derzeit keine andere Anstalt als gleichwertig an die Seite gestellt werden kann« (Gütt), soll folglich zum »geistigen Fundament« und zur »Schlüsselressource« (Sheila F. Weiss) für die NS-Rassenpolitik werden, ihr einen ehrbaren Anstrich verpassen.

Fischer begreift sofort, was die Nationalsozialisten von seinem Institut erwarten: für bevölkerungspolitische »Maßregeln die einwandfreie wissenschaftliche Grundlage zu schaffen«. Bereitwillig geht er darauf ein. In seinem Protokoll der Kuratoriumssitzung, an der Gütt teilgenommen hat, versichert Fischer seinem künftigen Förderer: Das KWI für Anthropologie und er werden sich gern in den Dienst »unseres neuen Volksstaats stellen«. Die für die NS-Rassenpolitik relevanten Forschungen sollen den Vorrang erhalten vor allem anderen. Fischers Vorschlag kommt an: Eine Woche später bittet ihn KWG-Präsident Planck, einer Sonderkommission der Forschungsorganisation beizutreten, um das Reichsinnenministerium in Fragen der Rassenpolitik zu beraten.

Der einzige Preis, den der KWI-Direktor für die Gunst und für die Unterstützung der Nationalsozialisten bezahlen muss, sind Personalwechsel. So wird als erstes Hermann Muckermann aus dem Institut entfernt, der als ehemaliger Jesuit bei den NS-Machthabern generell als Systemgegner gilt und als Sympathisant und Vortragsredner der katholischen Zentrumspartei als politisch unzuverlässig eingestuft wird. Muckermanns Nachfolge als Abteilungsleiter tritt Fritz Lenz an, zuvor Ordinarius für Rassenhygiene an der Uni München und wie Fischer Co-Autor des »Grundriss«-Handbuchs zur menschlichen Erblehre.

Aber auch Otmar von Verschuer muss das KWI für Anthropologie verlassen. Trotz seiner stramm völkisch-nationalistischen Haltung und trotz seines radikalen Antisemitismus (»Das erste Ziel war die Bekämpfung der rassischen Überfremdung durch die Juden«) gilt der Freiherr den NS-Oberen noch als unsicherer Kantonist. Schließlich hat er noch nicht einmal einen Aufnahmeantrag für ihre Partei gestellt!

Fischer kann seinen Schüler wegloben auf eine Professur für Erbbiologie und Rassenhygiene an der Uni Frankfurt – mit dem unter der Hand gegebenen Versprechen, dereinst sein Nachfolger als Direktor am KWI für Anthropologie zu werden. Ein für die Karriere nicht abträglicher Wechsel. Zumal Verschuer den Titel eines »Auswärtigen Mitglieds« des KWI nach Frankfurt mitnehmen kann. Fischer und Lenz teilen die Aufgaben und Mitarbeiter seiner ehemaligen Abteilung untereinander auf.

Nachdem nun alle Hindernisse aus dem Weg geräumt sind, verdoppelt sich der Zuschuss, den die Reichsregierung an das KWI zahlt, innerhalb von zwei Jahren. Da auch die Mitarbeiterzahl entsprechend steigt, muss ein vierter Gebäudeflügel angebaut werden. Und die Lehre gewinnt, entgegen allen Gepflogenheiten der KWG, weiter an Bedeutung: Bis 1935 sind schon 1100 Ärzte fortgebildet. Ab 1934 hält das KWI für Anthropologie spezielle Schulungskurse in »Erb- und Rassenpflege« für SS-Ärzte ab. Diese dauern ein Jahr, enthalten tägliche Vorlesungen, Seminare und Übungen. Erfolgreiche Absolventen werden gern als Assistenten eingestellt. Herbert Grobmann zum Beispiel, später als SS-Sturmbannführer in Polen auch beim Holocaust aktiv, veröffentlicht noch bis 1943 als Autor des KWI für Anthropologie.

Schon 1935 stellt Eugen Fischer stolz fest, sein Institut habe sich »konsequent in den Dienst des neuen Staates gestellt« – mitunter auf Kosten der zuvor »rein wissenschaftlichen Aufgaben«. Gegenüber dem Reichserziehungsminister Rust brüstet er sich: Es gebe »in Deutschland kaum einen Mann, der auf dem Gebiet der Erb- und Rassenlehre der Staatsregierung für ihre gesamte Bevölkerungspolitik, vor allem auch für die Beurteilung im Ausland so viel nutzen kann wie ich. Ich stelle mich bedingungslos in diesen Dienst.«

Auch KWG-Präsident Max Planck hat gegenüber mehreren Regierungsstellen versichert, seine Forschungsorganisation stelle sich »der nationalen Regierung voll zur Verfügung«. Zu Eugen Fischers humangenetischem Thema schreibt Planck: »Dem Herrn Reichsminister des Innern (Wilhelm Frick) beehre ich mich ergebenst mitzuteilen, dass die KWG zur Förderung der Wissenschaften gewillt ist, sich systematisch in den Dienst des Reiches hinsichtlich der rassenhygienischen Forschung zu stellen.« Gut möglich aber auch, dass Planck die Verdienste und Errungenschaften seines Institutsdirektors Fischer bei den Nationalsozialisten, wo er mit einer großen Sympathie für Eugenik und rassisch ähnlich selektierende Maßnahmen rechnen durfte, umso deutlicher ausmalte – um daneben größere Freiheiten in anderen Disziplinen der KWG auszuhandeln oder wenigstens stillschweigend zu erzielen. Etwa in der Physik, der Chemie und anderen klassischen Naturwissenschaften, die ihm persönlich wichtiger waren.

Das KWI für Anthropologie belässt es nicht bei akademischen Trockenübungen und Reflektionen. Fischer und sein Kollege Lenz erstellen zunächst Gutachten und arbeiten später selbst für die von den Nationalsozialisten geschaffenen Erbgesundheitsgerichte, in denen das individuelle Recht auf Fortpflanzung verhandelt wird. Fischer wird sogar bei der höchsten Berufungsinstanz, dem Erbgesundheitsobergericht, aktiv.

Der erste Großeinsatz als Beschaffer einer »wissenschaftlichen Grundlage« für »bevölkerungspolitische Maßregeln« (Fischer) steht 1937 an. Die Nationalsozialisten haben beschlossen, gegen die »Rheinland-Bastarde« vorzugehen: jene Mischlingskinder, die während der Besetzung des Rheinlands durch die französische Armee nach dem Weltkrieg von farbigen Soldaten gezeugt und nach deren Abzug dort geblieben waren. Die Gestapo macht die Kinder ausfindig und führt sie den Mitarbeitern des KWI für Anthropologie zur Begutachtung zu. Auf Basis dieser Einordnung und Bewertung werden 600 bis 800 farbige Kinder und Jugendliche im Rheinland zwangssterilisiert. Hans Weinert, Assistent in Eugen Fischers Abteilung, rechtfertigt das Vorgehen: »Unser Staat ist in vollem Recht, wenn er die weitere Fortpflanzung dieser lebenden Erinnerung an eine traurige, schmachvolle Zeit unterbindet.«

Bei Otmar von Verschuer promoviert in dieser Zeit Josef Mengele zum Doktor der Humanmedizin. Der spätere KZ-Arzt von Auschwitz will nachweisen, dass die verschiedenen Formen der Lippen-Kiefer-Gaumenspalte, von Laien als »Hasenscharte«, »Wolfsrachen« usw. tituliert, erblich sind. Mengele hatte schon 1935 in München den Titel eines Dr. phil. erworben – mit einer anthropologischen Arbeit, die den Nachweis der Rassezugehörigkeit über die Form von Unterkieferknochen führte. Nach seiner medizinischen Promotion summa cum laude erhält der Schwabe eine Assistentenstelle an Verschuers Universitätsinstitut in Frankfurt.

Sein Doktorvater bekämpft in jener Zeit die angeblich »vielen Bestrebungen«, die »Erb- und Rassenpflege im nationalsozialistischen Deutschland auf dem Wege über die Wissenschaft« anzugreifen. Verschuer fordert deshalb: »Das Schwert unserer Wissenschaft muss scharf geschliffen und gut geführt werden.«

Mit seinem »scharf geschliffenen, gut geführten Schwert« wendet sich Verschuer nun auch der »Judenfrage« zu, entwickelt und formuliert die berüchtigte Phänomenologie, die in der gesamten NS-Propaganda und in Hetzfilmen wie »Jud Süß« verbreitet wird: Demnach sind Juden kleiner gewachsen als die »nordische Rasse«, denen die Mehrheit der Deutschen angeblich angehört. Angehörige der jüdischen Rasse haben laut Verschuer oftmals Plattfüße, nach unten gebogene Nasen, fleischige, abstehende Ohren und Lippen. Außerdem, so die »wissenschaftliche Erkenntnis«, hinkten sie häufig. Die Geschlechtsreife trete bei Juden früher ein als bei anderen Rassen. Juden seien häufiger schizophren und »manisch-depressiv mit hysterischen Beimischungen«. Sie zeichneten sich durch »hohe Schmerzempfindlichkeit, Krankheitsfurcht« und deshalb eine größere »Arztbedürftigkeit« aus. Außerdem fehlten ihnen oft »Versündigungsideen«, schreibt der Erbbiologe und Rassenhygieniker.

Dagegen versucht sich sein Lehrmeister Eugen Fischer, der sich zusammen mit seinem Kollegen Fritz Lenz 1940 schließlich doch um eine Mitgliedschaft in der NSDAP beworben hat und mit einem Sondergeheiß des Reichsführers SS, Heinrich Himmler, den offiziellen Aufnahmestopp umgehen kann, bei der Antwort zur »Judenfrage« noch immer an verstiegenen Differenzierungen. Im Winter 1941/42 hält der KWI-Direktor einen Vortrag im Deutschen Institut des besetzten Paris, in dem es heißt: »Wenn auch anerkannt werden muss, dass viele einzelne Juden auf verschiedenen geistigen Gebieten beachtliche Werke hervorgebracht haben, sogar Werke ersten Ranges, so legen die sittlichen Neigungen und das ganze Handeln der bolschewistischen Juden eine so monströse Mentalität an den Tag, dass man nur noch von einer Minderwertigkeit und von Wesen einer anderen Spezies als der unseren sprechen kann.«

Im Alter von 66 Jahren richtet Fischer sein Berliner Institut 1940 neu aus: Neben den eher deskriptiven Phänomenologie-Studien, neben den Abstammungs- und Erbgesundheitsgutachten nach Aktenlage sollen nun auch Tiermodelle zur Vererbung experimentell erforscht werden. Neue Labore und Tierställe werden eingerichtet, natur- und lebenswissenschaftlich geschultes Personal wird eingestellt. Es ist der Vorgriff auf den Wechsel an der Spitze des Instituts, an die sein Lieblingsschüler Otmar von Verschuer, inzwischen der experimentell versierteste Humangenetiker in Deutschland, nachrücken soll. Zu diesem Zweck tritt auch Verschuer 1941 endlich der NSDAP bei.

Ende September 1942 verlässt Eugen Fischer das KWI für Anthropologie, menschliche Erblehre und Eugenik und zieht sich vor den immer deutlicher spürbaren Kriegswirren in den beschaulichen Breisgau zurück. Im folgenden März bilanziert der Emeritus seine akademische Lebensleistung in der Schrift »Erbe als Schicksal – Aufgaben der menschlichen Erbforschung« als »besonderes und seltenes Glück«: Seine »an sich theoretische Forschung« sei »in eine Zeit gefallen, wo die allgemeine Weltanschauung ihr entgegenkommt, ja wo sogar ihre praktischen Ergebnisse sofort als Unterlage staatlicher Maßnahmen willkommen sind«.

In Berlin macht Otmar von Verschuer derweil aus der humangenetischen Forschung eines Kaiser-Wilhelm-Instituts endgültig eine »tödliche Wissenschaft«, wie es der Biochemie-Professor Benno Müller-Hill 1984 im Titel seines Bestsellers formuliert. Hans Nachtsheim, Abteilungsleiter für experimentelle Erbpathologie am KWI, unternimmt dort zunächst Versuche mit einer speziell gezüchteten Kaninchensorte, konzeptionell ähnlich den in den 1980er Jahren entwickelten »Knockout-Mäusen«. Später untersucht Nachtsheim auch epilepsiekranke Kinder der Heil- und Pflegeanstalt in Brandenburg-Görden: Seine Experimente, bei denen die Probanden in speziellen Kammern Unterdruck ausgesetzt werden, sollen herausfinden, ob es verschiedene Formen der Epilepsie gibt, darunter eine erbliche. Außerdem forscht Nachtsheim nach Hinweisen auf eine erbliche Form der Tuberkulose. Die vermutet er vor allem bei Juden.

Josef Mengele, seit Mai 1943 Lagerarzt in Auschwitz im Rang eines SS-Hauptsturmführers, hat seinen Doktorvater mehrfach an dessen neuer Wirkungsstätte in Dahlem besucht – und engagiert sich weiter in dessen Forschungen. Für die Studien von Verschuers Mitarbeiterin Karin Magnussen schickt er zum Beispiel bis Ende 1944 insgesamt 40 präparierte und konservierte Augenpaare, die er den Leichen von Sinti-Lagerinsassen entnehmen lässt. Bei einer Berliner Sinti-Sippe, so hat Magnussen vor deren Deportation nach Auschwitz festgestellt, kommt es besonders häufig vor, dass die Regenbogenhaut (»Iris«) der beiden Augen unterschiedlich gefärbt ist. Mit den Untersuchungen an den Präparaten will die Rassenforscherin herausfinden, ob dies genetische Ursachen hat. Ein zum Lazarettdienst gezwungener Häftling gibt nach der Befreiung des KZ Auschwitz zu Protokoll, Mengele habe Gefangene getötet, um ihnen dann die Augen zu entnehmen. Beeindruckt von Magnussens Hypothesen experimentiert Mengele auch selbst an den Augen lebender Lagerinsassen. Er injiziert ihnen Adrenalin, träufelt angeblich »körpereigene«, offenbar aber reizauslösende Substanzen auf die Bindehaut. Daneben schickt er zirka 200 Blutproben von Tuberkulosekranken »verschiedenster Rassenzugehörigkeit« nach Dahlem. Dort will man »spezifische Eiweißkörper« im Blut nachweisen, die auf eine Tbc-Erkrankung, auf eine besondere Empfänglichkeit für dieses Leiden oder auf eine Resistenz hindeuten.

Da jedoch am KWI für Anthropologie niemand diese komplizierten Labortechniken beherrscht, bittet Institutsdirektor Verschuer das benachbarte KWI für Biochemie um Amtshilfe. Bis heute ist nicht eindeutig geklärt, ob der Proteinchemiker Günther Hillmann, der mit den Analysen befasst war, seinen eigenen Institutsdirektor, den Chemie-Nobelpreisträger Adolf Butenandt, von der Herkunft der Blutproben unterrichtet hat, die nun in seinen Laboren untersucht werden. Butenandt hat immer bestritten, von Verbindungen der Dahlemer Gelehrtenkolonie nach Auschwitz gewusst zu haben. Auch Otmar von Verschuer hat im Rahmen seiner »Entnazifizierung« nur sehr vage Aussagen zur Kooperation mit seinem »ehemaligen Frankfurter Assistenten« namens Mengele gemacht. Klar ist nur: Die Blutproben haben keine eindeutigen Erkenntnisse erbracht. Die Studien wurden nie abgeschlossen, Ergebnisse nicht veröffentlicht.

Was wussten andere Dahlemer über die »tödliche Wissenschaft« ihrer Kollegen im KWI für Anthropologie? Wie hat die KWG-

Führung reagiert, wie hat sie deren menschenverachtende Aussagen zur »Rassenhygiene«, ihre Beihilfe zu Zwangssterilisationen
und ihre grausamen Menschenversuche aufgenommen? Kurz
gesagt: wortlos. Sie haben weggeschaut, geschwiegen, verdrängt.

Hierfür gibt es, wie üblich, Gründe der Etikette und Kollegia-
lität, auf die es Rücksicht zu nehmen galt: Als Senator der KWG
und Stellvertretender Vorsitzender des Verwaltungsrats war Eugen
Fischer ein geschätzter Vortragsredner und ein ständiger Gast
im Harnack-Haus; als Mitglied eines fünfköpfigen Ausschusses
bestimmte er über die Auswahl und die Aufenthaltsdauer auslän-
discher Hausgäste mit. Hätte die KWG-Führung Fischer verprellt,
hätte der womöglich seinen Einfluss geltend gemacht und damit
dem mancherorts noch liberal-weltoffenen Geist der Forschungsorganisation weiter geschadet.

Auch Fritz Lenz stand gleich nach seiner Berufung zum zweiten
Direktor des benachbarten KWI auf der Einladung für eine große
Abendveranstaltung im Goethe-Saal. Sein Thema am 20. Februar
1935: »Probleme der praktischen Rassenhygiene«. Lenzens Kern-
aussage: Die erste und wichtigste Aufgabe des nationalsozialistischen Staates sei eine »rassenhygienische Bevölkerungspolitik,
denn es gibt kein größeres Übel als erblich minderwertige Kinder«. Eugen Fischers Pressetext zu seinem Vortrag am 1. Februar
1933 im Harnack-Haus gipfelt in der Forderung, das »Volkstum«
der »hochbegabten nordischen Rasse« müsse, »will es nicht unter-
gehen, dafür sorgen, nicht nur von minderwertigen Rassekreuzun-
gen, sondern auch von degenerativen Erblinien aus dem eigenen
Bestand frei zu sein«.

Es ist kaum vorstellbar, dass solche Äußerungen ungehört und
unkommentiert verhallt sind im lebhaften Betrieb des Harnack-
Hauses. Auch müssen die in SS-Uniform auftretenden Teilnehmer
der ärztlichen Fortbildungskurse aufgefallen sein, die jeweils über
ein ganzes Jahr hinweg mehr oder weniger täglich zum Mittagstisch aus dem KWI für Anthropologie herüberkamen.

Immerhin lässt sich jedoch anführen, dass in der Phase der »tödlichen« Humangenetik, also unter der Leitung von Otmar von

Verschuer, das gesellschaftliche Umfeld und der förmliche Rahmen des Harnack-Hauses bereits gelitten hatten. Ab dem Spätjahr 1942, also parallel zu Verschuers Amtsantritt, begannen Bombenangriffe auch in Dahlem, immer mehr Institute mussten ihre Labore ins ruhigere Hinterland verlegen. Auch wurden in jener Zeit mehr und mehr Gästezimmer und -wohnungen im Harnack-Haus an ausgebombte Mitarbeiterfamilien der KWG-Zentralverwaltung und der Institute vergeben. So fehlte zunehmend das Personal, der Resonanzboden für eine »kritische Öffentlichkeit« oder auch nur für eine wissenschaftliche Auseinandersetzung in der Dahlemer Gelehrtenkolonie. Diese Umstände können eine weitere Erklärung liefern für das blamable Schweigen der Wissenschaftler-Gemeinde, aber keine Entschuldigung.

Im Frühjahr 1945 wurden fast alle verbliebenen Mitarbeiter des KWI wegen der Gefahren durch herannahende Sowjettruppen nach Nordhessen evakuiert. Ihre rassenhygienischen Forschungen wurden nach Kriegsende wegen der »politischen Belastung« nicht weitergeführt, das Institut, das zwischenzeitlich den Namen seines Gründungsdirektors Ernst Fischer erhalten hatte, von der KWG aufgelöst. Auf dem ersten wissenschaftlichen Kongress der Anthropologen nach dem Krieg gab Eugen Fischer im Jahr 1948 die Parole aus:»Über Politik reden wir nicht. Das haben wir hinter uns.« Der Nestor des Fachs lebte unbehelligt und mit den vollen Bezügen eines emeritierten Ordinarius, bis er 1967 im Alter von 93 Jahren in Freiburg/Breisgau starb.

Fritz Lenz wurde 1946 zunächst außerordentlicher Professor, später Ordinarius für Menschliche Erblehre an der Universität Göttingen. Dort lehrte und forschte er bis 1955. Bis zu seinem Tod im Jahr 1986 erhielt auch Lenz von der öffentlichen Hand die Altersbezüge eines Lehrstuhlinhabers.

Otmar von Verschuer bekam immerhin anfangs eine Art Berufsverbot. Der Chemiker und Widerstandskämpfer Robert Havemann, in der Nachkriegszeit von der russischen Militärverwaltung als Präsident der Kaiser-Wilhelm-Gesellschaft eingesetzt und später als DDR-Dissident auch in der Bundesrepublik bekannt geworden, hatte die Untaten des KWI für Anthropologie bekannt gemacht. Dank einer skandalös falschen eidesstattlichen Erklärung in seinem Entnazifizierungsverfahren wurde Verschuer 1946 jedoch nur als NS-Mitläufer eingestuft und nach einer Strafzahlung von 600 Reichsmark rehabilitiert. Mithilfe einer groß angelegten »Persilschein-Aktion«, an der sich seine ehemaligen KWI-Institutsnachbarn Otto Hahn und Adolf Butenandt beteiligten, gehörte Verschuer schon 1949 zu den Gründungsmitgliedern der Mainzer Akademie der Wissenschaften. Im Jahr 1951 wurde er auf den neu gegründeten Lehrstuhl für Humangenetik der Universität Münster berufen. Bis zu seiner Emeritierung im Jahr 1965 war er zeitweise auch Dekan der Medizinischen Fakultät. Otmar von Verschuer starb 1969 an den Folgen eines Verkehrsunfalls.

Hans Nachtsheim leitete von 1946 bis '48 das Institut für Genetik der Berliner Humboldt-Universität. Im Jahr 1949 wurde er als Professor für Allgemeine Biologie an die Freie Universität Berlin berufen, deren Institut für Genetik er bis zu seiner Emeritierung im Jahr 1955 leitete. Bis 1960 war er zugleich Direktor des Max-Planck-Instituts für vergleichende Erbbiologie und Erbpathologie, das 1953 aus seiner ehemaligen KWI-Abteilung hervorgegangen war. In den späten 1960ern fiel Nachtsheim als Gutachter im Contergan-Prozess auf: Er sprach dem Hersteller des Arzneimittels die Verantwortung für die schweren Missbildungen der Neugeborenen ab. Diese waren nach Nachtsheims Auffassung keine Nebenwirkungen des Medikaments, für die millionenschwere Entschädigungen und Schmerzensgelder an die Betroffenen bezahlt werden sollten, sondern Erbschäden. Vulgo: höhere Gewalt.

Karin Magnussen, die Empfängerin der 40 Augenpaare, die Josef Mengele aus Leichen in Auschwitz präparieren ließ, wurde in ihrem Heimatort Bremen ebenfalls nur als »Mitläuferin« entnazifiziert und 1950 als Studienrätin verbeamtet. Sie lehrte bis zu ihrer Pensionierung im Jahr 1970 Biologie an einem Mädchengymnasium, starb 1997 im Alter von 89 Jahren. Nach ihrem Umzug in ein Altersheim wurde ihre Wohnung 1990 aufgelöst. Dabei entdeckten Angehörige mehrere Gläser mit Augenpräparaten, die sie entsorgten. Tatsächlich fanden sich Ende der 1980er Jahre auch noch in den neurowissenschaftlichen Instituten der Max-Planck-Gesellschaft Gewebsproben, die womöglich Euthanasie-Opfern entnommen worden waren. Die Präparate wurden 1990 unter einem neu errichteten Gedenkstein auf dem Münchener Waldfriedhof bestattet.

Das Gebäude des KWI für Anthropologie wurde im April 1945 von sowjetischen Truppen besetzt. Die Abteilung für experimentelle Erbpathologie arbeitete in der verlassenen Direktorenvilla weiter – Verschuer selbst war vor den Befreiern geflohen –, bis auch die Villa von der nachgerückten US Army beschlagnahmt wurde. Im Jahr 1959 wurden beide Bauten dem Otto-Suhr-Institut der Freien Universität zugesprochen, das die Räume bis heute benutzt: In den Häusern genau gegenüber hatte seit 1920 die damals noch unabhängige und nach dem Krieg wiedereröffnete Deutsche Hochschule für Politik ihren Sitz.

Neben dem Haupteingang zum ehemaligen KWI-Gebäude haben Studierende der Freien Universität 1988 eine in Bronze gegossene Inschrift angebracht, die umfassend auf die Untaten der dort tätigen Rassenhygieniker Eugen Fischer und Otmar von Verschuer hinweist. Nicht ganz korrekt wird auch behauptet, die Verbrechen des Josef Mengele in Auschwitz seien in der Ihnestraße 24 »geplant und unterstützt« worden. Trotz dieser Ungenauigkeit hängt die Tafel bis heute.

Nachdem eine »Präsidentenkommission zur Geschichte der Kaiser-Wilhelm-Gesellschaft im Nationalsozialismus« auch die Vorgänge am KWI für Anthropologie über etliche Jahre aufgearbeitet hatte, entschuldigte sich der damalige MPG-Präsident Hubert Markl im Juni 2001 auf einem Symposium unter Anwesenheit von Auschwitz-Überlebenden für das Leid, »das den Opfern dieser Verbrechen – den toten wie den überlebenden – im Namen der Wissenschaft angetan wurde«. »Die Benutzung des Menschen als

Versuchstier«, so Markl weiter, sei »die spezifische Schuld einer entgrenzten Biowissenschaft, deren rassistische Theorien zwar die Bezeichnung wissenschaftlich nicht verdienen, die ihre Mitschuld an deren schrecklichen Folgen deshalb dennoch nicht leugnen kann.«

*Lise Meitner im Labor des Kaiser-Wilhelm-Instituts für Chemie.
Die jüdisch-stämmige Abteilungsleiterin lieferte die physikalische
Erklärung für die Versuchsergebnisse ihres Forschungspartners
Otto Hahn. Der hatte, ohne es zu planen, im Dezember 1938 Uranatome
gespalten und dabei gigantische Energiemengen gewonnen.*

»Das Baby ist glücklich angekommen«

Mithilfe ihrer Dahlemer Forscherkollegen rettet sich die Physikerin Lise Meitner in letzter Minute vor dem Holocaust. Aus dem schwedischen Exil liefert sie wenige Monate später die wissenschaftliche Erklärung und die exakten Berechnungen für die Experimente zur Atomspaltung, die ihr Forschungspartner Otto Hahn noch nicht richtig interpretieren konnte. Der Chemiker engagiert sich weiter, verfolgte Wissenschaftler vor den Nachstellungen und der Gewalt des NS-Regimes zu retten. Bei der Verleihung des Nobelpreises, den Hahn nach dem Zweiten Weltkrieg für seine Beiträge zur Kernphysik entgegennehmen kann, lässt er Meitners Leistung jedoch unerwähnt.

Die Führungskultur der Kaiser-Wilhelm-Gesellschaft zur Förderung der Wissenschaften unterscheidet sich kaum von der ähnlicher Organisationen jener Zeit: In den 37 Jahren, in denen der gemeinnützige Verein bestand, wurde kein einziges seiner 30 Institute je von einer Frau geleitet; dem Senat und anderen Kontrollgremien gehörte nie auch nur ein weibliches Wesen an. Lediglich sieben der zuletzt über 100 Abteilungsleiterposten der KWG waren jemals von Frauen besetzt. Von denen haben es nur zwei zum »Wissenschaftlichen Mitglied« gebracht, was in etwa der Bedeutung eines ordentlichen Universitätsprofessors entsprach: Neben Cécile Vogt, als Ehefrau des Institutsdirektors für Hirnforschung privilegiert, ist dies nur der Physikerin Lise Meitner gelungen.

Die gebürtige Wienerin leitet die Abteilung für Radiophysik am KWI für Chemie in Dahlem, erforscht die physikalischen Zusammenhänge beim Zerfall radioaktiver Elemente. Ihr langjähriger Laborpartner Otto Hahn, als Chemiker im Jahr 1928 zum Direktor des gesamten Instituts ernannt, und Meitner entdecken gemeinsam neue »Isotope« (heute: »Nuklide«) von Uran und anderen strahlenden Substanzen. Also ungewöhnlich gebaute Atome der bekannten Elemente, die sich in der Masse oder in der elektrischen Ladung ihres Kerns von den herkömmlichen Erscheinungsformen unterscheiden, die meist viel schneller radioaktiv zerfallen und oft auch eine andere Strahlung aussenden als die häufigeren Formen.

Unter Hahn und Meitner wird das KWI für Chemie zu einem der weltweit bedeutendsten Labore der Atomforschung. Ihre beiden Abteilungen, die unter den hohen Decken des imposanten Instituts arbeiten, sind Ende der 1920er Jahre etwa gleich groß und ergänzen sich ideal: Die einen erweisen sich als begnadete Experimentatoren, die auch winzige Substanzmengen durch chemische Tests nachweisen und identifizieren können. Meitner ist hingegen die geniale Rechnerin. Mit raffinierten Formeln kann sie die komplexesten Vorgänge in den Atomkernen exakt darstellen und zu Modellen ausbauen. So beschreibt sie schon damals Zerfallsprozesse und Interaktionen zwischen Kernbausteinen, die auch heute noch viel zu klein sind, um sie direkt zu beobachten. Zu Meitners Mitarbeitern gehören die Sprösslinge prominenter Familien wie Carl Friedrich von Weizsäcker oder Max Delbrück, die in der zweiten Hälfte des 20. Jahrhunderts selbst bedeutende Forscherpersönlichkeiten werden.

Fräulein Professor Meitner, wie sie nach den Benimmregeln der Zeit genannt wird, hat die dunklen Haare gescheitelt und meist zu einem Knoten im Nacken gebunden. Die zierliche Frau mit dem fein geschnittenen Mund trägt alltags fast immer knöchellange Kleider oder Röcke in dunklen Farben, allenfalls kombiniert mit dem hellen Kragen einer Bluse. Von romantischen Beziehungen ist nichts bekannt. Auf ihrem bekanntesten Porträtfoto aus den späten 1920er Jahren zeigt sie zeitgemäß ein wenig Dekolletee und hält mondän eine Zigarette.

Außerhalb ihrer Labors verbreitet Meitner, die ihren leichten österreichischen Akzent nie abgelegt hat, meist eine heitere Stimmung, doch gilt sie als akribische Wissenschaftlerin. Oft sitzt die Abteilungschefin bis spätabends am Schreibtisch oder arbeitet an der Laborbank neue Experimente mit ihren Jungforschern aus. Im Jahr von Hahns Berufung zum Institutsdirektor währt Meitners Zusammenarbeit mit dem Vater einer kleinen Familie schon über zwei Dekaden. Die beiden sind privat eng befreundet, vertrauen sich blind und pflegen einen liebevollen Umgang miteinander. Oft kommt Hahn aus seinen Laboren in der Beletage in die von Meitner, die im Hochparterre untergebracht sind, bestaunt dort die empfindlichen Messgeräte und die komplizierten Apparaturen. Mitte der 1930er Jahre hatte Meitners Team zum Beispiel mit der Konstruktion eines Teilchenbeschleunigers begonnen, einer innovativen Anlage mit extrem hoher elektrischer Spannung. Auch zu den Berechnungen, die Meitner in ihrer Laborkladde weiterentwickelt, zu Formeln destilliert, stellt der Kollege Fragen, die auf fehlendes Verständnis hinweisen. »Geh' nach oben, Hähnchen!«, sagt Meitner dann lachend, wenn sie ihren nominellen Vorgesetzten zurückschickt in seine eigene Abteilung: »Das ist Physik. Davon verstehst du nichts!«

Die Tochter eines angesehenen jüdischen Rechtsanwalts interessiert sich früh für Atomphysik: 1903 erhält die Französin Marie Curie als erste Frau einen wissenschaftlichen Nobelpreis für ihre erst sechs Jahre alte Entdeckung des radioaktiven Zerfalls von Uran. Damit war klar: Das Bild einer »unteilbaren« kleinsten Einheit der Elemente, vom Briten Ernest Rutherford und vom Dänen Niels Bohr zuletzt in ihren »Atom-Modellen« beschrieben, ist nicht mehr haltbar. Denn Atome, und nicht nur die des Schwermetalls Uran, an dem Curie der erste Nachweis gelungen war, können in wiederum kleinere Teile zerfallen. Bei größeren, komplex gebauten Atomen wie dem Uran gelingt das freilich besser als bei kleinen wie etwa dem Wasserstoff oder Helium.

Lise Meitner, im Jahr 1906 als zweite Frau in der Geschichte der

Wiener Universität in Physik promoviert, bewirbt sich sofort als wissenschaftliche Assistentin bei Curie. Meitner will mitschreiben, mitzeichnen an dem neuen Weltbild, das von teilbaren Atomen ausgeht. Tatsächlich bringt die Physikerin im Lauf ihrer wissenschaftlichen Karriere unser Wissen über den Aufbau von Materie an entscheidenden Stellen voran: Nach Hahns entscheidenden Versuchen mit Neutronenstrahlen liefert Lise Meitner zum Beispiel die physikalische Erklärung für einen Prozess, der die Welt seit der zweiten Hälfte des 20. Jahrhunderts maßgeblich beeinflusst hat: die gezielte Spaltung von Atomen.

Da sie aus Paris keine Antwort erhalten hat auf ihre Frage nach einer Assistentenstelle, bewirbt sich Meitner in der nächsten europäischen Metropole, die als Leuchtturm naturwissenschaftlicher Forschung gilt: Berlin. Genauer: bei Max Planck, dem Begründer der Quantenlehre. In Preußen dürfen Frauen zu jener Zeit jedoch nur ausnahmsweise und mit persönlicher Genehmigung des Professors Universitätskurse und Vorlesungen besuchen. Das improvisierte Labor im Keller eines Universitätsgebäudes, das sie sich kurz nach ihrer Ankunft zusammen mit dem Chemiker Otto Hahn eingerichtet hat, muss Meitner deshalb über den Hintereingang betreten. Institutsdirektor Emil Fischer, Chemie-Nobelpreisträger von 1902, duldet eigentlich keine Frauen in seinen Räumlichkeiten. Angeblich befürchtet er, ihre langen Haare könnten im Laborbetrieb Feuer fangen. Auf Plancks Empfehlung macht er für die hochbegabte Meitner jedoch eine Ausnahme.

Der promovierte Chemiker Hahn und Lise Meitner sind gleich alt, und wie sie ist auch Hahn ein leidenschaftlicher Wissenschaftler und Experimentator. Außerdem hat er, wie viele Naturforscher jener Zeit, eine starke musikalische Ader: Wenn die Versuche in dem improvisierten Labor gut vorankommen, dann pfeift er die Motive von Beethovens Symphonien und ändert, wenn er sich zum Beispiel an die Melodien des dritten Satzes im einzigen Violinkonzert des Klassikers wagt, die Motive so lange ab, bis die musikalisch ähnlich gebildete Meitner protestiert. Zur Versöhnung singen die beiden Forscher dann zweistimmig Brahms-Lieder.

Im Jahr 1912 wird Hahn ans neu gegründete KWI für Chemie in Dahlem berufen. Meitner kommt mit, aber anders als Hahn ist sie auch dort zunächst unentgeltlich beschäftigt. Wenig später erkennt jedoch auch Institutsdirektor Ernst Beckmann das enorme Talent der Forscherin und ihre profunden Kenntnisse und schafft ihr eine eigene kleine Abteilung. Das ist der entscheidende Karriereschritt: Nun kann Meitner ein eigenes Budget verwalten, eigenes Personal einstellen und – wie heute die Star-Entwickler der Stanford University im Silicon Valley – die talentiertesten, die ambitioniertesten Jungforscher gewinnen. Albert Einstein nennt sie »unsere Madame Curie«, führt sie in die Berliner Physik-Elite ein, macht sie mit weiteren Nobelpreisträgern wie Max von Laue und Walther Nernst bekannt.

Im Jahr 1919 wird Meitner Deutschlands erste Physikprofessorin. Fortan darf sie Doktoranden promovieren. Im Jahr 1928 werden Hahn und Meitner gleichzeitig zu »Wissenschaftlichen Mitgliedern« der KWG ernannt, zum ersten Mal erhält Meitner dasselbe Grundgehalt wie Hahn. So bleibt die Physikerin auf Augenhöhe, als Hahn im selben Jahr allein die Leitung des KWI für Chemie übernimmt.

Als Stellvertretende Institutsleiterin darf Meitner, als Hahn mit seiner dreiköpfigen Familie im Jahr 1931 ein Einfamilienhaus in der Nachbarschaft bezieht, dessen Dienstwohnung in der Direktorenvilla übernehmen. Im Alter von fast 53 Jahren lebt die Unverheiratete zum ersten Mal nicht mehr zur Untermiete, kann sich eine Haushälterin leisten und »Logiergästen« ein eigenes Zimmer anbieten. Gleichwohl verkehrt sie gern und häufig im benachbarten Harnack-Haus. Dort organisiert sie unter anderem das Engagement einer Gymnastiklehrerin für die Beschäftigten der Institute und kritisiert die Qualität des Mittagstischs – zum Missfallen von Hausleiterin Carrière.

Meitners goldene Zeit fällt in die ersten Jahre des Harnack-Hauses. Auf der 20. Jahreshauptversammlung der Kaiser-Wilhelm-Gesellschaft referiert sie im Juni 1931 vor dem voll besetzten Goethe-Saal über die »Wechselbeziehungen zwischen Masse und Energie«, also über Einsteins Relativität.

Den Urknall der Gender-Emanzipation in den Hardcore-Naturwissenschaften Berlins hatte Meitner schon gut drei Jahre zuvor mit einem Vortrag vor den rein männlichen Honoratioren der KWG inszeniert: Am 19. Januar 1928, also vor der Eröffnung des Club- und Gästehauses, hatte sie im Festsaal des Berliner Schlosses »Über den Bau des Atominneren« gesprochen. Im Harnack-Haus gehört sie später regelmäßig zu den Zuhörern der prominenten Redner – von Einstein über Robert Millikan vom CalTech bis hin zu Irving Langmuir, Forschungschef des amerikanischen General-Electric-Konzerns. Der Chemie-Nobelpreisträger des Jahres 1932 spricht schon im März 1930 über die revolutionäre Glühbirnen-Technologie, mit der sein Unternehmen gerade Milliarden umsetzt. Beim anschließenden Empfang sind 500 Gäste im Harnack-Haus.

Mit Hitlers Machtantritt Ende Januar 1933 ändert sich Meitners Lebensgrundlage dramatisch. Nun hat sie nicht nur das Problem, als Frau in den männlich dominierten Kreisen der Naturwissenschaftler ernst genommen zu werden. Nun muss sie sich auch als Jüdin behaupten. Dass sie zeitlebens nur protestantische Gottesdienste besucht hat, 25 Jahre zuvor christlich getauft wurde und seit dem ersten Gehalt Steuern an die evangelisch-lutherische Kirche bezahlt, spielt für die Nationalsozialisten und ihre Fixierung auf den Rassenbegriff keine Rolle.

In der Folge des »Berufsbeamtengesetzes« verliert Meitner im Sommer 1933 ihre Professur an der Berliner Universität. Zwar haben sich Hahn, Planck und etliche andere KWG-Honoratioren für die profilierte Kollegin eingesetzt, doch das Reichserziehungsministerium bleibt hart. Meitner ist tief deprimiert: Ohne Doktoranden lassen sich das bisherige Forschungsniveau und das Publikationspensum nicht aufrechterhalten. Kurz erwägt sie eine Emigration oder eine Rückkehr nach Österreich, doch Hahn, Planck und die anderen können sie zum Bleiben bewegen. Anders als viele andere jüdische Mitarbeiter in den umliegenden Instituten muss sie ihre Führungsposition am KWI für Chemie nicht aufgeben: Die Forschungsarbeit des Hauses und seiner Beschäftigten wird fast vollständig von einer Stiftung und somit von der Wirtschaft finanziert. So greift das Berufsbeamtengesetz hier nicht.

Mit Assistent Max Delbrück, der sich ähnlich einfallsreich und sachkundig zeigt wie seine Chefin, erforscht Meitner in den folgenden Jahren neu entdeckte Bausteine des Atomkerns (Protonen, Neutronen) und verfasst ein Standardwerk zur Atomphysik. Vor den Nürnberger Rassegesetzen, die im September 1935 verabschiedet werden und Juden weiter diskriminieren, schützt sie ihr Status als Ausländerin.

Nach dem »Anschluss« Österreichs im März 1938 ist jedoch auch damit Schluss. Nun gilt auch Meitner als »großdeutsche« Reichsbürgerin – und muss Verfolgungen fürchten. Schon am Tag danach, am 13. März 1938, hetzt ein fanatisch nationalsozialistischer Abteilungsleiter des KWI für Chemie gegenüber den Aufsichtsgremien: »Die Jüdin gefährdet das Institut!«

Der Not gehorchend, beginnt Otto Hahn Verhandlungen mit der Verwaltung der KWG, wie »der Fall Lise Meitner« so behandelt werden kann, dass sich die Physikerin einerseits der nun drohenden Gefahr entziehen kann, dass die Chemiker des KWI andererseits aber weiter mit ihr kooperieren können. Doch die Zentralbürokratie bleibt stur: Meitner solle kündigen und am besten nicht weiter ans Institut kommen.

Als Hahn diese Position an Meitner weitergibt, ist diese »sehr unglücklich und böse« mit dem Institutsdirektor. Sie fühlt sich »rausgeschmissen« – nach 26 Jahren im Dienst der KWG. Dennoch feiert sie zwei Tage später die Silberne Hochzeit mit dem Ehepaar Hahn. Während des Fests meldet sich das KWG-Präsidium dort telefonisch mit einer revidierten Position: Man will den »Fall« Meitner nun doch »mit Anstand regeln«. Somit ist wenigstens ein bisschen Zeit gewonnen. Ein paar Tage, wenige Wochen ...

Am 9. Mai 1938, im Alter von fast 60 Jahren, entscheidet sich Lise Meitner, ihren Posten am KWI für Chemie und ihre Existenz in Dahlem aufzugeben. Ihr Neffe Otto Frisch arbeitet in Kopenhagen am Institut von Niels Bohr, in jenen Jahren die unangefochtene Autorität der Atomforschung. Frisch will seiner Tante dort eine Stelle verschaffen. Als Meitner daraufhin ein Einreisevisum beantragt, wird ihr Ersuchen abgelehnt: das dänische Konsulat in Berlin erkennt ihren österreichischen Pass nicht mehr an. Einen deutschen kann sie sich als Jüdin aber nicht mehr ausstellen lassen.

In ihrer Verzweiflung wendet sich Meitner an KWG-Präsident Carl Bosch. Der engagiert sich zumindest insoweit, als er am 20. Mai Reichsinnenminister Wilhelm Frick brieflich um eine Ausreisegenehmigung für die Forscherin bittet. Es dauert dann noch mal vier Wochen, bis das Ministerium am 16. Juni eine abschlägige Antwort schickt:»Es wird für unerwünscht gehalten, dass namhafte Juden aus Deutschland ins Ausland reisen, um dort als Vertreter der deutschen Wissenschaft oder gar mit ihrem Namen und ihrer Erfahrung entsprechend ihrer Einstellung gegen Deutschland zu wirken.« Frick hat in der Zwischenzeit unter anderem den Reichsführer SS auf den Vorgang aufmerksam gemacht. In der Folge will nun auch Himmler verhindern, dass »bekannte Juden Deutschland verlassen«, weil sie dann »im Ausland ihre Haltung gegen Deutschland demonstrieren«. Die gute Absicht des KWG-Präsidenten hat somit das Gegenteil des Erwünschten bewirkt: Die Nationalsozialisten wissen jetzt, dass Meitner ausreisen will, aber ohne gültigen Pass in der Falle sitzt. In verständlicher Panik schreibt Lise Meitner auch an ihren früheren Assistenten Carl Friedrich von Weizsäcker: Dessen Vater Ernst, Staatssekretär im Auswärtigen Amt, soll helfen, die Ausstellung eines deutschen Passes doch noch möglich zu machen. Doch Weizsäcker kann ebenfalls nur mit einer negativen Antwort aufwarten.

Auch Peter Debye schaltet sich ein: gebürtiger Niederländer, Chemie-Nobelpreisträger des Jahres 1936, KWG-Senator und Direktor des KWI für Physik, das 1937 ein großes neues Laborgebäude in Dahlem beziehen konnte. Neben einem Bittbrief an

Niels Bohr – von Nobelist zu Nobelist – schreibt Debye auch seinem Landsmann Dirk Coster. Der Professor für Experimentalphysik im beschaulichen Groningen und, wie Debye, in großer Distanz zur Politik des NS-Regimes, soll helfen, eine Zukunft für Lise Meitner zu finden. Zusammen mit einem Physiker-Kollegen verfasst Coster eine Petition ans holländische Justizministerium für eine Einreise-Erlaubnis der Wissenschaftlerin auf der Basis ihres österreichischen Passes. Angeblich haben akademische Fachgesellschaften die Physikerin nur kurz für Vorträge in die Niederlande eingeladen.

Am Montag, den 11. Juli erhält Coster die erlösende Nachricht aus dem Ministerium in Den Haag: Meitners Einreise in die Niederlande soll auch mit dem offiziell nicht mehr gültigen österreichischen Pass möglich sein. Coster bricht sofort auf nach Berlin. Für seine Rückfahrt, die er zusammen mit Meitner antreten will, hat er eine besonders wenig genutzte Eisenbahn-Nebenstrecke vom ostfriesischen Leer ins nahe gelegene Groningen ausgewählt.

In Dahlem wissen nur Otto und seine Ehefrau Edith Hahn, Peter Debye, Max von Laue sowie Paul Rosbaud, Mitarbeiter bei der renommierten Fachzeitschrift »Die Naturwissenschaften« und nach dem Krieg als Agent des britischen Auslandsgeheimdienstes MI6 enttarnt, von dem Plan. Der nationalsozialistische Hetzer am KWI für Chemie schickt dennoch einen handschriftlichen Zettel an die örtliche Polizeistation, auf dem er seinen Verdacht über eine unmittelbar bevorstehende »Reichsflucht« der jüdischen Abteilungsleiterin äußert. Zum Glück findet der Wisch keine Beachtung.

Um kein weiteres Misstrauen zu erwecken, arbeitet Meitner auch am 12. Juli 1938 wie üblich bis zirka 20 Uhr im Labor am KWI. Danach hilft ihr Otto Hahn beim Packen des einzigen Koffers, den sie nach 31 Jahren Forschungsarbeit in Deutschland in ihr neues Leben mitnehmen kann. Coster und Meitner übernachten an jenem Abend beide in Hahns Einfamilienhaus, das etwas abseits des Forschungscampus liegt und somit für Denunzianten und andere Böswillige nicht einsehbar ist. Alle sind nervös.

Am nächsten Morgen, bei Meitners endgültigem Abschied von den wenigen verbliebenen Freunden und Kollegen, übergibt Hahn einen Diamantring an Meitner, den er von seiner Mutter geerbt hat:»Für dringende Fälle.« Darüber hinaus hat die Atomphysikerin nur eine Barschaft von 10 Reichsmark in der Tasche. Noch im Taxi zum Anhalter Bahnhof will Meitner wieder umkehren. Sie ist zu aufgeregt. Rosbaud, der ihr am Bahnhof auch die Fahrkarte kauft, kann sie jedoch beruhigen.

Während der gesamten Zugfahrt herrscht höchste Anspannung, Meitner und Coster wechseln kaum ein Wort. Kurz vor der niederländischen Grenzstation bei Nieuweschans nimmt Coster jedoch Hahns Brillantring an sich. Würden Meitner und ihr Gepäck durchsucht, könnte der teure Schmuck Verdacht erregen. In der Westentasche des niederländischen Professors scheint das wertvolle Juwel sicherer.

Wie durch ein Wunder gelingt der Grenzübertritt im Sumpfland hinter der Ems: Die deutschen Beamten entwickeln beim Kontrollieren des Pendelzugs von Ost- nach Westfriesland keine Leidenschaft, ihre niederländischen Kollegen akzeptieren mit ähnlich provinziellem Phlegma die Einreisegenehmigung aus dem Haager Ministerium, die ihnen das Professorenpaar präsentiert. Am 13. Juli trifft Meitner gegen 18 Uhr in Costners Groninger Wohnung ein. »Das Baby ist glücklich angekommen«, telegrafieren die beiden verschlüsselt nach Berlin. Den Freunden dort fällt ein Stein vom Herzen.

In den Tagen darauf, als Meitners Verschwinden bekannt wird, geraten die gut getarnten Helfer in Dahlem nicht in Verdacht. Dennoch erleidet Edith Hahn jetzt, nachdem die schlimmste Gefahr gebannt ist, einen Nervenzusammenbruch, von dem sie sich in den nächsten Monaten nur langsam erholt.

Von Holland kann Meitner per Flugzeug nach Dänemark einreisen. Nachdem sich jedoch in Bohrs Labor kein Platz finden lässt, an dem sich die völlig mittellose 60-Jährige ihren Lebensunterhalt verdienen könnte, reist sie weiter nach Schweden. Beim Nobel-Institut in Stockholm findet sie eine bescheiden bezahlte, befristete Stelle.

In einem Brief, den Meitner kurz vor Weihnachten 1938 erhält, schreibt ihr Otto Hahn von Versuchen, die er am KWI zusammen mit dem Radiochemiker Fritz Strassmann wenige Tage zuvor abgeschlossen hat. Die Korrespondenz mit der damals offiziell »reichsflüchtigen« und damit zumindest steuerschuldigen Jüdin Lise Meitner ist ein großes Risiko für Hahn. Was passiert, wenn die Gestapo den vertraulichen Briefwechsel aufdeckt? Kommen die Verfolger dann doch auf die Idee, dass die Dahlemer Verbündeten Meitner bei der Flucht geholfen haben? Was, wenn die nationalsozialistischen Neider und Konkurrenten am Institut, in der KWG und in der deutschen Wissenschaftsszene von dem Ausplaudern sensibler Forschungsergebnisse erfahren? Verpfeifen sie Hahn bei der Obrigkeit? Muss er in der Folge seinen Direktorenposten aufgeben, am Ende gar seine Laufbahn beenden, ins Exil gehen wie so viele Wissenschaftler vor ihm? Verlieren seine Frau und sein Sohn dann ihre Heimat?

Trotz dieser Gefahren lässt sich der lebenskluge Hahn nicht beirren. Er braucht den fachlichen Rat, die Erfahrung seiner langjährigen Laborpartnerin, denn er selbst kann sich seine Versuchsergebnisse nicht erklären: Hahn und Strassmann wollten »Transurane« herstellen, also Elemente, die schwerer sind als das damals schwerste bekannte Metall. Hierzu haben sie eine spezielle Uransorte mit Neutronen beschossen – in der Hoffnung, dass sich diese ungeladenen Teilchen in den komplexen Atomkern des Schwermetalls einlagern, dessen Masse erhöhen und so ein neues Element entstehen lassen.

Doch offenbar war das Gegenteil passiert. »Wäre es möglich, dass Uran 239 zerplatzt (…)?«, fragt der Chemiker Hahn seine Physikerkollegin in dem Brief. »Eventuell könntest du etwas ausrechnen und publizieren.« Das tut Meitner auch prompt. »Zwischen den Jahren« entwickelt sie zusammen mit ihrem Neffen Otto Frisch das physikalische Konzept der Atomspaltung und berechnet, dass bei jedem dieser Prozesse ungeheure Energiemengen frei werden. Die Arbeit der beiden erscheint schon zwei Monate später in der international renommierten Fachzeitschrift »Nature«. Zuvor haben jedoch Hahn und Strassmann die Beobachtungen aus ihren Dahlemer Experimenten in »Die Naturwissenschaften« veröffentlicht – auf Vermittlung von Paul Rosbaud. Die Kernspaltung erweist sich als eine Jahrhundert-Entdeckung. Denn wenig später wird auch klar: Die dabei frei werdende Energie lässt sich entweder friedlich nutzen, etwa indem man daraus Strom gewinnt, oder kriegerisch, als Bombe.

Die restliche Zeit der Nazi-Diktatur verbringt Lise Meitner in bescheidenen Verhältnissen in Schweden. Nach dem Krieg lehnt sie den Direktorenposten am Max-Planck-Institut für Chemie, das von der KWG-Nachfolgeorganisation nach Mainz verlegt und von Otto Hahns Mitarbeiter Fritz Strassmann aufgebaut wird, jedoch ab. Sie fürchtet, sie könne in Deutschland »nicht mehr frei atmen«. Doch weil die Mittellose auch weiterhin ihren Unterhalt nur durch Arbeit verdienen kann, tritt sie mit 69 Jahren den Leitungsposten der kernphysikalischen Abteilung an der Technischen Hochschule in Stockholm an. Erst ab Mitte der 1950er Jahre reist sie wieder in die Bundesrepublik. Im Jahr 1960 siedelt sie ins britische Cambridge um, wo sie ihren Lebensabend bei ihrem Neffen und Co-Autoren Otto Frisch verbringt und 1968 kurz vor ihrem 90. Geburtstag stirbt.

Nach Meitners Flucht kümmert sich Otto Hahn in Berlin weiter um Verfolgte des NS-Regimes. Sein enger Mitarbeiter Fritz Strassmann zum Beispiel war ein so entschiedener Regimegegner, dass ihm die Universität Berlin die Habilitation versagt hat. Einen Posten in der Industrie hat er 1934 abgelehnt, weil er dafür in den nationalsozialistisch dominierten Berufsverband der Chemiker hätte eintreten müssen. Außer in Hahns Abteilung am KWI für

Chemie, das sich nach wie vor hauptsächlich aus Industriegeldern finanziert, hätte er danach nirgends mehr Arbeit gefunden.

Im Jahr 1941 helfen die Hahns und Nobelpreisträger Max von Laue dem Breslauer Physikprofessor Fritz Reiche, der als Jude bereits 1933 in der Folge des Berufsbeamtengesetzes zwangspensioniert worden war, bei seiner damals schon nahezu unmöglichen Flucht in die Vereinigten Staaten.

Tief geschockt reagiert Otto Hahn auf den Selbstmord von Arnold Berliner. Der Gründer der Monatszeitschrift »Die Naturwissenschaften« hat 1935 seinen Posten als Herausgeber verlassen müssen, weil er Jude ist. In den Jahren danach gelingt es dem fast Erblindeten nicht zu emigrieren. Stattdessen weigert sich Berliner, einen Judenstern zu tragen. Als dies ab September 1941 per Gesetz verlangt wird, verordnet er sich somit quasi selbst Hausarrest. Denn ohne einen gelben Stern gut sichtbar an der Oberbekleidung darf nun kein Jude mehr in die Öffentlichkeit. Als er im März 1942 die Ankündigung seiner Deportation in ein Konzentrationslager erhält, vergiftet sich der 80-Jährige mit Blausäure.

Im September darauf will Otto Hahn deshalb unbedingt verhindern, dass der ehemalige Chemieprofessor Wilhelm Traube sich aus denselben Gründen umbringt. Traube, wie Berliner ein gebürtiger Jude, hat Hahn im Spätjahr 1938 die speziellen Chemikalien beschafft, mit dem dieser die »Spaltung« des Uran-Atomkerns in viel leichtere Elemente nachweisen konnte. Nun soll Traube, der seit über 50 Jahren als Protestant gelebt hat, ebenfalls in ein KZ deportiert werden. Bei einem von Hahns regelmäßigen Besuchen in Traubes bescheidener Wohnung weiht ihn der entrechtete, entkräftete alte Mann in seine Pläne zur Selbsttötung ein. Hahn beschwört ihn, dies nicht zu tun – und verspricht, schon am nächsten Morgen zusammen mit dem einflussreichen Industriechemiker Walter Schoeller den Deportationsbeschluss rückgängig zu machen.

Hahn hat gute Argumente: Durch einen persönlichen Vorstoß in der Reichskanzlei hatte Schoeller, der die Forschungslabore des kriegswichtigen Schering-Konzerns leitet und selbst Mitglied der

NS-Partei ist, schon im Jahr zuvor den bereits abgesetzten Otto Heinrich Warburg zurückgebracht auf seinen Posten als Direktor des Dahlemer KWI für Zellphysiologie. Warburg hatte zwar 1931 den Nobelpreis für Medizin erhalten, galt jedoch als »jüdischer Mischling ersten Grades«. Obendrein lebte er offen eine homosexuelle Lebensgemeinschaft – was im nationalsozialistischen Staat anfangs mit Zuchthaus, später mit Lagerhaft geahndet wurde. Ein analoges Ergebnis von Schoellers Einsatz verspricht Hahn an jenem Abend auch Traube. Zum Abschied mahnt er den Pensionär, auf keinen Fall die Wohnungstür zu öffnen, sollte das Deportationskommando auftauchen.

Tatsächlich beginnen Hahn und Schoeller gleich am nächsten Morgen ihre Tour durch die Ministerien und Behörden, um den Deportationsbeschluss für den fast 76-jährigen Traube aufheben zu lassen. Und tatsächlich gelingt es ihnen im Laufe des Nachmittags, eine solche Aufhebung zu bewirken. Doch sie kommen zu spät. Als sie gegen Abend Traubes Charlottenburger Wohnung erreichen, um ihm das amtliche Papier zu geben, ist die Tür aufgebrochen, die Einrichtung verwüstet, niemand mehr da. Es gibt deutliche Kampfspuren. Wie eine Nachbarin berichtet, war die Gestapo morgens gewaltsam in die Wohnung eingedrungen und hatte den alten Mann bestialisch misshandelt, angeblich wegen seines Widerstands.

Hahn forscht über den Verbleib seines alten Freundes nach. Erst nach Wochen erfährt er, dass Wilhelm Traube an den Folgen seiner schweren Verletzungen gestorben ist, vermutlich schon am Tag seiner Verhaftung.

Umso nachdrücklicher schützt Hahn weitere Opfer der NS-Gewalt. Im Jahr 1944 stellt der Institutsdirektor den Chemiker Philipp Hoernes ein, der sich nicht von seiner jüdischen Ehefrau trennen wollte und deshalb von seinem Arbeitgeber entlassen worden war. Als Arbeitsloser hätte der 60-Jährige Zwangsarbeit in der NS-Organisation Todt leisten müssen, etwa bei der Bombenräumung – ein lebensgefährlicher Einsatz. Als das KWI für Chemie wenig später vollständig ins württembergische Tailfingen evakuiert wird, sorgt Hahn durch raffiniert fingierte Begründungen abermals dafür, dass Hoernes weder in die süddeutsche Organisation Todt noch in den Volkssturm eingezogen wird. Hoernes und seine Frau überleben den NS-Terror.

Gegen Kriegsende kann Hahn sogar eine bereits inhaftierte Jüdin retten: Maria Rausch von Traubenberg, Ehefrau des ehemaligen Ordinarius für Theoretische Physik in Kiel, war zu Lebzeiten ihres Mannes vor Deportation geschützt. Als Heinrich Freiherr Rausch von Traubenberg jedoch 1944 einem Schlaganfall erliegt, wird Maria interniert. In den Jahren zuvor hatten die Traubenbergs ein privates Laboratorium in Berlin betrieben, in dem sie atomphysikalische Experimente für Hahns Institut durchführten und auswerteten. Monatelang schreibt Hahn einen Brief nach dem anderen, sucht zahlreiche Behörden und Ministerien persönlich auf, um Maria Traubenberg vor einer endgültigen Deportation ins Konzentrationslager Theresienstadt zu bewahren: Nur sie könne den wissenschaftlichen Nachlass ihres Mannes auswerten, der für eine technische Nutzung der Kernspaltung unerlässlich sei, argumentiert der Forscherstar. Nur sie könne die Messwerte der Experimente in sinnvolle Zusammenhänge bringen. Außerdem solle sie eine theoretische Arbeit für Hahn über die Atomspaltung verfassen.

Die Verzögerungstaktik hat Erfolg: Wegen der Kriegslage – die Sowjetarmee hat schon große Teile Polens besetzt, steht in Ostpreußen unmittelbar vor dem alten Reichsgebiet – können ab Januar 1945 keine Deportationstransporte mehr Berlin in Richtung der östlichen Groß-KZs verlassen. So überlebt Maria Traubenberg den Holocaust. Nach Kriegsende flieht sie zu ihren lange zuvor emigrierten Schwestern nach London, wo sie Hahn an Weihnachten 1946 trifft.

Zählt man noch weitere, weniger prominente Unterstützungs- und Rettungsaktionen des Ehepaars Hahn hinzu, so kann man sich kaum mehr vorstellen, wie neben all diesem konspirativen Aufwand, der sich zum Teil über Monate hinzog, noch eine Forschertätigkeit möglich gewesen sein soll. Hahns Nervenkostüm ist in jener Zeit jedenfalls stark angegriffen. Der Mittsechziger zeigt sich so stark angespannt, dass er in Gesprächen mit Vertrauten oft in Tränen ausbricht. Nach dem Krieg lobt ihn der sonst kritisch-distanzierte Albert Einstein aus dem Exil in Princeton als einen »der Wenigen, die aufrecht geblieben sind und ihr bestes taten während dieser bösen Jahre«.

Im Herbst 1945 ist Otto Hahn wie die übrigen deutschen Atomforscher im britischen Farm Hall interniert. Die schwedische Akademie der Wissenschaften, die im Vorjahr wegen des tobenden Weltkrieges keine Preise verkündet hat, gibt bekannt, dass der Nobelpreis für Chemie des Jahres 1944 Otto Hahn und Fritz Strassmann zugesprochen wurde. Das Komitee zeichnet damit die Entdeckung vom Dezember 1938 aus, wonach sich der Uran-Atomkern gezielt spalten lässt. Eine Erkenntnis, die sie allein den beiden Männern aus dem Dahlemer KWI für Chemie zuschreibt.

Von nun an entwickelt sich eine Art blinder Fleck im Weltbild des Otto Hahn, eine Perspektive und Bewertung der eigenen Leistung, die den über Jahrzehnte honorigen und loyalen Wissenschaftler, den trotz aller Kompromisse aufrechten Charakter in einem anderen, dunkleren Licht erscheinen lassen. Denn Hahns Weggefährtin Lise Meitner geht komplett leer aus – trotz ihrer maßgeblichen Beiträge in den Jahren vor dem Kernspaltungs-Experiment, trotz ihrer entscheidenden Interpretationen und Berechnungen, die das Ergebnis von Hahns und Strassmanns Versuchen erst plausibel machen.

Hahn korrigiert nicht etwa dieses enttäuschende Vorgehen des Nobel-Komitees. Im Gegenteil: Er bekräftigt die Sichtweise der schwedischen Akademie, indem auch er konsequent verschweigt, welchen Beitrag seine langjährige Laborpartnerin Lise Meitner geleistet hat. Weder in seiner Festansprache bei der Preisverleihung noch in einer seiner vielen nun folgenden Publikationen, in keinem Interview und in keiner Lebenserinnerung geht er auf Meitners Rolle ein. Gäbe es nur Hahns Darstellung der Abläufe, so wäre die Atomspaltung ganz ohne Lise Meitner entdeckt worden.

Besonders kränkend für Meitner: In der Folge von Hahns Darstellung wird sie oft nur als dessen »Mitarbeiterin« bezeichnet, nicht als eigenständige brillante, hoch dekorierte Wissenschaftlerin und vollwertiges »Wissenschaftliches Mitglied« der Kaiser-Wilhelm-Gesellschaft, akademisch auf einer Stufe mit Hahn. Sogar ihrem jüngeren Kollegen Werner Heisenberg, Direktor des KWI für Physik, Nobelpreisträger des Jahres 1932 und Begründer der Quantenmechanik, unterläuft dieser Lapsus.

Über die Gründe für Hahns konsequentes Verschweigen von Meitners Beitrag zu seiner Lebensleistung grübeln seither die Wissenschaftshistoriker: War es das in jenen Jahren überall und selbstverständlich akzeptierte Vorurteil, wonach die Leistung von Frauen entweder nicht wahrgenommen wird, wenig oder nichts zählt – weder in der Forschung noch in allen übrigen gesellschaftlichen Bereichen? War es eine Verdrängung, etwa des Risikos, das er mit seinem Briefwechsel zur Interpretation der Versuchsergebnisse aus dem Dezember 1938 eingegangen war? Eine späte Folge der Scham, Lise Meitners Diskriminierung als Jüdin, ihre erzwungene Flucht ins Exil nicht verhindert zu haben? Ihr nicht genügend Rückhalt gegeben zu haben? Eine einvernehmliche Deutung steht noch immer aus.

Dennoch macht Meitner ihrem einstigen Weggefährten öffentlich nie einen Vorwurf, dass er ihre Leistungen im Zusammenhang mit den Atomspaltungsexperimenten nicht würdigt. Nur im Brief an eine Freundin schreibt sie: Sie glaube, dass ihr Neffe Otto »Frisch und ich etwas nicht unwesentliches zur Aufklärung des Uranspaltungsprozesses beigetragen haben – wie er zustande kommt und daß er mit einer so großen Energieentwicklung verbunden ist, lag Hahn ganz fern«.

Hahn und Meitner bleiben dennoch zeitlebens Freunde. Zur Feier seines 80. Geburtstags reist die Gleichaltrige 1959 eigens von Stockholm an und schreibt in ihrer Glückwunschbotschaft:

»Dein 80. Geburtstag wird dir Beweise aus der ganzen Welt bringen, dass du als Mensch und Wissenschaftler die Liebe, Verehrung und Dankbarkeit von mindestens zwei Generationen der Menschen erworben hast und ein sehr schwer erreichbares Vorbild der jüngsten Generation bist. (...) In alter Freundschaft, deine Lise«.

Bis zu ihrem Tod im Jahr 1968 – dem selben Jahr, in dem auch Otto Hahn stirbt – wird Lise Meitner 47-mal für einen Nobelpreis vorgeschlagen: 28-mal für Physik, 19-mal für Chemie. Allein von Max Planck wird sie sechsmal nominiert, zweimal von Atom-Pionier Niels Bohr. Einmal, im Jahr 1948, schlägt sie sogar Hahn für die renommierteste Wissenschaftler-Auszeichnung vor – was jedoch den Verfahrensregeln folgend bis nach dem Tod der beiden geheim bleibt.

Hat Lise Meitner nie den Nobelpreis bekommen, weil sie eine Frau war? Weil sie aus einer jüdischen Familie stammte? Weil sie zum Zeitpunkt der maßgeblichen Entdeckung nicht in Amt und Würden war, sondern als mittellose Emigrantin im Ausland um eine Anstellung betteln musste? Die Gründe für die Ignoranz oder die Überheblichkeit der schwedischen Akademie werden vermutlich für immer im Dunkeln bleiben. Die internationale, insbesondere aber die deutsche Wissenschaftlergemeinde hat seither versucht, das erlittene Unrecht so weit wie möglich wiedergutzumachen. Auf dem Dahlemer Forschungscampus hat die Freie Universität Berlin, die bei ihrer Gründung nach dem Zweiten Weltkrieg das Gebäude des ehemaligen KWI für Chemie übernehmen konnte, den ehemaligen »Hahn-Bau« in »Hahn-Meitner«-Bau umbenannt. Die Internationale Astronomische Union hat einen Asteroiden nach der Atomphysikerin getauft, und als die Gesellschaft für Schwerionenforschung im Jahr 1997 einen Namen für das neu entdeckte chemische Element Nr. 109 suchte, entschieden sich die Darmstädter Wissenschaftler für Meitnerium. Keiner anderen Forscherin wurde bisher diese Ehre zuteil.

Auch im Harnack-Haus wird die epochale Physikerin inzwischen gewürdigt: Der ehemalige Tanzsaal, nach dem Zweiten Weltkrieg für die Offiziere der US-Army zwischen Hauptgebäude und Auditorium eingerichtet, wurde zu zwei Vortragsräumen umgebaut. Sie heißen nach Lise Meitner.

*Otto Heinrich Warburg, Medizin-Nobelpreisträger 1931,
mit Riesen-Pudel »Bärchen«. Der jüdisch-stämmige
Exzentriker war von 1931 bis zu seinem Tod im Jahr 1970
Direktor des Instituts für Zellphysiologie.*

Der Dandy von Dahlem

Otto Heinrich Warburg, der Medizin-Nobelpreisträger von 1931, zählt nach den Nürnberger Rassegesetzen zu den »jüdischen Mischlingen ersten Grades«. Zudem lebt er offen homosexuell mit seinem Lebenspartner und verbietet in seinem Verantwortungsbereich den »Deutschen Gruß«. Sein Institut lässt der Exzentriker im Stil eines Rokoko-Schlosses erbauen. Er hält weiße Riesenpudel und reitet allmorgendlich auf seinem Schimmel durch den Grunewald. In dem einzigartigen Biotop der Dahlemer Gelehrtenkolonie kann der Ausnahmewissenschaftler dennoch seinen Leitungsposten bis zum Kriegsende behalten. Und weit darüber hinaus.

Die Zoologische Forschungsstation in Neapel ist ein Palast der Naturkunde, wie er an der Wende vom 19. zum 20. Jahrhundert in der Alten Welt kaum zu finden ist: Erbaut inmitten eines Parkgrundstücks mit Spenden aus ganz Europa, vor allem aber von den Brüdern Werner und Carl Wilhelm Siemens aus der deutschen Industriedynastie, zieht das Aquarium im Hochparterre jährlich zigtausend Besucher an. Die Eintrittsgelder finanzieren die Arbeit der Meeresbiologen und Mediziner, der Physiologen, Taxonomen und Evolutionsgeschichtler im Untergeschoss: Die führenden Forschungsnationen haben dort jeweils einen »Labortisch« angemietet, ausgestattet mit gestifteten Gerätschaften von Hightech-Unternehmen aus aller Welt. Die Arbeitsplätze werden wie Stipendien an besonders profilierte Wissenschaftler verteilt. So experimentiert in Neapel immer eine internationale Gemeinschaft. Titanen wie Charles Darwin und Rudolf Virchow haben hier geforscht, der spätere KWI-Direktor Carl Correns und Nobelpreisträger wie Hans Spemann (Medizin, 1935).

Am »badischen Tisch« arbeitet im Frühjahr 1908 ein Student der Humanmedizin aus Heidelberg, der schon einen Doktortitel in Chemie mitgebracht hat. Otto Heinrich Warburg, Sohn des Präsidenten der Physikalisch-Technischen Reichsanstalt, studiert die Eier einer mediterranen Seeigelart – einzelne Zellen, die sich wegen ihrer Größe und Transparenz besonders gut eignen für Quer- und Längsschnitte, Einfärbungen und mikroskopische Untersuchungen. Der 25-Jährige will Details zum Sauerstoffverbrauch der Modellorganismen herausfinden. Er will wissen, wann und warum sich der Stoffwechsel verändert. In großen Glasbottichen hat er Kulturen angelegt: unbefruchtete und befruchtete Seeigel-Eier, dazu jeweils eine Kontrolle, bei der das Meerwasser mit Phenylurethan versetzt ist, was damals als Zell-Narkotikum gilt. Warburgs Messungen sind eindeutig: Nach der Befruchtung und vor den Zellteilungen verbrauchen die Seeigel-Eier sieben- bis achtmal mehr Sauerstoff als in Ruhe. Bei den narkotisierten Eizellen dauert die Teilung zwar doppelt so lange, der Sauerstoffgehalt im Wasser sinkt jedoch ähnlich. Warburgs Schlussfolgerung: Der Verbrauch ist nicht etwa Folge der Zellteilung, sondern Voraussetzung dafür. Mit anderen Worten: jede Zelle »atmet«.

Erste Ergebnisse veröffentlicht der Medizinstudent gleich nach seiner Rückkehr an seine Heidelberger Alma mater. Und obwohl der akribische Experimentator bis 1914 noch vier weitere Studienaufenthalte in Neapel absolvieren muss, um aus seinen Untersuchungen erste logische Ergebnisse ableiten zu können, legt er schon mit seinen ersten kühnen Thesen das Fundament für eine unvergleichliche Forscherkarriere: Im Alter von nicht einmal 30 Jahren wird Warburg Abteilungsleiter am KWI für Biologie in Dahlem, mit 36 ist er Wissenschaftliches Mitglied der Kaiser-Wilhelm-Gesellschaft. Für seine dort gewonnenen Erkenntnisse zum Sauerstoffumsatz, zur Energiegewinnung und den dafür benötigten Proteinen (»Atmungsfermente«) in lebenden Zellen erhält er

1931 den Nobelpreis für Medizin. Im selben Jahr wird er Direktor des KWI für Zellphysiologie, dessen Neubau mit einer Millionenspende der amerikanischen Rockefeller-Stiftung nach seinen Plänen in der Nachbarschaft des Harnack-Hauses errichtet wird.

Otto Heinrich Warburg wird oft verwechselt mit dem eine Generation älteren Berliner Botaniker Otto Warburg. Der war als Präsident des »Aktionskomitees der Zionistischen Weltorganisation« für einen israelischen Staat eingetreten und 1925 nach Jerusalem emigriert, wo er bis zu seinem Tod im Jahr 1938 die Naturwissenschaftliche Abteilung der Jüdischen Universität leitete.

Tatsächlich entstammt auch Otto Heinrich einer jüdischen Dynastie: Der letzte Direktor des Bankhauses Warburg, 1798 im unabhängigen Hamburger Vorort Altona gegründet, muss im Jahr 1938 vor der nationalsozialistischen Verfolgung ins Ausland fliehen. Sein älterer Bruder Abraham Moritz (»Aby«), ein bis heute weltberühmter Kunsthistoriker, war schon Ende der 1920er Jahre, also vor Einsetzen des schlimmsten Nazi-Terrors verstorben. Daneben hat die Familie Warburg auch weitere Wissenschaftler hervorgebracht: Oscar Warburg war Mathematiker, Otto Heinrichs Vater Emil Warburg ist von 1895 bis 1905 Ordinarius für Experimentalphysik in Berlin, danach in verschiedenen Führungspositionen des deutschen Wissenschaftsbetriebs tätig. Die Familie wohnt, wie damals nicht unüblich, im Institutsgebäude der Universität.

Aus Gründen, die er »nicht dem Papier anvertrauen wollte«, sagt sich Emil Warburg von der Bankiersfamilie aus Hamburg-Altona los – und vom jüdischen Glauben gleich mit. Seine vier Kinder, Otto Heinrich ist der einzige Sohn, werden rein protestantisch erzogen und haben keinen Kontakt zur jüdischen Verwandtschaft in Hamburg.

Emil Warburg lebt ausschließlich für die Wissenschaft und ist somit alles andere als ein Familienmensch: Die Mahlzeiten nimmt er am liebsten mit Forscherkollegen in nahe gelegenen Gaststätten ein; die Töchter spotten, Vater wisse nicht einmal, wo in der Wohnung sich Mutters Schlafzimmer befinde. Von der Dame des

Hauses ist der Ausspruch überliefert, mit dem sie sich, wenn der Nachmittagstee aufgetragen wurde, an die Bediensteten gewandt haben soll: »Bringen Sie mir die Sahne und den Herrn Professor!« Das Personal muss dann Emil Warburg aus dem Labor in die Wohnung bitten.

Otto Heinrich studiert Chemie zunächst in Freiburg, kehrt aber bald nach Berlin zurück, wo er 1906 promoviert. In den Colloquien von Emil Fischer, Chemie-Nobelpreisträger von 1902, lernt Warburg auch Walter Schoeller kennen, den späteren Forschungschef beim Pharmakonzern Schering, dessen Freundschaft ihn dereinst vor großem Unheil bewahren wird.

Nach einem Zweitstudium während der Promotion an der Medizinischen Fakultät von Heidelberg zeigt sich zum ersten Mal die gleichgeschlechtliche Orientierung des 27-Jährigen: Als sich die hübsche Jurastudentin Karin von Schack in ihn verliebt, lässt Otto Heinrich die Tochter aus bestem Hause kühl wissen, er sei »ungeeignet für eine Ehe«. Stattdessen stürzt er sich in seine Wissenschaft: Am Ende seines Aufenthalts in Heidelberg hat er 25 Arbeiten mit Forschungsergebnissen veröffentlicht.

Die Thesen seiner medizinischen Dissertation verteidigt der 28-Jährige mit einer solchen »dictatorischen Bestimmtheit«, dass ihm die Prüfungskommission nur die zweithöchste Note »magna cum laude« zubilligt. Dafür gewinnt er die amerikanische Rockefeller Foundation als loyale Unterstützerin: Mit einem Brief, in dem die reiche Stiftung die Arbeit des doppelt Promovierten zu fördern verspricht, verschafft Mutter Warburg ihrem Sohn 1913 den ersten Führungsposten am KWI für Biologie. Der jetzt 30-Jährige ist mittelgroß und stämmig. Seine maßgeschneiderten Anzüge aus der Londoner Savile Row bringen ihn jedoch perfekt in Form.

Bei Kriegsausbruch Anfang August 1914 meldet sich Warburg freiwillig zum Militär. Weil er zu Pferde eine stattliche Figur abgibt, wird er Ordonnanzleutnant bei den Garde-Ulanen, wo er, wie er selbst schreibt »manchen Patrouillenritt in einer der schönsten preußischen Uniformen« absolvieren darf. »Ein Mann, der die Welt täglich vom Pferderücken aus beurteilen kann, ist schon deshalb den meisten Menschen überlegen«, schreibt ihm Schwester Lotte, die Otto Heinrichs Begeisterung fürs Reiten teilt.

Als aber im Sommer 1918 die Lage an der Front auch für die schicken Reiteroffiziere brenzlig wird, will Mutter Elisabeth Warburg das Leben ihres einzigen Sohnes retten durch eine »Reklamation«, also einen Rückruf aus dem Militärdienst. Fürs Umstimmen ihres Sohnes sucht sie sich zunächst einen starken Verbündeten: Albert Einstein.

Der Forscherstar, der den talentierten Jungwissenschaftler bisher nur vom Sehen kennt, schreibt dem »hoch geehrten Herrn Kollegen« einen rührenden Brief: »Kann Ihre Stelle da draußen nicht von einem phantasielosen Durchschnittsmenschen ausgefüllt werden, von der Sorte, von der zwölf auf ein Dutzend gehen?« Einstein fragt: »Ist es nicht wichtiger als die ganz große Keilerei da draußen, dass wertvolle Menschen erhalten bleiben?« Warburg willigt ein in die »Reklamation«, drei Monate vor Kriegsende landet er tatsächlich unversehrt wieder am KWI für Biologie. Im Herbst 1919 wird der Abteilungsleiter schließlich zum Wissenschaftlichen Mitglied der KWG auf Lebenszeit berufen.

Von nun an lebt Warburg mehr oder weniger offen seine Homosexualität: Der 20-jährige Jacob Heiss, zunächst als eine Art »Bursche« oder Kammerdiener eingestellt, zieht in eine gemeinsame Wohnung ein und begleitet fortan seinen Chef zu allen Anlässen.

Während der 1920er Jahre erforscht Otto Heinrich Warburg den Energieumsatz der Photosynthese und entwickelt raffinierte Messinstrumente für die Messung des Sauerstoffverbrauchs lebender Zellen. Einen Ruf der Uni Heidelberg auf den Lehrstuhl für Pharmakologie lehnt er ab – er will sich nicht mit den Lehrveranstaltungen und bürokratischen Verpflichtungen eines Ordinarius belasten. Außerdem hat es in der Heidelberger Kollegenschaft, in der gesamten deutschen Pharmakologie heftigen Protest gegen die

Berufung des zwar brillanten, aber streitlustigen, kantigen und insgesamt recht exzentrischen Hauptstädters gegeben.

In den Jahren 1923 und '27 wird Warburg für den Nobelpreis vorgeschlagen. Bei seiner ersten Nominierung ist der 40-Jährige so siegesgewiss, dass er in den Tagen vor der Verkündigung auf eigene Kosten nach London reist und sich dort einen Frack für die Preisverleihungsfeier maßschneidern lässt. Vergebens. In den nächsten Jahren muss Warburg zusehen, wie andere Biochemiker, zum Teil seine wissenschaftlichen Widersacher, an ihm vorbeiziehen. Mit seiner Entdeckung des eisenhaltigen »Atmungsferments«, das den entscheidenden Schritt zur zellulären Energiegewinnung reguliert, etabliert er jedoch die Zellphysiologie als eigenständige Wissenschaft. Und zählt fortan zu ihren größten Koryphäen. In diesen Jahren beginnt Warburg auch seine Forschungen über die Biochemie von Tumorzellen, die ihm später das Leben retten sollen – wenn auch in ganz anderer Form als erwartet.

Die Rockefeller Foundation ermöglicht dem Zellphysiologen transatlantische Forschungs- und Vortragsreisen. Von seinem USA-Besuch im Jahr 1929 bringt er die Zusage der Stifter mit, ihm drei Millionen Dollar für den Neubau und die Einrichtung eines eigenen Instituts zu spenden. Die damals astronomische Summe reicht sogar, um darüber hinaus auch das seit seiner Gründung im Jahr 1914 nicht praktisch arbeitende KWI für Physik endlich mit einem eigenen Laborgebäude auszustatten.

Sofort entwirft KWG-Hausarchitekt Carl Sattler Bauten sowohl für die Physiker als auch für das Warburg-Institut. Dessen künftiger Hausherr lehnt die Pläne jedoch entsetzt ab: Sattlers Sachlichkeit, die sich diesmal am Bauhaus-Stil orientiert, erinnert ihn an eine »Fabrik«. Die Assoziation stößt ihn ab: »Warum sollte ein Forschungsinstitut nicht so gebaut werden, dass jene, die darin arbeiten, sich täglich an seiner Ästhetik erfreuen?«, fragt er entrüstet.

Bei einem Ausflug ins brandenburgische Groß Kreuz haben die Lebensgefährten Warburg und Heiss kurz zuvor das Herrenhaus

Marwitz entdeckt, 150 Jahre zuvor im Rokoko-Stil erbaut. Genau so, beschließt der künftige Direktor, soll auch sein Institut für Zellphysiologie aussehen – inklusive aller Gestaltungsdetails, von der Fenstergröße über die hölzernen Klappläden bis zu dem Schieferschindeldach. Da Warburg allein über die Gelder der Rockefeller Foundation verfügen darf, müssen sich KWG-Oberen und Architekt Sattler beugen. Letzterer nur unter größtem Murren: »Die von Prof. Warburg erzwungene Nachahmung eines kleinen liebenswürdigen Gutshauses« sei »durchaus nicht zeitgemäß für ein modernes Institutsgebäude«, schreibt Sattler an die Generalverwaltung der Kaiser-Wilhelm-Gesellschaft.

Zudem ist die »Vorlage« von Gut Marwitz zu klein für Warburgs Raumbedarf. So wächst der Bau auf die fast doppelte Breite des Herrenhaus-Originals an, umfasst am Ende 13 Fensterachsen und wirkt dadurch unproportioniert in die Länge gezogen. Im Souterrain befinden sich die Arbeitsplätze der Techniker und ein OP für Versuchstiere, im Dachgeschoss Wohnungen für Assistenten und Gäste, im Hochparterre die zentralen Labore des Hausherrn. Daneben Mikroskopierräume, bakteriologische und photochemische Arbeitsplätze sowie eine große Bibliothek, deren massiger dunkler Eichentisch auch für Konferenzen und Besucherempfänge dient. Ein Nebengebäude bietet Platz für die Ställe von bis zu drei Reitpferden.

Die nächste Großspende von der Witwe eines KWG-Fördermitglieds lehnt Warburg jedoch brüsk ab. Sie wäre mit der Forderung verbunden gewesen, das Institut nach dem Mäzen zu benennen und es der Krebsforschung zu widmen. Doch der frischgebackene Direktor will Grundlagenforschung betreiben, keine zweckgebundene Wissenschaft. Zwar ist ihm eine Nutzanwendung seiner Erkenntnisse »in ferner Zukunft« etwa »auf das Krebsproblem« nicht unwillkommen. Doch will er sich darauf nicht beschränken lassen: »Dies wäre ebenso unernst und unwissenschaftlich, als wollte sich ein Physiker Rundfunkforscher nennen!« Durch einen geschickt ausgehandelten Interessenausgleich können KWG-

Generaldirektor Friedrich Glum und Präsident Max Planck die Summe dennoch einwerben: Zwar wird das Gebäude »Richard-Gradenwitz-Bau« heißen. Die dort tätigen Wissenschaftler dürfen jedoch frei das gesamte Feld der Zellphysiologie erforschen. Im Gegenzug für sein Entgegenkommen bei diesem Kompromiss sichert sich Warburg einen neuen Vertrag als Institutsdirektor. Fortan bezieht er allein von der KWG ein Jahresgehalt von stolzen 36.000 Mark – das Doppelte eines normalen Ordinarius der Natur- oder Lebenswissenschaften.

Zur Jahreswende 1930/31 zieht Warburgs Forscherteam in das Rokoko-Schlösschen: ein »aus dem Königlichen ins Bürgerliche gesetztes kleines Sanssouci« (Warburg). Der Hausherr und sein Lebensgefährte bewohnen künftig ein anderthalbstöckiges Walmdachhaus ein paar Grundstücke weiter – im Vergleich zu den prunkvollen »Direktorenvillen« in der Nachbarschaft ein bescheidenes, aber stilvolles Anwesen. Jacob Heiss wird der Verwaltungsdirektor des KWI für Zellphysiologie, den übrigen Beschäftigten zahlt Warburg fortan weit höhere Gehälter als bei der KWG üblich. Überdies gibt es Leistungszulagen und eine zusätzliche Weihnachtsgratifikation.

Am frühen Nachmittag des 29. Oktober 1931 kommt endlich der erlösende Anruf aus Stockholm: Die schwedische Akademie der Wissenschaften hat Otto Heinrich Warburg den Nobelpreis für Physiologie oder Medizin zuerkannt. »Höchste Zeit,« lautet sein knapper Kommentar, als er einem Mitarbeiter die Neuigkeit erzählt. Da er sich die Auszeichnung mit niemand teilen muss, erhält er das volle Preisgeld in Höhe von umgerechnet 170.000 Reichsmark.

Die kommenden Monate sind eine Goldene Zeit für die Dahlemer Zellphysiologen. Ihr Chef bricht jeden Morgen zu einem Ausritt durch die benachbarten Wälder auf, am liebsten auf seiner Schimmelstute Nixe. Danach arbeitet er für mindestens zehn Stunden im Labor. Nach diesem Tagwerk geht er täglich mit seinem weißen Königspudel namens Bärchen spazieren. Lebensgefährte Jacob Heiss begleitet ihn dabei, mal mit der Deutschen Dogge namens Birke, mal mit dem Boxerrüden Carlo. Nachdem Maler Carl Obenland für die Institutsbibliothek lebensgroße Ölgemälde von Louis Pasteur, Robert Koch und Paul Ehrlich angefertigt hat, lässt sich Warburg im selben Stil porträtieren – zusammen mit Bärchen. Im Sommer nutzen Heiss und er gern ihr Segelboot auf der Havel, alljährlich machen sie ein paar Wochen Urlaub in ihrem Ferienhaus auf der Insel Rügen.

Gemeinsam mit dem Medizinprofessor Wilhelm Trendelenburg leitet Warburg die anspruchsvollen »Dahlemer Medizinischen Abende« im benachbarten Harnack-Haus. Der junge Chemiker Erwin Chargaff, der später die wichtigsten Bausteine des Erbgutmoleküls DNA entdeckt und so zur Entschlüsselung des genetischen Codes beiträgt, ist einer der Gastreferenten – und beschreibt, wie Warburg während des Vortrags scheinbar »auf arrogante Weise schläfrig« in der ersten Reihe sitzt, bei der anschließenden Fachdebatte jedoch durch brillante Nachfragen auffällt. Was beweist, dass er akribisch zugehört hat.

Administrative Formalien sind dem Sonderling ein Gräuel. Einen außerplanmäßigen Zuschuss zum Institutsbudget in Höhe von 10.000 Reichsmark, damals eine sehr beachtliche Summe, will Warburg zum Beispiel mit einem einfachen Telefonat von der KWG-Zentralverwaltung einwerben. Er solle doch bitte einen schriftlichen Antrag stellen, heißt es höflich am anderen Ende der Leitung. Dafür habe er keine Zeit, entgegnet Warburg gleich unwirsch. Dann solle dies doch die Institutssekretärin für ihn erledigen, kommt die noch immer freundliche Antwort. Für eine solche Position habe das Institut weder Bedarf noch Budget. Man werde folglich eine Aushilfs-Schreibkraft nach Dahlem schicken, schlägt die Zentralverwaltung als Kompromiss vor.

Die Sekretärin, die tags darauf im KWI für Zellphysiologie erscheint, erhält dort den Auftrag, auf einem weißen Blatt oben links den Namen Dr. Warburg einzutragen, oben rechts das

Datum, darunter mittig das Wort Antrag. Als weiteren Text diktiert der Institutsdirektor nur:»Ich benötige 10.000 RM« – und unterschreibt. Tatsächlich wird dem Antrag stattgegeben.

Als die Nationalsozialisten Ende Januar 1933 an die Macht kommen und wenig später das»Gesetz zur Wiederherstellung des Berufsbeamtentums« verabschieden, ändert sich am KWI für Zellphysiologie erstaunlich wenig. Für sich selbst gibt der Direktor, immerhin Abkömmling einer alten jüdischen Bankiersfamilie, in dem obligatorischen Fragebogen keinen Grund an, der seine Position an der Spitze hätte gefährden oder beeinträchtigen können. Jüdische Mitarbeiter wie Assistent Erwin Haas werden einfach weiter beschäftigt; andere wie Hans Gaffron, dem im KWI für Biochemie gekündigt wurde, werden sogar eingestellt. Später, als auch Warburg die beiden»nichtarischen« Kollegen entlassen muss, vermittelt er ihnen über seine Verbindungen zur Rockefeller Foundation Visa und Arbeitsmöglichkeiten in den USA.

Mithilfe dieser Protektion darf Warburg sogar, anders als etwa die jüdischen Forscher Lise Meitner, Carl Neuberg oder Richard Willstätter, weiter ins Ausland reisen. Im Jahr 1934 hält der Nobelpreisträger einen Vortrag an der New Yorker Columbia Universität. Später nimmt er im britischen Cambridge sein Ernennungsdiplom als Auswärtiges Mitglied der Royal Society entgegen – eine Ehrung, die dem Anglophilen viel bedeutet.

Auch sonst operiert das KWI für Zellphysiologie weit jenseits des im NS-Deutschland offiziell Möglichen – und Erlaubten: Warburg verbietet den Gebrauch des»Deutschen Grußes« auf dem gesamten Gelände, er selbst lässt sich erst gegen Ende der 1930er Jahre herab, Briefe an offizielle Stellen mit»Heil Hitler!« zu unterschreiben. Bei einem Telefonat mit einem Freund tituliert er SS-Offizier Rudolf Mentzel, zuständiger Abteilungsleiter im Reichserziehungsministerium und Mitglied seines Institutskuratoriums, lauthals als»Saukerl« und»Miststück«. Von dem Freund auf die Gefährlichkeit solcher Beschimpfungen angesprochen – das Telefon des seit langem suspekten KWI werde doch bestimmt abgehört! – bemerkt Warburg süffisant: Mit solcher »Zivilcourage« rechneten seine Gegner am wenigsten. Er sei überzeugt, dies sei »die einzige Möglichkeit, solche Leute in Schach zu halten!.«

Bei einer zweiten Befragung im Dezember 1938 gibt Warburg wahrheitswidrig an, nicht verwandt zu sein mit den jüdischen Bankiers gleichen Namens. Auf eine schärfere Anfrage aus dem Erziehungsministerium im Frühjahr 1939 erklärt der Institutsdirektor ausdrücklich, kein Jude im Sinne der Nürnberger Rassegesetze zu sein. Eine rabulistische Interpretation: für strenge Juden gehören nur jene Menschen zu ihrem Volksstamm, die von einer jüdischen Mutter geboren werden. Otto Heinrichs Mutter stammt jedoch aus einer evangelischen Offiziersfamilie. Nur sein Vater war von Geburt Jude. Was den Sohn in den Augen der Nationalsozialisten zum »Jüdischen Mischling 1. Grades« macht – und untragbar an der Spitze eines Kaiser-Wilhelm-Instituts.

Dennoch vergehen weitere zwei Jahre, bis SS-Mann Mentzel, inzwischen zum Vizepräsidenten der KWG aufgestiegen, Warburg als Direktor des KWI für Zellphysiologie kündigt und eine Neu-Ausschreibung der Stelle zum 1. Juli 1941 verlangt. Ferdinand Sauerbruch, legendärer Chirurg der Charité, protestiert gegen die Entlassung beim Erziehungsminister sowie bei der Reichsgesundheitsführung. Zusätzlich weist der Medizinprofessor bei der Reichskanzlei – Hitler gehört zu Sauerbruchs größten Bewunderern und hat panische Angst vor Krebs – auf Warburgs Forschungen zur Tumorentstehung und -behandlung hin. Die Initiative bleibt zunächst folgenlos.

So bleibt, um das Schlimmste abzuwenden, nur Warburgs Beziehung zu einem alten Studienkollegen, der inzwischen der NS-Partei angehört und beim Schering-Konzern das Forschungslabor leitet: Walter Schoeller. Seit 1923 arbeitet Warburg bei der Krebsforschung eng mit ihm zusammen. Schoeller ist der einzige Institutsfremde, den Warburg im Arbeitsalltag vor 18 Uhr empfängt. Oft kommt der Chemikerkollege schon am Vormittag nach Dahlem.

Tatsächlich schreibt der Industriemanager in der Angelegen-

heit umgehend an Philipp Bouhler. Der leitet Hitlers private
»Kanzlei des Führers« – und ist ein entfernter Verwandter von
Schoellers Ehefrau. Bouhler beraumt eine klärende Sitzung für
den 21. Juni 1941 an. Für den Weg dorthin weigert sich Warburg,
bei Ernst Telschow ins Auto zu steigen. Er verdächtigt den KWG-
Generalsekretär, sich an der »Verschwörung« gegen ihn zu beteiligen. Tatsächlich hat Telschow, der wenige Jahre zuvor Warburg in
einer internen Notiz noch als einen unpolitischen »Eigenbrötler«
bezeichnet hat, das offizielle Kündigungsschreiben unterzeichnet.
Zudem gehört auch Telschow zur NS-Partei.

Bouhler tritt an jenem Morgen nicht in Erscheinung, die Sitzung leitet sein Stellvertreter Viktor Brack. Das Ehepaar Schoeller
lenkt das Gespräch von Anfang an auf Warburgs Krebsforschung.
Der muss daraufhin versprechen, sich künftig vor allem diesem
Thema zuzuwenden. Zudem muss Warburg, was ihm deutlich
schwerer gefallen sein dürfte, »als jüdischer Mischling ersten Grades« ein »Gesuch auf Gleichstellung mit Deutschblütigen« stellen.
Dann wird seine Kündigung aufgehoben. Das KWI für Zellphysiologie wird sogar zum kriegswichtigen »Wehrbetrieb« ernannt –
was seine verbliebenen Mitarbeiter vor einer Einberufung zum
Militär weitgehend schützt. Die Sitzung schließt Brack mit den
Worten: »Ich habe dies nicht für Sie, Warburg, oder für Deutschland getan, sondern für die Welt.«

Im nun folgenden Jahr entdeckt Otto Heinrich Warburg auffällige Veränderungen im Stoffwechsel von Krebszellen. Aus seinen
Beobachtungen leitet er die kühne These ab, dass Tumoren, anders
als gesundes Gewebe, ihre Energie nicht durch Oxidation, sondern durch Vergärung gewönnen, also ohne Luftsauerstoff. Seine
Schlussfolgerung: In einer sauerstoffreichen Umgebung könnten
bösartige Geschwulste nicht überleben, müssten eingehen. Diese
»Warburg-Hypothese« wird später von Manfred von Ardenne,
neben dem späteren Medizin-Nobelpreisträger Hans Krebs der
einzige namhafte Schüler des Dahlemer Zellphysiologen, zur
»Sauerstoff-Mehrschritttherapie« gegen Krebs weiterentwickelt.

Viele onkologische Kliniken wenden die Behandlungsform bis in die 1980er Jahre an, sie erweist sich jedoch leider als wirkungslos. Ebenso gilt die ihr zugrunde liegende Annahme zum Stoffwechsel in Krebszellen heute als falsch.

Ende 1942 wird Otto Heinrich Warburg offiziell in den »Ausschuss für Krebsbekämpfung« des NS-Staats berufen. Als Folge seiner vermehrten Beschäftigung mit der tödlichen, damals fast unheilbaren Krankheit entwickelt auch er eine geradezu phobische Angst davor. Um sich davor zu schützen, stellt der Wissenschaftler seine Ernährung radikal um auf »vollwertige«, selbst produzierte Lebensmittel. Für den Rest seines Lebens wird er nur noch hausgebackenes Brot essen, dessen Mehl aus selbst und ohne Kunstdünger angebautem Getreide gemahlen wurde. Sogar zu Einladungen oder in Gaststätten bringt er dieses Grundnahrungsmittel mit, das er dort mit selbst produziertem Ziegen-Frischkäse bestreicht.

Eine Kuh, in einem Nebengebäude untergebracht, liefert Frischmilch, Hühner, Enten und Gänse bevölkern fortan den umgestalteten Rokoko-Garten der Zellphysiologen. Um Diebe fernzuhalten von seinen Obstbäumen und Gemüsefeldern, lässt Warburg Schilder aufstellen: »Vorsicht! Seuchengefahr!«

Anfang 1943 schlägt in der Nähe des Dahlemer Institutsgebäudes eine Luftmine ein, bei der Explosion gehen alle Scheiben zu Bruch. Danach ist kein geregelter Laborbetrieb mehr möglich. Warburg und seine Mitarbeiter ziehen um in die Mark Brandenburg. Dort dürfen sie das »Seehaus« des Liebenberger Schlosses nutzen. Dieser Adelssitz war in Warburgs Berliner Studienzeiten in die Schlagzeilen geraten, weil der Dichter Philipp von Eulenburg, Stammhalter der Eigentümerfamilie und enger Vertrauter des Kaisers, dort angeblich schwärmerische Gedichte über die Liebe zwischen Männern geschrieben und später einen Harem von Lustknaben beherbergt haben soll. Die Anschuldigungen können vor Gericht nicht endgültig bewiesen werden. Dennoch kosten sie Philipp von Eulenburg den gesellschaftlichen Rang und die politische Karriere, ächten ihn für den Rest seines Lebens als Homosexuellen.

Während seines Exils im Liebenberger Schloss wird Warburg noch zwei weitere Male angezeigt. Jedesmal muss das Ehepaar Schoeller bei Führerkanzlei-Chef Bouhler intervenieren, der sich einmal sogar selbst zu einer Inspektion des Ungeheuerlichen in die Mark Brandenburg aufmacht. Die Vorwürfe wiegen schwer: Warburg soll Benzin für Urlaubsfahrten in sein Ferienhaus abgezweigt und verbraucht haben. In Kriegszeiten kommt dies einem Sabotageakt gleich, der mit dem Tod bestraft werden kann. Außerdem soll der Institutsleiter weiter den »Deutschen Gruß« verweigern und über Deutschland, die Regierung, das ganze »System« schimpfen. Wahr ist jedoch: Im Sommer 1944 arbeitet das Institut gar nicht. Einrichtungsgegenstände fehlen oder sind noch nicht ausgepackt. Und der Chef ist die meiste Zeit nicht vor Ort, weilt mit seinem Lebensgefährten in der Sommerfrische auf Rügen.

Diesmal retten die immer gut bezahlten, vom Kriegsdienst freigestellten Angestellten Warburg vor dem Eklat und Schlimmerem: Sie bauen die Labore als potemkinsches Dorf auf, bestellen den Chef ein und fingieren dann bei der Inspektion Experimente. Die angereisten NS-Kontrolleure sitzen dem Schwindel auf, lassen sich von dem geschickt inszenierten »Laborballett« täuschen.

Im Herbst 1944 fällt das Nobelpreiskomitee eine schwere Entscheidung. Für seine Entdeckung komplexer Bio-Moleküle (Flavine und Nikotinamid-Koenzyme), die lebenden Zellen bei der Energiegewinnung helfen, hätte Otto Heinrich Warburg seinen zweiten wissenschaftlichen Nobelpreis erhalten sollen – eine Ehrung, wie sie zuvor nur Marie Curie zuteilgeworden war.

Doch die Stockholmer Akademie wagt einen Blick über ihren Tellerrand: Die weltweite Publicity, die mit dem Nobelpreis auch dann verbunden ist, wenn die Ausgezeichneten den Preis nicht annehmen können oder dürfen wie die Deutschen unter der NS-Diktatur, würde die Deckung auffliegen lassen, die um die Wissenschaftlerexistenz des homosexuellen Exzentrikers aufgebaut worden war. Die Öffentlichkeit und damit auch der gesamte NS-Apparat würden erfahren: Weil in der Reichshauptstadt gemauschelt wird, forscht ein »Halbjude« weiter vor sich hin, kassiert ein dickes Gehalt, üppige Lizenzeinnahmen aus Patenten und so weiter. Diesen Widerspruch zu all ihren Doktrinen hätten die NS-Machthaber unmöglich aushalten können, sie hätten gegen Warburg vorgehen müssen. Ein zweiter Nobelpreis hätte somit das Leben des genialen Wissenschaftlers akut gefährdet. »He was again found to deserve the honour«, schreibt das Komitee, »but for reasons, that can be easily understood, had to give way to others.« Die Auszeichnung geht in jenem Jahr an zwei amerikanische Neurophysiologen.

Im Frühjahr 1945 requirieren die Eroberer der Sowjetarmee zunächst die komplette Laboreinrichtung von Schloss Liebenau, dann auch die Gebäude in Dahlem. Das bringt Warburgs Forschung vollkommen zum Erliegen. Ab Juli 1945, als der Berliner Südwesten an die US-Armee fällt, nutzt deren Oberkommando das Rokoko-Schlösschen als »Berlin High Command«. Warburg und Heiss können bald wieder ihr Privathaus und dessen Garage nutzen, ab 1946 dort sogar wieder experimentieren. Noch 1945 wird der Zellphysiologe in den Aufsichtsrat der Schering AG berufen, dem er bis 1966 angehört.

Den milden Spruch der »Entnazifizierungs-Kammer«, der Otmar von Verschuer, ehemals Direktor des KWI für Anthropologie, menschliche Erblehre und Eugenik, im Jahr 1946 nur als nationalsozialistischen Mitläufer einstuft, kritisiert Warburg heftig. Aus Dankbarkeit für seine Wiedereinsetzung als Institutsdirektor fünf Jahre zuvor gibt er jedoch eine eidesstattliche Erklärung zugunsten von Viktor Brack ab. Wegen dessen Beteiligung am nationalsozialistischen »Euthanasieprogramm« wird der ehemals Stellvertretende Leiter von Hitlers privater »Kanzlei des Führers« beim Nürnberger Ärzteprozess 1947 dennoch zum Tode verurteilt und 1948 hingerichtet.

Da Warburg in seinen behelfsmäßigen Labors nicht vernünftig experimentieren kann, bereisen Heiss und er ab 1948 für 14 Monate die USA. Bei mehreren Vorträgen, etwa an der University of Illinois, zerstreitet er sich zielstrebig mit einem halben Dutzend namhafter Wissenschaftler, darunter der Medizin-Nobelpreisträger und ehemalige Freund Otto Meyerhof, KWG-Kollegen wie die Physik-Nobelpreisträger James Franck, aber auch der Chemieprofessor Robert Emerson und Hans Krebs, Medizin-Nobelpreisträger von 1953. Zurück in Deutschland eckt Warburg auch dort als rechthaberischer Prinzipienreiter an. Sein Institut, das 1950 wieder seinen regulären Betrieb im Rokoko-Schlösschen aufnehmen kann, schließt er erst dann der neu gegründeten Max-Planck-Gesellschaft an, als diese ihm eine Fortsetzung seines alten Vertrags als KWG-Direktor »auf Lebenszeit« zusichert. Der sah vor, dass Warburg nur auf eigenen Wunsch emeritiert werden kann. Und nun, an der Schwelle zum achten Lebensjahrzehnt, fürchtet der Nobelpreisträger, aufs Abstellgleis geschoben zu werden. Ohne die tägliche Arbeit im Labor, das ahnt der geniale Forscher, würde er vollends zum Misanthropen.

Tatsächlich fällt er als Querulant auf: Weil das einstige Ferienhaus auf der Insel Rügen nun in der sozialistisch regierten DDR gelegen ist und somit zu wenig Annehmlichkeiten bietet für die hohen Ansprüche seiner Besitzer, reisen Warburg und Heiss ab den 1950er Jahren in ein neues, komfortableres Urlaubsdomizil auf Sylt. Dort stört sie der Lärm der Flugzeuge, die vom Militärfliegerhorst auf der Nordseeinsel starten. Warburg beschwert sich bei den Behörden.

In Berlin erhält er jedoch weiterhin Vergünstigungen. Sein ehemaliger Schüler Manfred von Ardenne, inzwischen eine Wissenschaftskoryphäe der DDR, sorgt zum Beispiel dafür, dass Warburg, Heiss und ihr Chauffeur Sondervisa erhalten. Von nun an können die alten Herren ohne Voranmeldung und beliebig oft zu Ausflügen in die Seengürtel des sozialistischen Deutschlands und in das bewaldete Umland des eingeschlossenen, später auch eingemauerten West-Berlin aufbrechen. Die Hunde sind dann, wie immer, dabei. Für Dogge Norman, den Nachfolger von Birke, wurde sogar die Mercedes-Limousine umgebaut.

Auch im Harnack-Haus ist der Nobelpreisträger von 1931 weiter gelegentlich zu Gast. Im Jahr 1952 lädt Grayson L. Kirk, neu gekürter Vizepräsident der elitären New Yorker Columbia University, zu einem Empfang in das nun als US-Offiziersclub genutzte Gästehaus ein. Auf einem Foto sitzt der fast 70-jährige Warburg auf einer Tischkante, die Beine wie immer keck übereinandergeschlagen, und lächelt spöttisch in die Kamera.

Otto Heinrich Warburg stirbt im Winter 1970 an den Folgen eines Schenkelhalsbruches, den er sich im Institut bei einem Sturz von der Bibliotheksleiter zugezogen hat. Der Schwerverletzte muss stundenlang am Fuß der Leiter ausharren, weil sich kein Mitarbeiter in den Lesesaal wagt. Warburg hatte seinen Laborkittel außen an der Tür aufgehängt – für die Beschäftigten ein untrügliches Zeichen, dass der Chef auf keinen Fall gestört werden will.

Da Warburg keinen Nachfolger für seinen Posten gewinnen konnte, wird das Max-Planck-Institut für Zellphysiologie bis 1972 endgültig abgewickelt. Seit 1993 heißt der ehemalige »Richard-Gradenwitz-Bau« nach seinem Erbauer und beherbergt das Archiv der MPG. Die Ölgemälde von Robert Koch, Louis Pasteur und Otto Heinrich Warburg mit Pudel Bärchen hängen nach wie vor an ihren Plätzen in dem Rokoko-Schlösschen.

Hochenergietechnik im »Turm der Blitze«: Im Nebengebäude des Mitte der 1930er Jahre errichteten Kaiser-Wilhelm-Instituts für Physik soll ein von Siemens & Halske konstruierter »Kaskaden-Generator« subatomare Teilchen beschleunigen.

Wettlauf um die Technik – wie lässt sich die Atomspaltung nutzen?

Im Winter 1938/39, quasi am Vorabend des Zweiten Weltkriegs, entdecken Otto Hahn, Fritz Strassmann und Lise Meitner, dass sich Atome gezielt spalten lassen. Dabei wird eine enorme Menge Energie frei, die sich nutzen lassen sollte: friedlich etwa zur Stromerzeugung in Kraftwerken oder als Schiffsantrieb, möglicherweise aber auch militärisch in Form einer Superbombe. Sofort beginnt ein Wettlauf um das beste technische Konzept – diesseits wie jenseits des Atlantiks, innerhalb wie außerhalb der Kaiser-Wilhelm-Gesellschaft. Die Gelehrtenkolonie in Dahlem spielt dabei eine zentrale Rolle.

Um das Kaiser-Wilhelm-Institut für Physik war es ruhig geworden, spätestens seit Albert Einstein, sein erster Direktor, im Dezember 1932 Deutschland für immer verlassen hatte. Der Relativitätstheoretiker war in die USA emigriert, um sich vor den fortgesetzten antisemitischen Anwürfen und vor der Diffamierung seiner pazifistischen Grundhaltung in Deutschland in Sicherheit zu bringen. Seine Führungsaufgaben an dem ohnehin nur virtuellen KWI hatte Einstein schon lange zuvor in die Hände des gleichaltrigen Max von Laue gegeben. Der Physik-Nobelpreisträger von 1914 zeigte jedoch ebenfalls wenig Ambitionen, um aus dem Konstrukt ohne Labor und ohne Personal eine effiziente Forschungsstätte zu entwickeln. So blieb das ortlose Physikinstitut der KWG fast 20 Jahre lang eine reine Geldverteilungsstelle, die Zuwendungen hochmögender Spender an Forschungsstätten in ganz Deutschland verteilte – ohne eigenes Profil, ohne inhaltliche Zielsetzungen und somit ohne erkennbare Erfolge.

Das ändert sich schlagartig, als der Niederländer Peter Debye 1935 zum Direktor berufen wird. KWG-Präsident Planck will mit dieser Besetzung die Berliner Naturwissenschaften vor allem vor dem Einfluss der »Deutschen Physik« jener Jahre schützen: Diese »Denkrichtung« war 1920 ausgerufen worden, weil Teile des akademischen Establishments die neuen Erkenntnisse und Methoden der zeitgenössischen Naturwissenschaften für »zu schwer« hielten, mithin für zu komplex. Vor allem die scheinbaren Paradoxien der Quantenlehre und -mechanik wurden als »jüdisch« abgestempelt und abgelehnt.

Um die unakademische Einengung abzuwehren, gelingt Planck ein Doppelschlag: Der Theoretische Physiker Debye wird Institutsleiter und wissenschaftliches Mitglied der KWG und kommt zugleich als Ordinarius in diesem Fach an die Berliner Universität. Peter Debye, seit seinem 28. Lebensjahr Ordentlicher Professor, gilt als Multitalent und Überflieger. Für seine Erkenntnisse über die Molekularstruktur, über Dipolmomente und über die Beugung von Elektronen- und Röntgenstrahlen in Gasen erhält er 1936 den Chemie-Nobelpreis und ist damit ein weiteres Glanzlicht für die Dahlemer Gelehrtenkolonie.

Zu der Personalie Debye gesellt sich ein zweiter glücklicher Umstand: Otto Heinrich Warburg, der Medizin-Nobelpreisträger von 1931 und Direktor des KWI für Zellphysiologie, hat bei einer Vortragsreise durch die USA so erfolgreich mit der Rockefeller-Stiftung über eine Förderung der Berliner Forschung verhandelt, dass genug Geld für den Neubau eines KWI für Physik übrig bleibt. KWG-Hausarchitekt Carlo Sattler kann ein weiteres Großgebäude im ähnlichen Heimatschutzstil errichten, in dem er zuvor schon die Generaldirektorenvilla, das KWI für Anthropologie und das Harnack-Haus entworfen hatte. Das Treppenhaus am Eingang des Neubaus schließt er mit einem weithin sichtbaren, schiefergedeckten Zwiebelturmdach ab.

Analog zum Harnack-Haus soll auch der neue, schmucke Physik-Institutsbau nach einem Alt-Präsidenten der Kaiser-Wilhelm-Gesellschaft benannt werden. Und obwohl NS-Minister Rust sowie die Leitfiguren der »Deutschen Physik«, die Nobelpreisträger Johannes Stark und Philipp Lenard, heftig dagegen protestieren: Die Finanziers von der Rockefeller Foundation setzen durch, dass das Gebäude des KWI für Physik offiziell als »Max-Planck-Institut« eröffnet wird.

In einem Anbau hat Direktor Debye ein Kältelabor eingerichtet für die weltweit ersten Versuche nahe dem absoluten Temperatur-Nullpunkt. Zudem wird im hinteren Teil des Institutsgeländes ein etwa 20 Meter hoher, 15 Meter dicker Rundbau errichtet, der »Turm der Blitze«. Die dort eingebaute Hochspannungsanlage von Siemens & Halske wird Deutschlands erster, wenn auch noch primitiver Teilchenbeschleuniger. Neben Debye und von Laue bekommt das neue KWI einen dritten Abteilungsleiter; zu seinen sechs Assistenten zählen unter anderem die späteren Kernphysik-Pioniere Carl Friedrich von Weizsäcker und Karl Wirtz. Unter den Doktoranden sind der künftige Atomspalter Horst Korsching sowie der spätere Astronautiker und Fernsehmoderator Heinz Haber.

Im Dezember 1938 entdecken Otto Hahn und Fritz Strassmann am benachbarten KWI für Chemie, dass sich eine besondere Unterart von Uranatomen durch den Beschuss mit langsamen Neutronen spalten lässt in kleinere, leichtere Atome. Wenige Wochen später liefert Lise Meitner aus dem schwedischen Exil die physikalischen Erklärungen dafür – und die Berechnung der gigantischen Energiemenge, die bei dieser Atomspaltung freigesetzt wird: Ein Millionenfaches im Vergleich etwa zu herkömmlichen Verbrennungsprozessen. Nach wenigen Monaten ist klar: eine »Uranmaschine«, in der die Reaktion von Hahns und Strassmanns Experiment im größeren Rahmen abläuft, kann entweder als eine schier unerschöpfliche Wärmequelle etwa für Dampfturbinen dienen – die können dann zum Beispiel U-Boote, Schiffe oder die Generatoren eines E-Werks antreiben. Oder aber die »Uranmaschine« wird als Explosionswaffe eingesetzt. Als Bombe.

Aber wie viel von dem seltenen Ausgangsmaterial mit der Atomgewichts-Kennziffer 235 braucht man dafür? Wie beschafft man diese erhebliche Menge Schwermetall? Wie baut man eine »Uranmaschine«? Und wie steuert man sie?

Fragen wie diese beschäftigen sofort Wissenschaftler in aller Welt. Allen voran Enrico Fermi, Physik-Nobelpreisträger von 1938 und damals ein Forscher in den Pupin Laboratories der Columbia-Universität in New York City, aber auch Exil-Forscher wie den jüdisch-stämmigen Ungarn Edward Teller, der vor seiner Emigration im Jahr 1933 noch eilig bei Werner Heisenberg in Leipzig promoviert hatte. Ende Juli 1939 überzeugen Teller und sein Landsmann Leo Szilárd den im US-Staat New Jersey lebenden Albert Einstein, einen Brief an den amerikanischen Präsidenten Franklin D. Roosevelt zu schreiben, in dem der einflussreiche Exilant vor einer deutschen Superbombe warnt.

Dieser Brief und einschlägige Geheimdienstberichte aus dem Herbst 1939 geben der Atomspaltung politisches Gewicht. Und schon bald auch eine brisante militärische Bedeutung: In Europa herrscht seit dem 1. September 1939 Krieg. Für viele Beobachter ist absehbar, dass das aggressiv-expansive NS-Deutschland einen Weltenbrand entfachen und hierfür massiv aufrüsten wird. Somit gilt es, einer deutschen Kernwaffe zuvorzukommen oder zumindest die Stirn zu bieten. Tatsächlich beginnen Fermi, Teller und andere in jenen Tagen mit ersten Experimenten für die technische Nutzung der Atomspaltung. Im Jahr 1942 startet dann das militärische »Manhattan Project« zur Entwicklung einer amerikanischen Atombombe.

Auch in Deutschland befassen sich mehrere hochrangige Forschergruppen mit den technischen Fragen einer »Uranmaschine«. Neben den Chemikern Hahn und Strassmann sowie Debyes Team im KWI für Physik sind dies vor allem Walther Bothe vom KWI für medizinische Forschung in Heidelberg, der

1954 den Nobelpreis für Physik erhalten wird, Paul Harteck von der Uni Hamburg, und Werner Heisenberg von der Universität Leipzig. Der Begründer der Quantenmechanik hatte schon mit 31 Jahren den Physik-Nobelpreis des Jahres 1932 entgegennehmen können.

Abraham Esau, hauptamtlich Präsident der Physikalisch-Technischen Reichsanstalt (PTR) und daneben Spartenleiter Physik des Reichsforschungsrates, beruft Ende April 1939 eine erste Konferenz der benannten Wissenschaftler ein. Dieser »Uranverein« soll einen Plan zur Errichtung eines »Uranbrenners« entwickeln, also eines Reaktors. Otto Hahn bleibt diesem Treffen fern – trotz seiner herausgehobenen Stellung als KWI-Direktor und Entdecker der Kernspaltung. Der Chemiker störte sich möglicherweise am penetrant nationalsozialistischen Auftreten und am groben Benehmen des PTR-Präsidenten, den Max von Laue später als den »Haupt-Repräsentanten des Nationalsozialismus unter den deutschen Physikern« bezeichnet hat.

Aber auch das Heereswaffenamt interessiert sich brennend für die Nutzungsmöglichkeiten einer »Uranmaschine«. Kurt Diebner, ein Referatsleiter aus der Forschungsabteilung dieser Militärbehörde und promovierter Physiker, bündelt im Spätjahr 1939 die verschiedenen Arbeitsgruppen unter seiner Führung und macht das KWI für Physik zur Zentrale des neuen »Uranprojekts«.

Diebner sieht hier eine Karrierechance für sich: Um auch in Kriegszeiten weiter als wissenschaftlicher Leiter am KWI für Physik arbeiten zu können, soll dessen Direktor Peter Debye nun die deutsche Staatsbürgerschaft annehmen. Dies hätte für den Niederländer jedoch unter anderem erhebliche Reisebeschränkungen zur Folge gehabt. Weshalb Debye ablehnt, sich von seinen beiden Berliner Posten beurlauben lässt und zusammen mit seiner Familie in die USA reist, angeblich für eine sechsmonatige Gastprofessur an der Cornell University im Staat New York. Abermals spielen hier die guten Beziehungen zu der Privathochschule eine Rolle, die spätestens mit der Festrede ihres ehemaligen Präsidenten Jacob Schurman bei der Eröffnung des Harnack-Hauses im

Juni 1929 begonnen haben. Tatsächlich bleibt Peter Debye in den Vereinigten Staaten, erhält 1940 die US-Staatsbürgerschaft, forscht und lehrt bis zu seinem Lebensende 1966 an der Cornell University.

Nun scheint der Weg frei für Kurt Diebner. Bis auf einen kleinen Teil, der weiter durch Max von Laue und die KWG verwaltet werden soll, beschlagnahmt das Heereswaffenamt das Physik-KWI und unterstellt den Rest, wie zuvor etwa das benachbarte KWI für Physikalische Chemie (ehemaliges Fritz-Haber-Institut), organisatorisch dem Heereswaffenamt. Außerdem wird es, wie etwa auch das KWI für Chemie, zum kriegswichtigen Unternehmen erklärt. Seine männlichen Beschäftigten können somit nicht mehr zum Kriegsdienst eingezogen werden.

Diebner wird zwar vorerst nicht Wissenschaftlicher Direktor – für einen Komplett-Durchmarsch fehlen ihm dann doch die Habilitation und weitere akademische Weihen – doch am 1. Januar 1940 kann er immerhin die Geschäftsführung des Instituts übernehmen. Von Debyes ehemaligem Team ordnet er Weizsäcker, Wirtz und Korsching dem Uranprojekt zu, das nach kurzer Zeit die Arbeitskraft von insgesamt hundert Forschern unter seiner Leitung bündelt.

Im Gegenzug gelingt jedoch den KWGlern am Berliner Physik-Institut, den profilierten Werner Heisenberg als wissenschaftlichen Berater auch für jene Atomspaltungs-Experimente zu installieren, die in Dahlem gemacht werden sollen. Ein weiterer Schlag ins Gesicht für Diebner, der prompt eine eigene kernphysikalische Forschungsstelle des Heereswaffenamts in Gottow südlich von Berlin gründet, wo er unabhängig von dem akademischen Aufpasser experimentieren kann. Außerdem ordnet er an, dass umgekehrt Heisenberg ihm, dem offiziellen Leiter des Uranprojekts, künftig alle geplanten Veröffentlichungen über kernphysikalische Themen zur Genehmigung vorlegen muss. So entsteht ein lebenslanger Streit zwischen dem Nobelpreisträger und dem Apparatschik.

Die Ernennung von Heisenberg als wissenschaftliche Instanz für die Atomversuche erweist sich nicht als die glücklichste Wahl: Als Theoretischer Physiker hat der Quantenmechaniker keine Ahnung von der Planung, dem Aufbau und der Durchführung von Großexperimenten und der erforderlichen Infrastruktur. Mehrfach verrechnet sich Heisenberg bei der Kalkulation des Materialbedarfs, etwa an Uran. Und als Walther Bothe vom Heidelberger KWI die Ergebnisse seiner Versuche zu geeigneten »Moderationssubstanzen« für den geplanten Uranbrenner vorlegt, fällt Heisenberg nicht auf, dass Bothe ein Fehler beim Materialeinsatz unterlaufen war. Dass seine Messungen folglich und in Wahrheit nicht verwertbar sind.

Die »Moderatoren« eines Atomreaktors sollen die mobilisierten Neutronen auf die ideale Geschwindigkeit für die gewünschte Kettenreaktion bringen. Bei der Spaltung des Uranatoms werden diese Kernbausteine mit hoher Geschwindigkeit freigesetzt. Nun müssen sie abgebremst werden, um gezielt bei den benachbarten Uranatomen eine Kettenreaktion zu starten und so die optimale Energiemenge zu erzeugen. Bothe hatte in seinen Versuchen Graphit, also mutmaßlich reinen, nicht kristallisierten Kohlenstoff, als Moderator getestet – und war zu dem Schluss gekommen, dass diese vergleichsweise gut verfügbare Substanz nicht taugt. Ein Fehler, wie sich erst nach Kriegsende herausstellen soll: Bothes Graphit war verunreinigt, enthielt womöglich auch Spuren des Elements Bor, das bis heute als »Neutronenbremse« etwa im Abklingbecken von Atommüll-Zwischenlagern eingesetzt wird. Reines Graphit hingegen dient nach wie vor nahezu überall als Moderationssubstanz. Als Theoretischer Physiker kam Heisenberg erst gar nicht auf die Idee nachzufragen, warum die plausibel klingende These, Graphit ergebe einen guten Moderator, in der Praxis nicht umsetzbar war, wo sich also Fehler in das Experiment eingeschlichen haben könnten.

So zieht er denn aus Bothes Ergebnissen den falschen Schluss, dass nur »Schweres Wasser«, ein besonders seltenes Isotop, das aus anormalen, quasi fehlgebildeten Wasserstoffatomen gebaut ist, als Moderator für den geplanten Uranbrenner taugt. Von dieser Flüssigkeit werden vor dem Zweiten Weltkrieg weltweit nur ein paar Kilogramm jährlich gewonnen. Heisenberg glaubt jedoch, mehrere Tonnen Schweres Wasser für die Versuche des Uranprojekts zu benötigen.

War es die akademische Hybris des Theoretischen Physikers Heisenberg, die zu dem Denkfehler führte, die entscheidende Weiche falsch stellte? Oder war es doch nur Ahnungslosigkeit, Oberflächlichkeit, Schlampigkeit? – Jedenfalls gerät die technische Nutzung des neuen Wunderwerks in Deutschland von Anfang an zu einer Materialschlacht. Ständig drohen Beschaffungsprobleme dem ambitionierten Vorhaben den Garaus zu machen. Denn natürlich gibt es in Kriegszeiten auch nicht genügend Uran für alle geplanten Experimente: Im April 1940 beantragt Heisenberg beim Heereswaffenamt 500 bis 1000 Kilogramm Uranoxid für seine Versuche in Leipzig. Diebner schreibt ihm zurück, er solle sich mit Harteck in Hamburg einigen, der für seine Zwecke 100 bis 300 Kilogramm benötigt. Harteck will mit Trockeneis als Moderatorsubstanz arbeiten, was ihn unter Zeitdruck setzt. Denn das Trockeneis schmilzt. Im Mai erhalten die Hamburger dann nur 50 Kilogramm Uranoxid – viel zu wenig für ihren geplanten Versuchsansatz.

Außerdem wachsen nun zumindest bei Teilen der Teams moralische Zweifel, ob die Experimente nicht für den Bau einer »Superbombe« missbraucht werden könnten. Paul Rosbaud, ehemals Mitarbeiter der international renommierten Fachzeitschrift »Naturwissenschaften« und später unter dem Decknamen Griffin (»Greif«) Spion für den britischen Geheimdienst MI6, unterrichtet 1939 seine englischen Gesprächspartner, dass »deutsche Physiker« den Atombombenbau in ihrem Land behinderten, indem sie »eine Mitarbeit verweigerten«.

Der deutsch-jüdische Physiker Fritz Reiche, an dessen Flucht aus Deutschland Otto Hahn maßgeblich mitgewirkt hat, überbringt dann im April 1941 die Botschaft an den ebenfalls in die USA emigrierten Physiker Rudolf Ladenburg, dass speziell

Heisenberg die Arbeit seiner Leipziger Arbeitsgruppe an einer möglichen »Uranbombe (…) so weit wie möglich zu verzögern versucht, aus Furcht vor den katastrophalen Ergebnissen eines Erfolgs«. Ladenburg trägt diese Botschaft weiter an seinen amerikanischen Kollegen Lyman Briggs, der mit Regierungsstellen zusammenarbeitet. Im Mai 1943 informiert schließlich der deutsche Spion Erwin Respondek seine amerikanische Kontaktperson, Heisenbergs Forschergruppe baue absichtlich »Schwierigkeiten« auf, um die Arbeiten an dem Uranprojekt zu verlangsamen.

Aber treffen denn die Kolportagen der Geheimdienstler zu, die sich damals wie zu anderen Zeiten der politischen Spannung gern wichtigtun? Haben Heisenberg und seine Weggenossen tatsächlich technische Entwicklungen gezielt verzögert? Etwa jene, die zu einer »Superbombe« hätten führen können? Der Schriftsteller Robert Jungk, Träger des »Alternativen Nobelpreises« (Right Livelihood Award, 1986), Friedens- und Umweltaktivist, 1992 Kandidat der österreichischen Grünen für die Bundespräsidentenwahl, legt eine solche Interpretation in seinem Bestseller »Heller als tausend Sonnen« nahe – wobei er sich vor allem auf Carl Friedrich von Weizsäcker beruft.

Seriöse Wissenschaftshistoriker wie der Amerikaner Mark Walker können für diese Annahme jedoch keine Belege finden. Dafür war das deutsche Uranprojekt politisch wie wissenschaftlich viel zu wichtig, viel zu prestigeträchtig. Heisenberg spricht selbst von einer kriegsentscheidenden Rolle seiner Forschungen zu dem Thema. Walker und seine Fachkollegen gehen daher von einer ambivalenten Haltung der deutschen Kernphysiker aus. Die führt dazu, dass das Uranprojekt, dem aktuellen Kriegsgeschehen und den davon abgeleiteten Erfordernissen folgend, mal den einen, mal den anderen Weg zu seiner technischen Umsetzung einschlägt – und dabei das Ziel eines Bombenbaus mehr oder weniger zufällig aus dem Blickfeld verliert.

Auch dabei geht es um persönliche Interessen, um Karrierechancen, Einfluss, Macht, Geltung. Carl Friedrich von Weizsäcker, unter vielem anderen in den 1980er Jahren Vordenker und Stichwortgeber für die westdeutsche Friedensbewegung, tut sich in den Jahren 1940 und '41 durch besonderen Bombeneifer hervor. Und als ein getreuer Vasall der Nationalsozialisten, die den aufstiegsgierigen 28-Jährigen mehr oder weniger geheimdienstlich einsetzen.

Im Frühjahr 1941 verfasst Weizsäcker als erster Mitarbeiter des Uranprojekts einen Patentantrag für einen »Uranbrenner«. Innovativ ist daran vor allem der Hinweis auf einen neuen »Brennstoff«: ein noch unbekanntes Element – das später als Plutonium bekannt und berüchtigt werden soll, ein besonders potentes Bombenmaterial.

Weizsäcker postuliert: Das neue Element lässt sich bei einer Kettenreaktion »ausbrüten«, wie sie bei der Spaltung von Uran etwa tatsächlich in heutigen Großreaktoren ablaufen kann. Der junge Forscher ist überzeugt: Der kraftvolle Kernspalter kann chemisch leicht herausgelöst werden aus den übrigen Substanzen im Innern eines Reaktors. In seinem Patentantrag will Weizsäcker dann das Element explizit »in eine Bombe« einbauen, sodass die bei der Spaltung »entstehenden Neutronen in der überwiegenden Mehrzahl zu Anregung neuer Spaltungen verbraucht werden und nicht die Substanz verlassen«. Dabei produzieren sie eine aberwitzige Hitze und entfalten ungeheure Sprengkraft.

Das Deutsche Patentamt nimmt Weizsäckers Antrag aus formalen Gründen nicht an. Sein erfahrener Kollege Karl Wirtz überarbeitet das Papier. Der neue, am 28.4.1941 eingereichte Text enthält keine Hinweise mehr auf Bomben und Explosionsstoffe – und wird genehmigt. Aufgrund dieser Erfahrung – technische Fortschritte im Zusammenhang mit der Kernspaltung lassen sich am besten erzielen, wenn man nicht von Bomben spricht – taucht fortan keiner der martialischen Begriffe mehr in den Veröffentlichungen des KWI für Physik auf. Im Mittelpunkt der technischen Fragen steht nur noch eine »Uranmaschine«, keine »Superbombe« oder andere Waffentechnik.

In einem 1993 veröffentlichten Interview gesteht Weizsäcker seine wahren Motive im Frühjahr 1941. Die waren hochpolitisch. Zugleich egoistisch, narzisstisch – und naiv: Die technische Umsetzung eines Reaktors oder einer Bombe sei für ihn bloße Pflichtübung gewesen, sagt der Physiker. Ihn habe vielmehr »der träumerische Wunsch« angetrieben: »Wenn ich einer der wenigen Menschen bin, die verstehen, wie man eine Bombe macht, dann werden die obersten Autoritäten mit mir reden müssen, einschließlich Adolf Hitler.« Schon 1991 hatte Weizsäcker im Hinblick auf diese Idee dem »Spiegel« gegenüber eingeräumt: »Ich gebe zu, ich war verrückt.«

Was den aufstrebenden Forscherstar aus gutem Hause – sein Vater Ernst war zu jener Zeit Staatssekretär im Außenministerium, sein jüngerer Bruder Richard sollte 1984 der sechste Präsident der Bundesrepublik werden – jedoch nicht davon abhält, auch im Ausland für das deutsche Uranprojekt zu werben. Etwa bei einer Vortragsreise im Frühjahr 1941 ins besetzte Dänemark, wo er über Astrophysik sowie über die Kant'sche Philosophie und die Atomforschung spricht und hinterher geheime Berichte über das Publikum und über die dänischen Wissenschaftler für die deutschen Besatzer verfasst.

Damit qualifiziert sich Weizsäcker bei den Nationalsozialisten für weitere Vortragsreisen in das skandinavische Land – für die er dann auch seinen Mentor und Vorgesetzten Werner Heisenberg einwerben kann. Die beiden verabreden, einen für September 1941 angesetzten Besuch in Kopenhagen zu nutzen, um mit dem dort arbeitenden Nestor der Atomphysik, Niels Bohr, über Möglichkeiten und Gefahren der technischen Nutzung zu sprechen.

Nach dem Krieg behauptet Heisenberg wiederholt, er habe bei dieser Gelegenheit die weltweit anerkannte Leitfigur Bohr für eine Boykott-Initiative gewinnen wollen, in der Physiker aller Länder die Entwicklung einer Bombe unmöglich machen sollen. Also auch die Kollegen beim künftigen Kriegsgegner USA, deren »Manhattan Project« zur Entwicklung von Kernwaffen bereits konkrete Gestalt annimmt.

Doch die beiden Entsandten scheitern: Weizsäcker gelangt gar nicht erst bis zu Bohr – sein schneidig-deutsches Auftreten war in der Wissenschaftlerszene des besetzten Kopenhagens nicht gut angekommen. Und Heisenberg, der bei den antideutsch eingestellten Mitgliedern eines dänischen Gesprächskreises versucht hatte, den Russlandfeldzug von Hitlers Wehrmacht zu legitimieren, stellt sich bei den Gesprächen mit dem Freund und Förderer so ungeschickt an, dass der ihn gar nicht bis zu Ende anhört.

Auch spätere Ansätze, dem moralisch sensiblen und als Halbjude tief verängstigten Bohr die Gefahr einer Atombombenentwicklung und ihres Einsatzes durch das deutsche Militär klarzumachen, misslingen. Bohr und Heisenberg, so die heute vorherrschende Meinung der Wissenschaftshistoriker nach Jahrzehnten der Forschung, haben bei ihren Geheimgesprächen im September 1941 gründlich aneinander vorbeigeredet. Keinem ist gelungen, die Sichtweise des anderen auch nur zu verstehen. Geschweige denn, ihr mit Argumenten zu begegnen.

Am 2. Dezember 1941, zwei Tage vor dem Angriff der Japaner auf Pearl Harbor und dem Kriegseintritt Amerikas, fordert das Heereswaffenamt (HWA) als Auftraggeber und Finanzier einen schriftlichen Entwicklungsstand des Uranprojekts, insbesondere einen Zeitplan für militärische Nutzanwendungen der Atomspaltung. Heisenberg reicht jedoch nur eine umfangreiche Materialanforderung für die nächste Stufe von Reaktorversuchen ein, darunter 5 – 10 Tonnen Schweres Wasser, 5 – 10 Tonnen Uran in Gussstücken und so weiter. Trotz dieser utopisch großen Mengen bleibt der Nobelpreisträger vage in seinen Terminaussichten, wann denn mit einer ersten funktionsfähigen »Uranmaschine« zu rechnen sei. An keiner Stelle seines Reports erwähnt Heisenberg den Begriff nukleare Sprengstoffe oder andere Möglichkeiten, mit denen sich die Kernspaltung waffentechnisch nutzen ließe. In seiner Ambivalenz erkennt er offenbar weder die Dringlichkeit noch die Brisanz der Anfrage aus dem HWA. Nach außen bleibt er ein Befürworter der nationalsozialistischen Kriegsführung; bei der Entwicklung technischer Lösungen zeigt er sich weiter ungeschickt, akademisch verkopft und verzettelt. Nur auf moralischer Ebene will er schon jetzt Bedenken gehabt haben, wie er jedoch erst nach dem Krieg eröffnet.

Kurt Diebner hingegen, formal immerhin Leiter des Uranprojekts und direkt beim HWA beschäftigt, stellt auf einem internen Wissenschaftler-Workshop am Berliner KWI für Physik vom 26.–28. Februar 1942 eine Übersicht »Energiegewinnung aus Uran« vor – die auch auf die Herstellung eines potenten »Explosionsstoffs« eingeht.

In einer Vortragsreihe des Reichsforschungsrats für führende Persönlichkeiten aus Politik, Wirtschaft und Verwaltung, die parallel zu dem Workshop im benachbarten Harnack-Haus stattfindet, spricht Heisenberg schließlich über die »Theoretischen Grundlagen für die Energiegewinnung aus Uranspaltung«. Das Niveau seines Vortrags, gibt er nach dem Krieg zu Protokoll, hat der Kernphysiker absichtlich auf das – offenbar stark begrenzte – Begriffsvermögen des anwesenden Reichserziehungs- und Wissenschaftsministers Bernhard Rust abgestimmt: Um das Phänomen einer kontrollierten Kettenreaktion zu erklären, verwendet Heisenberg etwa Metaphern aus der Familienplanung.

Die Beamten des Heereswaffenamtes kommen daher Ende Februar '42 zu dem Schluss, die Atomforschung habe auf absehbare Zeit nichts zum Verlauf des Krieges beizutragen, auch nicht für die feindlichen Mächte. Sie unterstellen das Uranprojekt folglich wieder dem zivilen Reichsforschungsrat und Abraham Esau. Der unliebsame NS-Gefolgsmann wird im Jahr darauf jedoch durch den weniger penetranten Walther Gerlach ersetzt, Physikprofessor an der Uni München und nach dem Krieg deren erster Rektor.

Mit dem Ausscheiden aus der Zuständigkeit des HWA sind Diebners herausgehobene Position im Uranprojekt und seine Aussichten auf eine förmliche Leitung des KWI für Physik endgültig passé. Das gesamte Institut wird wieder von der KWG verwaltet und alimentiert – und die macht sich sogleich daran, den seit dem Fortgang von Peter Debye freien Institutsleiterposten nach eigenen Kriterien zu besetzen.

Gleich vier Prominente setzen sich für Werner Heisenberg als neuen Leiter des KWI für Physik ein – und bremsen damit den Heidelberger KWI-Direktor Walther Bothe aus, der gern an das renommiertere Institut in Dahlem gewechselt wäre: Adolf Butenandt, Direktor des benachbarten KWI für Biochemie, Otto Hahn, Max von Laue sowie im Hintergrund Max Planck.

Albert Vögler, ein einflussreicher Stahlindustrieller aus dem Ruhrgebiet und als Nachfolger des verstorbenen Carl Bosch seit August 1941 Präsident der Kaiser-Wilhelm-Gesellschaft, bevorzugt ebenfalls den talentierten, eifrigen und von den Nationalsozialisten vermeintlich gut steuerbaren Nobelpreisträger als Leuchtturm- und Leitfigur für Dahlem – und so übernimmt Heisenberg im Herbst 1942 offiziell die gut dotierte Leitung des KWI für Physik.

Für Kurt Diebner ist dann dort kein Platz mehr. Doch der HWA-Physiker gibt nicht klein bei, organisiert sofort den Bau neuer Reaktoranlagen in seiner Gottower Forschungsstelle und auf dem Heeres-Versuchsgelände in Kummersdorf südlich von Berlin. Diebners Experimente und Reaktormodelle, das räumen Wissenschaftshistoriker ein, waren viel effizienter, raffinierter und zugleich robuster als alles, was der Theoretische Physiker Heisenberg zunächst in Leipzig, später auch in Berlin und im schwäbischen Hechingen und Haigerloch auf die Beine gestellt hat. Was nach dem Krieg unter anderem dazu führt, dass der akademisch kaum satisfaktionsfähige Diebner zusammen mit Weizsäcker, Wirtz, von Laue, Hahn, Heisenberg, Gerlach und einigen anderen Forscherkoryphäen zu der Gruppe von Kernphysikern zählt, die im britischen Farm Hall monatelang interniert werden. Die Siegermächte wollen dort herausfinden, wie weit der Bau einer Atombombe im Nazi-Deutschland tatsächlich fortgeschritten war und ob die Wissenschaftler von der NS-

Herrschaft missbraucht worden waren. Einen Bombenbau, das mussten die trickreichen Verhörexperten nach monatelanger Befragung erkennen und einräumen, hatte jedoch keiner der Internierten über längere Zeit favorisiert oder gar voranzutreiben versucht.

Widersacher in Sachen Atombombe: Mit einer »Wunderwaffe«,
wie sie Rüstungsminister Albert Speer im Juni 1942 von den
deutschen Atomforschern fordert, soll sich das Kriegsglück wieder
zugunsten der deutschen Wehrmacht wenden. Physik-Nobelpreisträger
Werner Heisenberg lässt das unmöglich erscheinen.

Die kriegsentscheidende Ananas

Bei einer geheimen Sitzung im Harnack-Haus können Werner Heisenberg und eine Handvoll weiterer Wissenschaftler, vor allem aus dem Dahlemer Forschungscampus, im Juni 1942 dem NS-Rüstungsminister Albert Speer und ranghohen Generälen die Idee einer deutschen »Superwaffe« auf der Basis einer Kernspaltungstechnik endgültig ausreden. Sie verhindern somit einen europäischen Atomkrieg. Enttäuscht und empört über die akademische Bedenkenträgerei der Atomforscher investieren die Militärs fortan lieber in die Raketen des Wernher von Braun und ähnliche »Vergeltungswaffen«.

Anfang Juni 1942 tanzt Berlin in den dritten Kriegssommer. Schon kurz nach Pfingsten ist es so warm, dass die Frauen in ärmellosen Kleidern über die Boulevards der Hauptstadt flanieren, die Männer mit Sandalen ins Büro gehen. Über Wochen zeigen sich allenfalls weiße Wolkentupfer am strahlend blauen Himmel; aus den Strandbädern der vielen Seen tönt das Gekreisch spielender Schulkinder und das Quietschen plantschender Backfische, als hätten die großen Ferien längst begonnen.

Auch sonst herrscht Hochstimmung bei vielen Bürgern des damals gewaltig aufgeblähten Deutschen Reiches: Bis auf ein halbes Dutzend Länder ist ganz Europa besetzt oder verbündet mit Nazideutschland. In der Sowjetunion stürmt die Wehrmacht immer weiter nach Osten in Richtung Wolga und Kaukasus, die Ölfelder am Kaspischen Meer scheinen zum Greifen nah – was die Versorgung mit Treibstoffen garantieren könnte, wovon vor allem die gigantische Militärmaschinerie Unmengen braucht. Die

Ukraine und andere »Kornkammern«, die in schwierigen Kriegszeiten die Lebensmittelversorgung sicherstellen können, sind ebenfalls besetzt. In Nordafrika rasen General Rommels Panzertrup-
pen von Sieg zu Sieg, beherrschen bis auf Ägypten die gesamte
Mittelmeerküste. In den Babelsberger Filmstudios der Ufa dreht
Veit Harlan den Kostümfilm »Der Große König« als Metapher
auf Herrscher- und Heldenmythen; nebenan arbeitet Rolf Hau-
sen mit Zarah Leander an der Romanze »Die große Liebe«. Die
Volksempfänger spielen in jenem Juni bereits die beiden Schlager
aus dem Film, die zu den größten Erfolgen der schwedischen Diva
gehören: »Davon geht die Welt nicht unter« und »Ich weiß, es
wird einmal ein Wunder geschehen«.

Auch in der Dahlemer Gelehrtenkolonie der Kaiser-Wilhelm-
Gesellschaft herrscht in diesem Frühsommer eine gelöste Stimmung. Die Zeiten der politischen und rassischen »Säuberungen«
unter den Belegschaften der Institute sind vorbei, Albert Vögler,
Aufsichtsratsvorsitzender der Vereinigten Stahlwerke und seit 1941
als Nachfolger des verstorbenen Carl Bosch Präsident der KWG,
bringt durch seinen ruhigen, auf Kooperation mit den NS-Machthabern gerichteten Führungsstil Stabilität in die zuvor gebeutelte
Elite-Organisation.

Dank der Einstufung als »kriegswichtige Betriebe« dürfen die
männlichen Beschäftigten – sie stellen im damaligen Wissenschaftsbetrieb den Löwenanteil der Mitarbeiter – nicht zum
Militär eingezogen werden. So bleiben die Belegschaften der
wichtigsten Institute stabil, in den Laboren gelingt manch origi-
nelles Experiment, entstehen bahnbrechende Veröffentlichungen.
Einige der Dahlemer Institute blühen in dieser Zeit regelrecht auf.
Allen voran das KWI für Physik. Die jahrelange Besetzung und
Beschlagnahme durch das Heereswaffenamt (HWA) ist beendet;
Kurt Diebner, der akademisch vergleichsweise nur gering quali-
fizierte HWA-Gruppenleiter, ist als Geschäftsführender Direktor
des KWI für Physik abserviert, nachdem »das Uranprojekt«, wie
die Bündelung mehrerer Forscherteams zur technischen Nutzung
der Kernspaltung im Jargon heißt, wieder zum zivilen Vorhaben

erklärt, dem HWA entzogen und dem Reichsforschungsrat unterstellt worden war.

Am KWI für Chemie wird sogar neu gebaut: Aus einer Fördersumme von 200.000 Mark von der Deutschen Industriebank entsteht ein großer Turm, das »Minerva Gebäude«, für zwei Linearbeschleuniger und somit für Versuche zur Kernspaltung. Die neue Abteilung für Massenspektroskopie, umgewidmet nach der Flucht von Lise Meitner, erhält wenigstens einen Barackenneubau. Der Jahresetat des KWI wächst rapide, vor allem das Luftfahrtministerium und das Oberkommando der Wehrmacht steuern hohe Summen bei, aber auch das Rüstungsministerium, neu zugeschnitten und geleitet vom frisch inthronisierten Albert Speer.

Mit der Übernahme dieses Postens im Februar 1942 steht der militärisch völlig unerfahrene Architekt – Speers Geburtsjahrgang 1905 hatte nicht einmal einen Pflichtwehrdienst leisten müssen – vor schier unlösbaren Aufgaben: Generell fehlt dem damals schon grotesk aufgeblähten deutschen Kriegsapparat nahezu jeder Rohstoff, vor allem mangelt es an Eisen und Stahl. Die anfänglich so erfolgreiche Blitzkriegtaktik hat sich totgelaufen: Am 11. Dezember 1941 hatten die USA auch Deutschland den Krieg erklärt – der europäische Waffengang war damit zu einem Weltenbrand geworden. Und Mitte Januar 1942, kurz vor Speers Amtsantritt, war die Schlacht um Moskau für die deutsche Wehrmacht verlustreich verloren gegangen. Zudem ist Speer nicht darauf vorbereitet, ein Ministeramt zu übernehmen. Sein Vorgänger Fritz Todt war bei einem Flugzeugabsturz ums Leben gekommen. Hitler setzte seinen Günstling als dessen Nachfolger auf einen der wichtigsten Posten im Kriegskabinett, ohne dass Speer auch nur die Chance einer Einarbeitung gehabt hätte.

Folglich müssen schnell Erfolge her. Hitler sucht nach einer »Wunderwaffe«, mit der er das sich schon deutlich neigende Kriegsglück wieder und endgültig zu seinen Gunsten wenden will. So erinnert Heereswaffenchef Friedrich Fromm den neuen Rüstungsminister an die Versprechungen einer »Atombombe« und eines »Kernexplosionsstoffes« mit ungeheurer Hitze-Entwicklung und Sprengkraft. Von denen hatten die Atomphysiker schon geschwärmt, kurz nachdem es Otto Hahn und Fritz Strassmann im Dezember 1938 gelungen war, im Labor zum ersten Mal Uranatome zu spalten.

Für Speer ist es dabei unerheblich, dass die Beamten des Heereswaffenamtes und des Erziehungsministeriums in diesen Februartagen des Jahres 1942 zu der Erkenntnis kommen, die Kernspaltung lasse sich nicht militärisch nutzen. Zumindest nicht in der aktuellen Entscheidungsphase des nun tobenden Zweiten Weltkriegs. Und dass sie im selben Zug verfügen, die vom HWA beschlagnahmten Laborgebäude am KWI für Physik ihrem Eigner, der KWG, komplett zurückzugeben. Technische Nutzanwendungen, die sich militärisch oder zivil aus der Atomspaltung erzielen lassen, sollen nicht mehr wie bisher vom Heereswaffenamt entwickelt und bezahlt werden, sondern vom zivilen Reichsforschungsrat.

Aus Speers Sicht wurden diese Entscheidungen gefällt von weisungsgebundenen, vergleichsweise kleinen Beamten. Tatsächlich hatte bis auf den im Kriegsgeschehen einflusslosen Erziehungsminister Rust niemand aus dem höheren NS-Führungskreis an der Februar-Tagung zur Neusortierung des »Uranprojekts« im Harnack-Haus teilgenommen – wiewohl alle eingeladen waren. Speer will die Angelegenheit deshalb noch einmal überprüfen – von höchster Warte, mit höchster militärischer und wirtschaftlicher Kompetenz.

Für den Abend des 4. Juni setzt der Rüstungsminister daher eine geheime Sitzung an, die im Gästebuch des Harnack-Hauses schlicht als »Arbeitstreffen« eingetragen ist: Daran teilnehmen soll neben ihm selbst und seinem Staatssekretär und Technischen Direktor Karl-Otto Saur auch Ferdinand Porsche. Der geniale Autokonstrukteur ist einer von Speers wichtigsten Fachleuten: Mobilität der Truppen ist in diesem Phasenübergang des Krieges eine der zentralen Größen. Zudem genießt Porsche im obersten Führungskreis der Nazis höchstes Vertrauen, weil er in den Sümpfen um das niedersächsische Fallersleben innerhalb weniger Monate eine Fabrikstadt mit dem martialischen Namen Wolfsburg aufgebaut hat. Deren Fließbänder stellen Tausende von geländegängigen »Kübelwagen« her, basierend auf Porsches Entwürfen für einen »Volkswagen«. Die machen die Wehrmacht mobil für immer neue Feldzüge. Zudem versteht der Ingenieur generell eine Menge von Technik.

Zu Speers Delegation gehören außerdem ranghöchste Militärs: Erhard Milch, Generalinspekteur und Generalzeugmeister der deutschen Luftwaffe; Friedrich Fromm, General der Artillerie, Chef der Heeresrüstung und Befehlshaber des Ersatzheeres; Karl Witzell, Generaladmiral und Chef des Marinewaffenhauptamts, sowie Emil Leeb, ebenfalls General der Artillerie und Leiter des Heereswaffenamtes. Mithin der oberste Chef von Kurt Diebner, dem inzwischen entmachteten Koordinator des »Uranprojekts«.

Diebner soll auf der gegenüberliegenden Seite des Konferenztischs Platz nehmen: auf jener, von wo aus die führenden deutschen Atomforscher erklären sollen, wie weit ihre Versuche zu einer »Superbombe« oder einer ähnlichen »Wunderwaffe« fortgeschritten sind. Wie viel Geld sie dafür noch brauchen, welche Materialien, Maschinen und Laborausrüstungen besorgt, Infrastrukturen aufgebaut werden müssen.

Es soll aber auch um praktische und taktische Fragen der Kriegsführung gehen. So wollen die Militärs wissen: Wie viel Sprengkraft würde der neue kerntechnische Explosivstoff je Kilogramm entwickeln? Wie schwer wäre folglich eine daraus gefertigte Sprengladung? Wie müsste sie umhüllt und eingepackt werden, wie könnte man sie ins Ziel bringen? Als Artilleriegranate? Im Wasser an der Spitze eines Torpedos? Oder nur als Fliegerbombe? Wäre sie temperaturempfindlich, erschütterungsstabil? Welcher Flugzeugtyp könnte sie transportieren, wie ließe sie sich zünden? Und vor allem: Wann wäre diese »Wunderwaffe« einsetzbar?

Auf der Seite der Wissenschaft sind außer Diebner geladen: Nobelpreisträger Werner Heisenberg, KWI-Direktor Otto Hahn, dazu Physikprofessor Paul Harteck aus Hamburg sowie Karl Wirtz, der Jungforscher aus dem KWI für Physik, der den ersten genehmigten Patentantrag für eine »Uranmaschine« geschrieben hat.

Als Tagungsort haben sich die Rüstungspolitiker, Militärs und Wissenschaftler das Harnack-Haus ausgesucht. Dessen Helmholtz-Hörsaal ist bestens ausgerüstet, auch für den Fall, dass es praktische Vorführungen geben sollte. Außerdem ist die Küche des Club- und Gästehauses zumindest bei Abendgesellschaften trotz der in Kriegszeiten rationierten Lebensmittelversorgung noch immer bemerkenswert; die Vorräte und die Auswahl an Weiß- und Rotweinen sind »seit jeher groß«, wie der Physik-Nobelpreisträger Max von Laue in jenem Jahr an Lise Meitner in deren schwedisches Exil schreibt.

Der Hausherr gehört beiden Gruppen von Konferenzteilnehmern an und übernimmt deshalb den formalen Vorsitz: Albert Vögler ist Präsident der KWG und als einer der wichtigsten Stahlbarone zugleich Albert Speers Generalbevollmächtigter für die Rüstungs- und Kriegsproduktion im Ruhrgebiet.

Die geheime Sitzung im Helmholtz-Saal ist für 18 Uhr angesetzt. Trotz der hochsommerlichen Atmosphäre draußen, trotz der Rosenpracht in den Rabatten und des Jasmindufts aus den Heckenzonen des Gartens herrscht im Helmholtz-Saal von Anfang an klamme Stimmung. Denn alle Teilnehmer haben mehr Sorgen mitgebracht, als sie einander oder gar der Öffentlichkeit eingestehen wollen. So macht das Kriegführen auf mehreren Kontinenten, zu Wasser und in der Luft den Deutschen im Sommer 1942 ernsthaft Mühe – entgegen dem Propagandagedröhn im täglichen Wehrmachtsbericht.

Auch daheim im Reich wird die Lage brenzlig: Die Briten haben Flächenbombardements begonnen, denen weder die Luftwaffe noch die -abwehr viel entgegensetzen kann. Nach drei Angriffswellen, in denen die Royal Air Force 25.000 Brandbomben nahezu

ungehindert über Lübeck abwerfen konnte, ist am Palmsonntags-
wochenende 1942 die historische Altstadt einem Feuersturm zum
Opfer gefallen; Dom und Marienkirche wurden stark beschädigt.
Ende April haben die britischen Bomber vier Nächte lang Rostock
angegriffen, Industrie- wie Wohngebiete zerstört. Und im Mai
noch mal nachgelegt.

Nur fünf Tage vor der geheimen Sitzung im Harnack-Haus
wurde Köln zum ersten Mal heimgesucht – von tausend Bom-
bern in einer Nacht. Der britische Premier Winston Churchill und
sein Fliegergeneral Harris lassen keinen Zweifel daran, dass sie die
Angriffe in den nächsten Monaten verstärken, »Deutschland in
die Steinzeit zurückbomben« wollen. Und schon rüstet auch die
amerikanische Luftwaffe Bombergeschwader aus, die demnächst
nach Europa verlegt und die britischen Einsatztruppen unterstützen sollen.

Die ins Harnack-Haus entsandten Militärs und Rüstungsexper-
ten stehen entsprechend unter Druck. Luftwaffengeneral Milch
verrät seine Sorgen und Ängste über den Fortgang des Krieges
an jenem Abend mit dem Satz: »Wenn wir verlieren, können wir
gleich alle Strychnin nehmen.« Für Heisenberg ein Zeichen, dass
selbst der Generalfeldmarschall einen deutschen Sieg keineswegs
mehr für gesichert hält.

Aber auch die Wissenschaftler ziehen kleinmütig und zerstrit-
ten in die Sitzung. Nach dreieinhalb Jahren Forschung mit rund
hundert Wissenschaftlern an einer Handvoll Standorten kann
das »Uranprojekt« keine wegweisenden Ergebnisse vorlegen. Es
gibt keine Meilensteinpläne für die Weiterentwicklung der Experimente, keine präzisen Projekte – und fast keine konkreten Ziele
zur technischen Umsetzung der Möglichkeiten, die sich durch die
Kernspaltung eröffnen.

Das hat vor allem praktische Gründe: Die bisherigen Experimente waren extrem aufwendig und risikoreich. Denn was am einzelnen Atom noch relativ gut erklär- und kontrollierbar sein mag,
das lässt sich wegen der Explosions- und der Strahlungsgefahren
schon bei grammweise eingesetzten Reinsubstanzen in gewöhn-

lichen Laboren kaum mehr handhaben. Heisenberg, der Theoretische Physiker, und Diebner, der Praktiker vom Heereswaffenamt, verfolgen technisch konträre Konzepte für künftige Versuchsaufbauten und -strategien.

Zudem behindert die alliierte Seeblockade massiv die Uranversorgung. Man braucht viele Tonnen Erz, um daraus wenige Kilo spaltbares Material zu gewinnen. Schließlich können die deutschen Forscher die Kettenreaktionen kaum im beabsichtigten Sinn steuern. Nach einem systematischen Fehler im Versuchsaufbau – statt purem Graphit wurde verunreinigter Kohlenstoff eingesetzt – gehen die deutschen Atomforscher irrtümlich davon aus, dass nur »Schweres Wasser« als »Moderationssubstanz« für ihre Experimente taugt. Deren Moleküle enthalten sehr seltene »schwere« Wasserstoff-Isotope; laut Laborspott kam die Flüssigkeit zu ihrem Namen, weil sie »noch schwerer zu beschaffen ist als spaltbares Uran«.

Schließlich hat zumindest Heisenberg, der intellektuell führende Kopf und der ambitionierteste Wissenschaftler, auch moralische Bedenken. Ein Besuch in Kopenhagen bei seinem Mentor Niels Bohr, dem Vater der Atomphysik und einer weltweit anerkannten Instanz der Wissenschaftsethik, hat im vorangegangen Herbst nicht zu dem von Heisenberg erdachten Moratorium geführt, die Entwicklung von Atomwaffen weltweit auszusetzen, zumindest für die Dauer des Krieges. Dabei hat die Regierung der USA, das weiß der Deutsche, bereits Milliarden für die Kernspaltungsexperimente des »Manhattan Projects« bewilligt. Labore werden aufgebaut, Apparate besorgt. Heisenbergs ehemaliger Doktorand Edward Teller, inzwischen nach Amerika emigriert, arbeitet dort maßgeblich mit.

So muss sich Heisenberg entscheiden: Folgt er seinem Ehrgeiz und tritt in Konkurrenz zu den amerikanischen Atomforschern? Oder gelingt es ihm, den deutschen Militärs und Rüstungspolitikern die Idee einer Atombombe auszureden? So einfach wie beim vorausgegangenen Treffen im Februar, bei dem nur vergleichsweise harmlose Beamte und militärisch nicht so versierte, aufs

Siegen und Krieggewinnen programmierte Zuhörer zu überzeugen waren, wird es bei der heutigen Sitzung sicher nicht werden. Ein offenes »Nein« zur Bombe, so viel ist klar, kann es hier nicht geben. Dazu stehen die Generäle, der Minister und sein Staatssekretär zu sehr unter Druck.

Im Helmholtz-Saal sitzen sich die Vertreter der beiden Parteien skeptisch gegenüber: Für die Rüstungsverantwortlichen und Militärs sind die Kernspalter kopflastige Wolkenschieber und Papiertiger. Zauderer, die mehr Zeit und Energie aufs Formulieren eines Problems verwenden als auf eine zupackende Lösung. Dünkelhafte Kariertquatscher, deren Horizont an den Fensterbänken ihrer Labore endet.

Keiner der anwesenden Wissenschaftler ist ein offener Nazi-Gegner. Doch stört sie die Eindimensionalität ihrer Gegenüber, die stumpfe Fixierung auf Macht und deren Anwendung, auf die platt-technische Umsetzung komplexer Erkenntnisse aus dem Atomkern, dem Innersten des modernen Weltbilds. So begegnen sie der kühlen Härte der Kriegsführungskräfte mit der Arroganz, die in jener Epoche im akademischen Elfenbeinturm besonders gern kultiviert wird.

Das Gespräch verläuft mal gereizt, mal schleppend. Als Speer eingangs fragt, wie denn »die Kernphysik zur Herstellung von Atombomben anzuwenden« sei, geht ein Raunen durch den Saal. Offenbar hat auf der Forscherseite niemand erwartet, dass das Thema kerntechnischer Waffen so offen angesprochen wird.

Heisenberg tritt als Wortführer der Wissenschaftsseite auf, hält seinen Vortrag »Die Arbeiten am Uran-Problem«, der, wie der Titel besagt, vor allem die Probleme aufzeigt: bei der Materialbeschaffung, bei der Konstruktion neuer Versuchsanordnungen, beim Aufbau einer komplizierten Infrastruktur: Während in den USA bereits mehrere Zyklotrone arbeiten – Teilchenbeschleuniger, die für die Uranspaltung wesentlich effizienter arbeiten als die primitiven Beschleunigermodelle, die in Deutschland eingesetzt werden –, können seine Kollegen vom Uranprojekt nur auf das

Zyklotron im besetzten Paris zurückgreifen. Das wird von Franzosen bedient, die nur widerwillig die Anordnungen der deutschen Besatzer befolgen und deren Projekten hinhaltenden Widerstand entgegensetzen.

Sein Ministerium, wendet Speer ein, verfüge über genügend Mittel, um im eigenen Land neue Zyklotrone zu errichten – oder wie diese Wundermaschinen auch immer heißen mögen. Für deren Bau, entgegnet Heisenberg, habe man im eigenen Land aber zu wenig Erfahrung. Der Vortragende, so wird schnell klar, hat für die Probleme, die er aufzeigt, kaum Lösungen, allenfalls in einer fernen Zukunft.

Solche Aussagen stoßen auf Unverständnis bei den Generälen, erzeugen Unmut. Speer versucht also, den Dialog zu steuern. Doch die Militärs fallen ihm, dem ungedienten Zivilisten, ungeduldig ins Wort. Heisenberg will die Schwierigkeiten der Uranbeschaffung, die Knappheit von Schwerem Wasser schildern, immer wieder unterbrochen von dem ebenfalls ungeduldigen Diebner, der seine Vorstellungen auch zu Gehör bringen und durchsetzen will.

Am Ende der komplizierten, oft nur halb laut vorgetragenen Beiträge über Uran-Isotope und ein mutmaßliches »Element 94« (das nach seiner Entdeckung Plutonium genannt werden wird), über Neutronenhagel und Beschaffungsprobleme fragt Luftwaffen-Generalfeldmarschall Erhard Milch, was seine Seite des Tischs am meisten interessiert, heute, nur wenige Tage nach dem verheerenden britischen Luftangriff auf Köln: Wie groß denn eine Uranbombe sein müsse, mit der sich eine ganze Stadt schlagartig zerstören lasse? – Heisenberg zögert nicht mit der Antwort: »So groß wie eine Ananas«, sagt der Physik-Nobelpreisträger und illustriert mit beiden Händen das Format.

Niemand, auch nicht er selbst, kann später erklären, was ihn auf diesen exotischen Vergleich gebracht hat. Die Tropenfrüchte sind im seeblockierten Kriegsdeutschland beinahe so selten wie Goldnuggets oder Hagelkörner der angezeigten Größe. Doch Heisenbergs Zuhörer nicken: Die einen, weil sie wohl beeindruckt sind. Die anderen, weil sie glauben, nun den endgültigen Beweis für die Verschrobenheit der hier versammelten Forschungsfürsten gehört zu haben: Die obersten Militärs der derzeit potentesten kriegführenden Weltmacht fragen explizit nach Massenvernichtungswaffen – und diese Eierköpfe von Wissenschaftlern antworten mit dem Hinweis auf exotisches Obst! Untermalen dies auch noch durch eine Geste!

Zum ersten Mal an diesem Tag macht sich eine Stille breit im Helmholtz-Saal des Harnack-Hauses. Die einen empfinden sie als Ausdruck der Nachdenklichkeit, die anderen als Fassungslosigkeit. Geräusche vom feierabendlichen Badebetrieb am Pool des Harnack-Hauses dringen herein: das Geschrei tobender Kinder, mahnende Töne der Erwachsenen. Jemand ruft:»Arschbombe!«, dann hört man ein lautes Platschen. Lachen.

Als Heisenberg registriert, was er mit seiner plastischen, aber unüberlegten Antwort angerichtet hat, rudert er sofort zurück. Solche Angaben seien rein hypothetisch, versichert er wortreich. Unter den gegenwärtigen Umständen scheine ihm keine Form vorstellbar, mit der die Kernspaltung kriegstechnisch genutzt werden könne. Umfangreiche Vorstudien seien notwendig, die verschiedensten Ansätze gelte es zu erproben, auch die Vorstellungen des Kollegen Diebner seien zu berücksichtigen. Schließlich müsse man auch die Ergebnisse der Experimente mit dem Pariser Zyklotron abwarten, das demnächst nach Heidelberg kommen soll, dort aber erst errichtet werden muss. Das alles werde Jahre dauern.»Wie viele?«, fragt Speer genervt.»Drei, eher vier«, antwortet Heisenberg kleinlaut. Und das auch nur, wenn die Uranversorgung aller Arbeitsgruppen verbessert werde. Wenn es immer genug Schweres Wasser gebe, das ja so schwer zu besorgen sei.

Damit ist das Thema vom Tisch. Der Form halber wird noch diskutiert, ob sich über das besetzte Belgien Uran aus den Minen von Katanga beschaffen lässt, im Südosten der belgischen Kolonie Kongo gelegen. Ob das ebenfalls besetzte Norwegen deutlich mehr Schweres Wasser als bisher liefern könne, immerhin gibt es dort eine große Anlage zu dessen Gewinnung. Aber Reichsmarschall

Hermann Göring hat vor wenigen Tagen die unmissverständliche Losung ausgegeben, bis auf weiteres ausschließlich kriegswichtige Projekte aufzugreifen. Andere Vorhaben, die erst nach dem erhofften Endsieg Nutzen versprechen, müssten bis dahin auf Eis gelegt werden. Was nach den Ausführungen des Professor Heisenberg und dem Verlauf der gesamten Gesprächsrunde bedeutet: Weder die im Harnack-Haus versammelten Forscher des »Uranprojekts« noch sonst eine deutsche Arbeitsgruppe wird konkret mit der Entwicklung einer Atomwaffe beauftragt. Das Nazi-Reich, die Wehrmacht, die deutsche Forschung ist auf absehbare Zeit raus aus dem Projekt.

Für den »Spiegel« hat Speer 1967 die Gründe für diese Entscheidung schriftlich zusammengefasst: In den Augen der Kriegsverantwortlichen waren die Wissenschaftler geradezu konfus aufgetreten. Ziellos, planlos, akademisch verstaubt. Angetrieben allenfalls von der Missgunst gegenüber dem anderen Forschungsansatz. Und viel zu kleinmütig. Als er nach dem konkreten Förderbedarf des »Uranprojekts« fragte, bekam er die Antwort: zusätzliche 40.000 Mark. Luftwaffenchef Milch erinnert sich an Speers Reaktion: »Es war eine so lächerlich geringe Zahl, dass Speer mich ansah und wir beide über die Weltfremdheit und Naivität dieser Leute den Kopf schüttelten.« Wie sollte aus solchen Kinkerlitzchen etwas Kriegsentscheidendes herauskommen? Aus einer Ananas?

Nach der Sitzung wird KWG-Präsident Vögler heftige Kritik üben am Kleinmut »seiner« Wissenschaftler. Speer hatte ihn zur Rede gestellt: Wie konnte es sein Generalbevollmächtigter, ein erfahrener Großindustrieller, wagen, einen inhaltlich in Kriegszeiten maximal geforderten Rüstungsminister auf eine Tagung über ein Thema mit derart geringer Tragweite, mit so kleinem Volumen zu locken?

Also muss Heisenberg, inzwischen Direktor des KWI für Physik, im Juli 1942 nachbessern. Was ihm nur in äußerst bescheidenem Rahmen gelingt: Die bisherige Kalkulation für die wenig phantasieanregenden Posten »wissenschaftliche Kosten, Personalkosten und allgemeine Kosten« wird pauschal von 275.000 auf 350.000 Mark erhöht. Der Aufschlag ist so lächerlich, dass Speer nun endgültig überzeugt ist: Die Arbeiten des deutschen »Uranprojekts« brauchen ihn nicht zu interessieren. Mangels Masse.

Dennoch will Speer am 4. Juni 1942 das Harnack-Haus nicht ganz und gar unverrichteter Dinge wieder verlassen. Halbherzig bewilligt er den Bau eines Bunkers auf dem Gelände des Dahlemer KWI für Physik. Das Gebäude soll größere Sicherheit für die nächste Runde der Spaltungsexperimente bieten. Auch im Hinblick auf Luftangriffe – was zwar niemand offen ausspricht an jenem Abend, aber auch für die Berliner Villenviertel sind solche Heimsuchungen nicht mehr vollständig auszuschließen.

In den 1960ern bilanziert Heisenberg den Ausgang der Verhandlungen, den Erfolg seiner ausweichenden Hinhaltetaktik mit einem Stoßseufzer: »Gott sei Dank« habe man in Deutschland die Bombe nicht bauen können!

Nach der mühsamen Sitzung im Helmholtz-Saal empfangen die Generäle ihre Ordonnanzen einzeln in kleinen Besprechungszimmern des Harnack-Hauses, erfahren Neuigkeiten von den vielen Fronten und legen die Tagesordnungen, die Teilnehmerkreise für ihre Besprechungen am nächsten Tag fest. Danach diniert der heterogene Teilnehmerkreis der Kernspaltungs-Konferenz gemeinsam im dunkel vertäfelten Duisberg-Saal. Die Tische sind gedeckt mit gestärkten weißen Leinentischdecken. Man isst mit schwerem Silberbesteck, trinkt aus geschliffenen Kristallkelchen und hat sich nur noch wenig zu sagen.

Die Militärs brechen gleich nach dem Essen auf, für die auswärtigen Wissenschaftler ist in den Gästezimmern der oberen Etage aufgebettet. Heisenberg kann Speer noch zu einem Bummel durch den Institutscampus überreden, der gleich hinter dem Harnack-Haus beginnt. Die Atomforscher wollen ihre raffinierten technischen Geräte vorführen, die am KWI für Physik in den jüngeren Jahren angeschafft wurden, etwa die Hochspannungsanlage für den Teilchenbeschleuniger im »Turm der Blitze«.

Unterwegs kann der Wissenschaftler dem Hitler-Vertrauten dieselbe Frage nach der persönlichen Einschätzung zum weiteren Kriegsverlauf stellen wie zuvor dem Luftwaffengeneral Milch. Speer, so erinnert sich Heisenberg, sei abrupt stehen geblieben und habe ihn lange unverwandt angestarrt. Dann sei er wortlos weitergegangen.

Der Physiker interpretierte Speers Sprachlosigkeit in seinem eigenen Sinn: Warum stellen Sie mir eine solche Frage?, hört der Forscher aus dem Schweigen des Ministers heraus. Und: Wir beide kennen die Antwort, und wir beide wissen, dass wir es uns nicht erlauben können, sie in Worte zu fassen.

Es dauert fast drei Wochen, bis Speer bei Hitler Bericht erstattet über das Ergebnis der Gespräche an jenem 4. Juni. Das Thema findet sich als 16. Punkt einer Tagesordnung und wird in wenigen Sekunden abgehakt. In dürren Worten fasst Speer zusammen, was er von den vielen Unmöglichkeiten des Uranprojekts behalten hat, vor allem von dessen entlegenem Zeithorizont für nächste Versuchsergebnisse und weiterführende Überlegungen einer militärischen Nutzung. Hitler winkt sofort ab. Für akademische Spitzfindigkeiten ist die Reichskanzlei in jenen Tagen nicht der richtige Ort. Zumal Hitler längst ein anderes, vielversprechendes Projekt verfolgt. Sein Generalzeugmeister der Luftwaffe, jener Feldmarschall Milch, der auch im Harnack-Haus dabei war, hat wenige Tage nach der verunglückten Sitzung einen Großauftrag für sogenannte Vergeltungswaffen unterzeichnet. Die Forscher der Heeresversuchsanstalt Peenemünde, die handfester arbeiten und kriegerischer denken als die »Klugschnacker« der KWG, haben auf der Ostseeinsel Usedom zum einen unbemannte Marschflugkörper entwickelt, die mit einem völlig neuartigen »Pulsstrahlantrieb« Bomben über viele Hundert Kilometer Entfernung ins Ziel bringen. Zum zweiten zeichnet sich eine noch interessantere neue

Technik ab: ein Raketenantrieb, entwickelt von dem kühnen Ingenieur Wernher von Braun, der ebenfalls schon in Peenemünde experimentiert und erste Probeflüge startet.

Zwar sind die ersten »V-Waffen« – Drohnen, die sich wie Kamikaze-Flieger gleich beim ersten Einsatz selbst vernichten – nicht fernlenkbar. Sie können sich, wenn sie unterwegs in Turbulenzen geraten, allenfalls stabilisieren; ihr Kurs wird vor dem Start rein mechanisch programmiert über Präzisionsuhrwerke. Doch fliegen sie dank ihres Düsentriebwerks und später dank ihres Raketenantriebs so schnell, dass weder die britischen Spitfire-Jagdflugzeuge noch die feindliche Flak etwas gegen sie ausrichten können. Jedes Projektil trägt die Zerstörungskraft von 850 Kilo Sprengstoff in die englischen, später auch in die belgischen, französischen und holländischen Großstädte und Industriezentren. Tausendfach abgeschossen sorgen die Flugkörper dort für Angst und Schrecken und erlauben daheim kernige Propagandasprüche über »Vergeltung« – für Lübeck, Rostock, Köln und was an Vernichtungszielen sonst noch zu nennen sein wird.

Teil 3
Krieg und Krise,
Widerstand, Untergang
(1942 – 1945)

In einer solch entsetzlichen Situation, wie wir sie jetzt in Deutschland vorfinden, kann man nicht mehr richtig handeln. Bei jeder Entscheidung, die man zu treffen hat, beteiligt man sich an irgendeiner Art von Unrecht.

MAX PLANCK, *Physik-Nobelpreisträger 1918 und als Präsident der Kaiser-Wilhelm-Gesellschaft von 1930 bis 1936 Hausherr im Harnack-Haus*

Man musste an die Zeit nach der Katastrophe denken: Inseln des Bestandes bilden, junge Leute sammeln und möglichst lebendig durch die Katastrophe bringen und dann nach dem Ende wieder neu aufbauen (…) Dazu gehörte wohl unvermeidlich, Kompromisse schließen und dafür mit Recht bestraft werden – und vielleicht noch Schlimmeres.

Werner Heisenberg, Physik-Nobelpreisträger des Jahres 1932 und von 1942 bis 1945 Direktor des Kaiser-Wilhelm-Instituts für Physik in Berlin-Dahlem

*Die Dahlemer Forscherkolonie unter NS-Herrschaft:
vorn Reichswissenschaftsminister Bernhard Rust; daneben Albert Vögler,
Stahl-Baron aus dem Ruhrgebiet, Vertrauter von Rüstungsminister
Albert Speer und seit 1941 Präsident der Kaiser-Wilhelm-Gesellschaft
(KWG). Daneben der greise Max Planck, Physik-Nobelpreisträger
von 1918 und in den 1930ern Präsident der KWG.*

Bunker, Luftschutzgräben, Schweinemast

Erst im dritten Kriegsjahr werden die konkreten Gefahren und Auswirkungen des Zweiten Weltkriegs auch im Harnack-Haus spürbar: Nahrungsmittel werden rationiert, Luftschutzeinrichtungen benötigen Platz, Servicekräfte fehlen. Der Betriebskindergarten muss geschlossen, die Gymnastikkurse müssen reduziert werden. Immer mehr Ausgebombte oder im Ausland ausgewiesene Diplomaten belegen die Gästezimmer und -wohnungen, so wird auch der Hotelbetrieb für prominente Wissenschaftler eingestellt. Und statt der einst großzügigen, weltoffenen und vertrauensvollen Atmosphäre herrscht bald eine Stimmung, die von Missgunst, Selbstsucht und Kleinlichkeit geprägt ist.

Wie die meisten Deutschen nehmen auch die Beschäftigten und Gäste des Harnack-Hauses den Zweiten Weltkrieg anfangs nur indirekt wahr – über die Wochenschauen im Kino, die Radioberichte und andere Massenmedien. Tatsächlich ist im Berlin der Jahre 1939 und '40 noch nichts zu spüren von Bomben und Kanonendonner: Die Kämpfe spielen sich weit entfernt in Polen ab, später in Belgien, Frankreich, den Niederlanden, in Dänemark und Norwegen. In Deutschland gibt es keine Versorgungsengpässe, keine zivilen Opfer; die Zahl der verwundeten Soldaten ist so gering, dass sie im Straßenbild nicht auffallen. Auch bleibt die Zahl der deutschen Kriegstoten in jenen Jahren so klein, dass die Zeitungen nicht wie später Sonderteile für die Todesanzeigen drucken müssen.

Die Veranstaltungen im Harnack-Haus, vor allem die Vortragsreihen, die Medizinischen und Biologischen Abende und andere hochakademischen Formate, sind lange vorgeplant. So kommt es selten zu Ausfällen. Im Januar 1940 gibt es 18 Buchungen für die Räume und Säle des Club- und Gästehauses – so viele wie in Friedenszeiten. Doch ändern sich die Nutzer: Außer der NSDAP sind alle Parteien verboten, die Gewerkschaften sind aufgelöst, viele der akademischen, kulturellen und sozialen Gesellschaften und Vereine sind entweder ebenfalls verboten oder wurden in NS-Organisationen integriert. Sie fallen als Veranstalter aus. Im Jahresabschluss des Harnack-Hauses für 1939/40 wird stattdessen eine neue Kategorie für die Saalbuchungen eingeführt: »Aus Partei und Staat«: Hier tauchen das Gaupropagandaamt der NSDAP, das Kulturamt der Reichsjugendführung, die Hitlerjugend und der Bund deutscher Mädel (BDM), das Rasse- und Siedlungshauptamt, der Reichsluftschutzbund, das Luftgaukommando und andere Institutionen des nationalsozialistischen Staates auf.

Zu den Abendessen, die der KWG-Präsident noch immer regelmäßig im Harnack-Haus veranstaltet, werden vermehrt »Vertreter von Partei, Staat und Wehrmacht« geladen. Zu den Teilnehmern einer solchen Veranstaltung im Februar 1939 gehören zum Beispiel der zu jener Zeit im Wissenschaftsbetrieb allgegenwärtige SS-Sturmbannführer Rudolf Mentzel, unter anderem Präsident der Deutschen Forschungsgemeinschaft (DFG); dazu Reichsjustizminister Franz Gürtner sowie aus dem Außenministerium Ernst von Weizsäcker. Letzterer wird nach dem Krieg wegen Verbrechen gegen die Menschlichkeit zu fünf Jahren Haft verurteilt. Der SS-Oberführer ist der Vater des Atomforschers Carl-Friedrich, der damals noch als Assistent von Lise Meitner im KWI für Chemie arbeitet, und des späteren Bundespräsidenten Richard von Weizsäcker.

Auch die Programmschwerpunkte und die Atmosphäre des Club- und Gästehauses verschieben sich in Richtung einer härteren Linie. Der ursprüngliche Gedanke eines offenen Austauschs zwischen Wissenschaft, Kultur, Wirtschaft, Politik und Gesellschaft, einer interdisziplinären Vernetzung der Forschung wie auf den anglo-amerikanischen Forschungscampus erscheint nur noch wie ein ferner Traum.

Zwar hat es schon zuvor Veranstaltungen mit NS-Prominenten im Harnack-Haus gegeben: Gustaf Gründgens, zu dem Zeitpunkt Generalintendant der Preußischen Staatstheater und als Protegé von Reichsmarschall Hermann Göring zum Preußischen Staatsrat ernannt, hatte zum Beispiel Ende Januar 1937 im voll besetzten Goethe-Saal einen Vortrag über Goethes »Faust« gehalten. Mit großem Erfolg: Zwanzig deutsche Zeitungen hatten damals über die Veranstaltung mit dem legendären Mephisto-Darsteller berichtet.

Keine fünf Wochen später liest der Schriftsteller Ernst von Salomon aus seinen Werken, anschließend findet ein förmlicher Gesellschaftsabend zu Ehren des Autors statt. Salomon, in der Weimarer Republik als Freikorpskämpfer, Rechtsterrorist, Putschist und wegen seiner Teilnahme an der Ermordung des Außenministers Walther Rathenau zu insgesamt sieben Jahren Zuchthaus verurteilt, war bei den Nationalsozialisten zum viel geachteten Romancier, Publizisten und Drehbuchautor von Propagandafilmen aufgestiegen – trotz seiner weiterhin abenteuerlichen politischen Haltung, die ihn jetzt Juden schützen lässt – etwa seine Lebensgefährtin Ille Gotthelft.

Doch je weiter der Krieg fortschreitet, desto mehr werden die Auswirkungen und Härten auch im Harnack-Haus spürbar. Der geistige Horizont schrumpft, die Dimensionen der dort geführten Dialoge werden enger.

Im Jahr 1939 moniert Georg Graue, Leiter der nationalsozialistischen Betriebszelle aller KWG-Institutionen in Berlin und Führer des Dozentenbundes in der NSDAP, bei KWG-Generalsekretär Ernst Telschow die vielen Gedenktafeln, die im Harnack-Haus an jüdische Stifter erinnern – etwa von Mobiliar und Inventar. Der NS-Mann in der Funktion eines heutigen Betriebsrats fordert eine Demontage der Tafeln, bevor die Partei Schritte gegen diese Inschriften unternehme, und rät zu vorauseilendem Gehorsam als einem »Akt der Klugheit und des Taktes gegenüber den Grundsätzen der Partei«.

Tatsächlich werden in den nächsten Tagen im Harnack-Haus alle Gedenktafeln an »nicht arische« Spender und Gönner entfernt. Zugleich auch jene, die an den ehemaligen KWG-Generaldirektor Friedrich Glum erinnern, der 1937 trotz seiner auch aus nationalsozialistischer Sicht untadeligen Abstammung in Ungnade gefallen war und zurücktreten musste – vor allem wegen seiner Selbstherrlichkeit, aber auch wegen unliebsamer Aktionen wie der Gedenkfeier für Fritz Haber im Harnack-Haus 1935.

Wenig später interveniert SS-Mann Rudolf Mentzel, inzwischen im Reichserziehungsministerium aufgestiegen zum Abteilungsleiter Wissenschaft, gegen die Verpflichtung des spanischen Soziologen, Kulturphilosophen und Essayisten José Ortega y Gasset für einen Vortrag im Harnack-Haus. Der Mitverfasser der republikanischen spanischen Verfassung von 1931 und Autor des Standardwerks »Der Aufstand der Massen« hat sich öffentlich gegen die faschistische Junta unter General Franco ausgesprochen und lebt im Pariser Exil. Er gilt daher als Gegner des mit NS-Deutschland ideologisch verbrüderten Spanien: »Im Einvernehmen mit dem Auswärtigen Amt ersuche ich Sie daher, bis auf weiteres von einer Einladung des Professors Ortega y Gasset abzusehen,« schreibt Mentzel an KWG-Generalsekretär Telschow.

Die geisteswissenschaftliche Vortragsreihe im Harnack-Haus, ursprünglich als Ausgleich und Ergänzung zur radikal naturwissenschaftlichen Ausrichtung aller Kaiser-Wilhelm-Institute auf dem Dahlemer Forschungscampus gedacht, wird nun mehr und mehr zu einer Propagandaplattform für »deutsche« Wissenschaften – geprägt von nationalsozialistischem Gedankengut. So soll Walther Wüst, Direktor des Seminars für Arische Kultur- und Sprachwissenschaft der Universität München, im Herbst 1940 über »Arische Philologie als Schlüsselwissenschaft großdeutscher Forschung« referieren. Nachdem der SS-Standartenführer und besondere Günstling des SS-Reichsführers Heinrich Himmler seinen Auftritt im Harnack-Haus aber zum wiederholten Mal abgesagt hat, spricht stattdessen Major Professor Walter Elze über »Frühe deutsche Weltpolitik und Weltgeltung«. In dem Vortrag geht es um die Verteidigung »aller Erscheinungsformen« der deutschen »Volksheit«. Seit Anfang Juli 1940 wird mittwochs um 13.30 Uhr im Goethe-Saal die jeweils aktuelle Kriegs-Wochenschau gezeigt. Der Eintritt ist frei.

In diesem Jahr bricht im Harnack-Haus der Umsatz des Wirtschaftsbetriebs um fast 25 Prozent ein. Etliche »wehrfähige« Mitarbeiter der Kaiser-Wilhelm-Institute waren zum Militärdienst einberufen worden, viele weibliche Angestellte sind inzwischen in Rüstungsbetriebe gewechselt. Die verbliebenen Wissenschaftler und Laborantinnen haben immer seltener die Muße, ihre Mittagspause mit einem handfesten Essen im Harnack-Haus und hinterher mit Zeitungslektüre, Schachspiel oder ähnlicher entspannender Kurzweil auf der Terrasse, im Lesesaal oder im parkähnlichen Garten zu verbringen. Auch wird für das Mittagessen der Service am Tisch gestrichen. Fortan herrscht Selbstbedienung im Liebig-Gewölbe.

Immerhin erteilt der Stadtpräsident von Berlin eine Ausnahmegenehmigung zur Erhöhung der Mietpreise für die Gästezimmer und -wohnungen in den Obergeschossen um bis zu 75 Prozent. So steigen wenigstens in diesem Segment die Einnahmen deutlich. Doch obwohl die Unterkünfte zuvor renoviert wurden, ruft die Maßnahme bei etlichen Mietern Protest hervor. Zum Beispiel beschwert sich Generalkonsul Reinhardt, zu Beginn des Krieges zusammen mit seiner Familie aus England ausgewiesen und seither in einer der Gästewohnungen des Harnack-Hauses untergebracht, beim Stadtpräsidenten: Die Zimmer würden »nicht mehr so ordentlich besorgt wie es – auch bei vernünftiger Berücksichtigung der Kriegszeit – der Fall sein sollte«.

Als NS-Betriebsrat mag Georg Graue die Kritik des abgehalfterten Diplomaten nicht auf seinen Kolleginnen aus der Harnack-Haus-Belegschaft sitzen lassen. In einer Retourkutsche moniert er

Wochen später das Benehmen der Reinhardt-Töchter: Die hätten »es für richtig gehalten«, ihren Hund im Schwimmbecken baden zu lassen. »Vorhaltungen über ihr ungebührliches Verhalten haben sie in nicht sehr erfreulicher Weise quittiert.« – Das Mitbringen von Hunden ins Schwimmbad des KWG wird daraufhin per Aushang verboten. So hält die spannungsgeladene Atmosphäre des Krieges schon früh Einzug in das einst so gastliche, weltoffene Harnack-Haus und schlägt dort um in Gezänk, Rechthaberei und Nickeligkeit.

Der neuen Haus-Chefin Angelika von Schuckmann, Nachfolgerin der viel gerühmten, aber auch viel bespöttelten Margarethe Carrière, fehlen Charme und Resolutheit, um dies zu ändern. Außerdem die geschäftliche Fortune: KWG-Generalsekretär Ernst Telschow muss die Leiterin im November 1940 ermahnen, bei Organisationen, Gesellschaften und Vereinen Buchungen für größere, repräsentative Veranstaltungen im Harnack-Haus einzuwerben. Nahezu zeitgleich wird der KWG-Betriebskindergarten geschlossen, der ebenfalls im Harnack-Haus untergebracht ist. Die Kosten waren zu hoch.

Ein ähnlich misslicher Punkt: immer mehr Silberbesteck kommt abhanden. In den acht Monaten seit der jüngsten Inventur sind vom Sortiment des Harnack-Hauses ein Mokkalöffel, elf große Gabeln, sechs große Messer, fünf Dessertmesser, 33 Kaffeelöffel und eine Dessertgabel verschwunden.

Um die Versorgung mit Gemüse zu verbessern, werden auf einer 335 Quadratmeter großen, ehemaligen Rasenfläche im Garten des Harnack-Hauses seit dem Sommer 1940 Salat und Karotten, Kohlrabi und Radieschen, Zwiebeln, Erbsen und Bohnen angebaut. Bei noch immer etlichen Hundert Essensportionen, die pro Woche serviert werden, ist dies jedoch kaum mehr als ein Tropfen auf dem heißen Stein. Die genutzte Fläche wird daher schon bald vergrößert, sodass auch Kartoffeln gepflanzt und geerntet werden können.

Im Jahr 1941 gehen die Einnahmen des Harnack-Hauses um weitere 13 Prozent zurück. Was unter anderem bewirkt, dass nun externe Gäste für eine Einladung zum Mittagessen je eine Fettmarke zu zehn Gramm und Fleischmarken zu je 50 Gramm abgeben müssen. Lebensmittel sind im dritten Kriegsjahr zum Teil rationiert.

Bei seiner nächsten Sitzung kritisiert der Verwaltungsrat des Club- und Gästehauses, dass noch immer nicht genügend externe Veranstaltungen im Harnack-Haus eingeworben wurden. Als Ursache für dieses Problem gibt Angelika von Schuckmann jetzt die große Entfernung des Club- und Gästehauses von der Innenstadt an: Etliche private Kraftfahrzeuge wurden zu Kriegszwecken requiriert, scheiden also als Transportmittel aus. Und wegen der angeordneten Verdunklung empfinden viele aushäusige Gäste den nächtlichen Weg zur U-Bahn als zu gefährlich. Die Autobuslinie, die direkt vor dem Harnack-Haus eine Haltestelle hatte, verkehrt nicht mehr spätabends. So kommt auch ein Gutteil des gesellschaftlichen Lebens im Club- und Gästehaus der KWG indirekt durch die Kriegseinwirkungen zum Erliegen.

Ende September 1941 wird im Goethe-Saal der antisemitische NS-Propagandafilm »Der Jidel mit der Fidel« gezeigt – nur für Mitarbeiter der KWG. Otto Hahn und andere Institutsdirektoren haben auf die Einladung gar nicht reagiert. Nur Physik-Nobelpreisträger Max von Laue, der befürchtet, dass hier wieder einmal der Geige spielende Jude Albert Einstein verhöhnt werden soll, sieht sich den Streifen an – und berichtet in einem seiner typisch offenen, vertrauensvollen Briefe an seine Kollegin Lise Meitner von einem »höchst belanglosen, langweiligen Film, der auf jiddisch gegeben wurde und irgendwo in Polen oder Russland jetzt aufgenommen sein muss«.

Höhepunkt des wissenschaftlichen Programms im Jahr 1941 ist ein Vortrag des inzwischen 83-jährigen Max Planck vor den versammelten Institutsdirektoren der KWG und ausgewählten Gästen, darunter Richard Schulze, Hitlers persönlicher Adjutant und Ordonnanzoffizier sowie der berüchtigte Abraham Esau, Präsident der Physikalisch Technischen Reichsanstalt. Bevor Planck an einem Novembernachmittag über »Sinn und Grenzen der Wissenschaft« spricht, wird für jeden Teilnehmer ein Glas Sherry oder ein Cocktail gereicht. Im Frühjahr 1942 startet eine neue Vortragsreihe zum Thema Film; bei der ersten Veranstaltung spricht immerhin der Präsident der Reichsfilmkammer.

In der nächsten turnusgemäßen Sitzung des Revisionsausschusses beklagt Hausleiterin von Schuckmann abermals die schlechte Versorgungslage mit Lebensmitteln: Das, was noch an Gemüse, Kartoffeln und Fisch auf die Großeinkaufsmarke des Harnack-Hauses ausgeliefert werde, reiche oft nicht für die eigenen Gäste aus. So können dann auch keine Veranstaltungsräume vermietet werden, da die Auftraggeber fast immer auch nach einer Beköstigung verlangen.

Außerdem ist die Bewirtschaftung des Nutzgartens an seine Grenzen gekommen. Die Belegschaft selbst muss sich um dessen Pflege und um die Ernte kümmern, zusätzliche Arbeitskräfte lassen sich nicht gewinnen. Aus diesem Grund wird der Plan beiseitegelegt, die Anbaufläche durch eine Umwandlung der Tennisplätze in Gemüsebeete zu vergrößern. Der KWG-Präsident hatte zudem das Halten von Schlachtvieh, etwa Schweine, Hühner, Kaninchen empfohlen. Doch für deren Fütterung gibt es nicht genügend Küchenabfälle.

In der zweiten Jahreshälfte 1942 heiratet Angelika von Schuckmann einen Major von Bötticher. Die Hochzeit wird im Harnack-Haus gefeiert. Die Wirtschaftskammer Berlin-Brandenburg kritisiert daraufhin brieflich, dass dafür Schlachtgeflügel angefordert und geliefert worden war. Derartige Festlichkeiten dürfen fortan im Harnack-Haus nicht mehr »ohne besondere Genehmigung der zuständigen Polizeibehörde« veranstaltet werden.

Welch ein Unterschied zu der Großzügigkeit und Sorglosigkeit wie etwa bei den großen Kostümfesten Anfang der 1930er Jahre oder noch bei der Feier zu Max Plancks 80. Geburtstag Ende April 1938.

Anfang Februar 1943 schreibt die nun verehelichte Frau von Bötticher dem KWG-Generalsekretär Ernst Telschow: Bei einer polizeilichen Besichtigung seien mehrere dafür vorgesehene Gebäudeteile des Harnack-Hauses nicht als Schutzräume zugelassen worden. In die genehmigten Örtlichkeiten passen indes nur 150 Personen – zu wenige, um alle Beschäftigten der umliegenden Institute unterzubringen. Der inspizierende Polizeimeister habe zudem angeregt, das Gartengelände mit Splitterschutzgräben zu durchziehen. In diesen tief liegenden Gängen sollten Bewohner notfalls das Harnack-Haus auch während eines Bombenangriffs verlassen können. Außerdem wurden zwei Zweimann-Bunker an den Ecken des Grundstücks errichtet.

Telschow gibt den Ball weiter: Bei Rüstungsminister Albert Speer mahnt er den Bau eines zusätzlichen Luftschutzbunkers auf dem Forschungscampus der KWG an, für den bereits konkrete Baupläne vorliegen. Die Rettungsstelle im KWI für Anthropologie, menschliche Eugenik und Erblehre sei nicht einmal gesichert gegen Bombensplitter, argumentiert der Generalsekretär. – Speer antwortet nicht.

Wenige Tage später beschließt die Hausleitung, dass die Tanz- und Gymnastikkurse im Sportsaal des Harnack-Hauses – ursprünglich einmal angeregt von Lise Meitner – fortan nur noch der KWG-Belegschaft offen stehen. Angehörige, Hausgäste, Nachbarn und andere Betriebsfremde bleiben fortan ausgeschlossen. Der Reichsluftschutzbund hatte den Liegeraum neben der Turnhalle für besondere Notfälle mit sechs Krankenliegen ausgestattet. Auch müssen die Gästezimmer des Harnack-Hauses künftig anders belegt werden: Mindestens zehn Prozent sollen ständig freigehalten werden – für Ausgebombte. Ende Juni 1943 scheidet Angelika von Bötticher aus der Leitung des Harnack-Hauses aus.

Bei der nächsten Sitzung des Revisionsausschusses steht abermals eine verbesserte Versorgung durch eigene Schweinemast auf der Tagesordnung. Das KWI für Tierzuchtforschung in Dummersdorf hat jedoch eine Expertise geliefert, dass mit der Menge der im Harnack-Haus zu entsorgenden Küchenabfälle kein Schwein auf ein Schlachtgewicht von 150 Kilogramm zu bringen ist. So muss die Idee endgültig verworfen werden.

Im April 1943 schreibt Rudolf Mentzel, Chef des Amtes Wissenschaft im Reichserziehungsministerium und in der SS inzwischen zum Brigadeführer aufgestiegen, an den KWG-Präsidenten (»Lieber Herr Vögler ...«), er habe einen Professor Hofmann von außerhalb nach Berlin abkommandiert und müsse dem nun eine angemessene Wohnung besorgen. Er, Mentzel, »wäre daher außerordentlich dankbar«, wenn Vögler »die Leiterin des Harnack-Hauses anweisen könnten«, den Professor »bis auf weiteres dort wohnen zu lassen«. Natürlich kommt es so, wie von dem mächtigen Ministerialen gewünscht. Damit ist das Hausrecht der honorigen Kaiser-Wilhelm-Gesellschaft in ihrem eigenen Club- und Gästehaus endgültig ausgehöhlt. Die freie Bewirtschaftung der Unterkünfte wird aufgegeben, fortan wohnen dort, neben den Günstlingen der Macht, vor allem ausgebombte Mitarbeiter der Berliner KWI.

Am 9. November 1943 beschließen 30 geladene Institutsdirektoren der KWG im Harnack-Haus eine Verlagerung der Dahlemer Standorte in weniger kriegsgefährdete Provinzen. Otto Heinrich Warburgs KWI für Zellphysiologie hat kurz zuvor den Anfang gemacht, indem es ins »Seehaus« von Schloss Liebenberg in Brandenburg umzog. Werner Heisenbergs KWI für Physik und Otto Hahns KWI für Chemie organisieren ebenfalls einen Umzug. Die Naturwissenschaftler wechseln in weniger gefährdete württembergische Kleinstädte.

Am 20. November 1943 erbittet Ariane Unger, die neue Leiterin des Harnack-Hauses, ein Budget für die Weihnachtsgratifikation ihrer Mitarbeiter von der Zentralverwaltung. Doch Generalsekretär Telschow muss sich um Wichtigeres kümmern: Es gilt, eine Beschlagnahmung des Harnack-Hauses abzuwehren, aus dem ein Obdachlosenheim für den Bezirk Zehlendorf werden soll. Telschow weist seine Mitarbeiter an, »unter der Hand festzustellen, ob in Dahlem größere Villen leer sind«. Die wolle man dann dem

Stadtrat von Zehlendorf als Alternative anbieten. Denn die KWG benötigt das Harnack-Haus für eigene kriegsgeschädigte Mitarbeiter.

Zum Glück wird der Beschlagnahmungsbeschluss von 1943 genauso wenig umgesetzt wie ein späterer auf Veranlassung der Wehrmachtskommandantur Berlin.

Die jungen, ehrgeizigen Forscherfürsten von Dahlem:
Werner Heisenberg, im Alter von nur 31 Jahren mit dem Physik-Nobelpreis
ausgezeichnet, wird 1942 Direktor des Kaiser-Wilhelm-Instituts für Physik.
Adolf Butenandt, seit 1936 Direktor am KWI für Biochemie, wird 1939
im Alter von 36 Jahren der Chemie-Nobelpreis zugesprochen.

Nachtwanderung in eine ungewisse Zukunft – wie sich die neuen Forscherfürsten von Dahlem arrangieren

Nach den politischen »Säuberungen« an den Kaiser-Wilhelm-Instituten in den frühen Jahren der NS-Herrschaft rückt eine erfolgsbesessene Generation von Forschern nach, die vor allem eines will: vorankommen. Mit ihrer Konzentration auf Naturwissenschaft und Technik prägen die jungen KWI-Direktoren die Atmosphäre in der Dahlemer Gelehrtenkolonie, manche auch durch enge Kooperation mit den Machthabern. Andere richten den Blick in die Zukunft, auf die Zeit jenseits der NS-Herrschaft. Sie beeinflussen das Fortschrittsdenken in der deutschen Gesellschaft bis weit übers Kriegsende hinaus.

In der von Auf- und Durchbrüchen geprägten deutschen Wissenschaftsszene am Ende der 20er und in den 30er Jahren ist Adolf Butenandt ein typischer Überflieger: Aufgewachsen in einer Handwerker- und Kaufmannsfamilie in Bremerhaven-Lehe studiert er zunächst Chemie in Marburg. Dabei fühlt er sich vor allem zu den neuen biologischen Aspekten, den physiologischen Nutzanwendungen dieses Fachs hingezogen. Also belegt er zusätzlich biologische Lehrveranstaltungen und wechselt nach Göttingen. In dem Biochemie-Pionier Adolf Windaus findet er dort einen einflussreichen Förderer. Schon 1927, im Alter von 24 Jahren, promoviert Butenandt mit Bestnote summa cum laude über die chemische Struktur eines Insektenvertilgungsmittels, das sich aus einem Lianengewächs gewinnen lässt. In dieser Zeit beginnt auch sein Engagement im Jungdeutschen Orden, einem mystisch-rechtsnationalen Verband.

Während Butenandts Zeit als Universitätsassistent in Göttingen wird Adolf Windaus der Chemie-Nobelpreis des Jahres 1929 verliehen – eine prägende Erfahrung für den jungen Butenandt. Sein Mentor hatte die Struktur der Sterine entschlüsselt: komplizierte Moleküle, die in den Zellmembranen der meisten Lebewesen vorkommen, die aber auch die Basis für das Blutfett Cholesterin und für zahlreiche Hormone bilden.

Mit letzteren beschäftigt sich Adolf Butenandt gemeinsam mit seiner späteren Frau Erika von Ziegner, die als Medizinisch-Technische Assistentin in seinem Labor arbeitet und 1929 als Erste farnblattförmige Kristalle unter dem Mikroskop identifiziert: Das weibliche Geschlechtshormon Estron hatte sich bei den Versuchen in Kristallform niedergeschlagen. Später entdeckt Butenandt auch das wirksamere Progesteron. Wegen dieser epochalen Funde wird Adolf Butenandt ins neu eröffnete Harnack-Haus eingeladen.

Sein Vortrag im Januar 1930 zählt zu den ersten, die eine große Fachgemeinde in den Helmholtz-Saal locken. Seinen wissenschaftlichen Widersacher Bernhard Zondek, Chefarzt der Frauenheilkunde am Krankenhaus Spandau und Erfinder des ersten kommerziell nutzbaren Schwangerschaftstests, hatte Butenandt in einem Brief an seine Eltern schon zuvor als »widerlichen Juden« kategorisiert. An jenem Abend im Harnack-Haus macht er Zondek vor dem Publikum lächerlich, sodass dessen Kritik an Butenandts Entdeckungen und Rückschlüssen verstummt. Wegen des NS-Gesetzes »zur Wiederherstellung des Berufsbeamtentums« muss der jüdische Gynäkologieprofessor 1934 emigrieren, zunächst nach Schweden, dann nach Palästina.

Mit einer Arbeit über weibliche Sexualhormone wird Butenandt im Jahr 1931 habilitiert. Im selben Jahr identifiziert er das männliche Geschlechtshormon Androstenon und zeigt die enge chemische Verwandtschaft aller Sexualbotenstoffe mit dem Cortison. Im Jahr 1933 erhält er den Ruf auf den Lehrstuhl für Biologische Chemie an der Technischen Universität Danzig. Die zweisprachige Hansestadt gehört zu jener Zeit weder zu Deutschland noch zu Polen, sie wird vom Völkerbund verwaltet. Als der jugendlich wirkende Butenandt seinen Antrittsbesuch beim Danziger Rektor absolvieren will, weist ihn die Vorzimmerdame barsch zurück:»Magnifizenz empfangen heute keine Studenten!« – Der 30-Jährige, der wegen der markanten Narbe auf seiner Wange noch immer so aussieht wie das säbelfechtende Mitglied einer schlagenden Verbindung, das er einst war, antwortet mit einem selbstbewussten Lächeln:»Aber vielleicht Professoren ...«.

Butenandts Eintrag ins»Deutsche Führerlexikon« des folgenden Jahres, eine Art»Who's who« des nationalsozialistischen Deutschlands, trägt den eigenhändig angefügten Hinweis»rein arisch« – ein Vermerk, den sich die meisten seiner Professorenkollegen in jener Zeit noch verkneifen.

Seit 1934 kann Butenandt Sexualhormone nicht nur analysieren, sondern auch synthetisieren. Für das Patent zur Herstellung des hoch wirksamen Estradiol zahlt ihm die Schering AG in den Jahren 1936 – '40 rund 160.000 Reichsmark Lizenzgebühren – ein Vermögen. Im Jahr 1935 lädt die Rockefeller-Stiftung den jungen Forscherstar zu einer Vortragsreise durch die USA ein. Prompt erhält er einen Ruf auf den Biochemie-Lehrstuhl an der Elite-Universität von Harvard. Doch Butenandt lehnt ab – obwohl ihm sowohl sein Rektor an der TU Danzig als auch Rudolf Mentzel, der einflussreiche SS-Offizier im Reichserziehungsministerium, ausdrücklich zu einer Annahme raten.

Butenandt hat größere Pläne: Er will den Direktorenposten am KWI für Biochemie in Dahlem, der unbesetzt ist, seit Gründungsdirektor Carl Neuberg wegen seiner jüdischen Abstammung im Jahr 1934 zwangspensioniert worden war. Obwohl Mentzel den jungen Star»aus politischen Gründen« für ungeeignet hält – in den Augen des wissenschaftspolitischen Strippenziehers ist Butenandt noch immer zu wenig Nationalsozialist – und obwohl der NS-Dozentenbund im Jahr 1936 diese Einschätzung wiederholt: KWG-Generaldirektor Friedrich Glum, Präsident Max Planck und andere geschickte Strategen in der Generalverwaltung schaffen es, den ebenso talentierten wie ambitionierten Biochemiker nach Berlin zu berufen. Mit nur 33 Jahren leitet Adolf Butenandt eines der weltweit einflussreichsten Institute in dem in dieser Zeit so zukunftsweisenden Wissenschaftszweig der Biochemie.

Die Neubesetzung zeigt bald auch nach außen Erfolg: Zusammen mit dem in der Schweiz forschenden Leopold Ružička wird Adolf Butenandt der Chemie-Nobelpreis 1939 zugesprochen – ein weiteres Glanzlicht für die Dahlemer Gelehrtenkolonie, das gleichwohl seine Strahlkraft nicht voll entfalten kann. Gemäß einem »Führer-Erlass« von 1936, mit dem Hitler auf den Druck der Preiskomitees gegen die NS-Politik reagierte, darf kein Deutscher mehr einen Nobelpreis annehmen. Als der Biochemiker im Jahr 1949 schließlich doch noch die Medaille und Urkunde erhält, ist das Preisgeld verfallen.

Förderlich für Butenandts Berufung nach Berlin war sicher sein Eintritt in die NS-Partei, die ihm – trotz eines offiziellen Aufnahmeverbots – am 1. Mai 1936 noch im neutralen Danzig gelang. Offiziell hat Butenandt diesen Schritt zeitlebens bestritten. Erst posthum konnten eindeutige Beweise dafür vorgelegt werden.

In Berlin arbeitet Butenandt eng mit Walter Schoeller zusammen, dem Forschungschef der dort ansässigen Schering AG. Diese Kooperation bildet unter anderem die Wurzel für die bis heute anhaltende Marktführerschaft des Unternehmens (seit 2006 Teil des Bayer-Konzerns) auf dem Gebiet weiblicher Sexualhormone und oraler Verhütungsmittel wie der Anti-Baby-Pille.

Diese Industriekooperation sowie einige andere, vorgeblich »kriegswichtige« Forschungsvorhaben bringen Butenandts KWI zusätzliche Fördermittel und privilegierte Arbeitsbedingungen: Die Einnahme von männlichen Sexualhormonen wird von den Militärs »zur Steigerung der geistigen Spannkraft und der Leistungsfähigkeit des Mannes« angepriesen – und versuchsweise praktiziert. In einem Vortrag von 1943 rühmt Butenandt selbst das »Follikelhormon« Östrogen als potenzielles »Frostschutzmittel« für Soldaten gegen Erfrierungen und zur Unterstützung der Wundheilung.

Für die männlichen Mitarbeiter im KWI für Biochemie bedeuten diese »wehrwichtigen« Projekte eine Freistellung vom Kriegsdienst; der Institutsdirektor erhält dafür schon am 6. Juni 1942, sechs Monate nach Beginn der ersten Auftragsarbeiten, das Kriegsverdienstkreuz. Außerdem kann er sich davon Großgeräte wie ein exklusives Elektronenmikroskop für 100.000 Mark und einen großbürgerlichen Lebensstil in der Dahlemer Direktorenvilla leisten: Wie Kollege Otto Heinrich Warburg, sein Nachbar auf dem Campus in Berlins Südwesten, hält auch Butenandt zwei Pferde – sie heißen Freiherr und Baron – mit denen er so oft wie möglich ausreitet. Vor dem gemeinsamen Abendessen spricht das Ehepaar Butenandt mit seinen sieben Kindern ein gemeinsames Tischgebet.

Adolf Butenandt genießt sein privilegiertes Leben in vollen Zügen. Er spielt Tennis, verreist im Winter regelmäßig zum Skifahren, hört abends Schallplatten oder Radioübertragungen klassischer Musik und feiert jedes Jahr groß seinen Geburtstag. Die Kapitulation der französischen Armee ist ihm 1940 eine Einladung seiner Freunde ins »Café Kranzler« wert, ein Jahr später werden auch die Siege der Wehrmacht im »Russland-Feldzug« gebührend gefeiert. Im Kino sieht Butenandt gern den ersten Farbfilm der Ufa, »Frauen sind doch bessere Diplomaten« mit Marika Rökk und Willy Fritsch.

Als der 42-jährige Werner Heisenberg 1942 den Direktorenposten am renommierten Kaiser-Wilhelm-Institut für Physik antritt, kann er auf einen ähnlich kometenhaften Aufstieg in Wissenschaft und Gesellschaft zurückblicken wie der nur 16 Monate jüngere Butenandt. Gegenüber dem hanseatischen Kaufmannskind hat der Sohn eines Professors für mittel- und neugriechische Sprachen jedoch einen Startvorteil in die akademische Welt: Das Physikstudium absolviert er in nur drei Jahren. Im Alter von 23 schafft Heisenberg Promotion und Habilitation im selben Kalenderjahr. In Göttingen arbeitet der damals noch schlanke Jüngling mit auffällig nach oben gekämmten Haaren als Assistent von Max Born, dem späteren Physik-Nobelpreisträger von 1954; für einen kurzen Einsatz am Institut von Niels Bohr in Kopenhagen lernt Heisenberg schnell mal dänisch.

Mit 26 Jahren wird Heisenberg Ordinarius für Theoretische Physik in Leipzig. Bis dahin hat er schon mit Born und Pascual Jordan die Grundlagen der Quantenmechanik definiert. Im Jahr seiner Berufung formuliert er die nach ihm benannte »Unschärferelation«: Sie besagt, dass fundamentale Messwerte eines Teilchens, etwa Ort und Impuls, nie zugleich präzise bestimmt werden können. Eine grundlegende Erkenntnis der Quantenmechanik – wofür Heisenberg im Alter von nur 31 Jahren den Physik-Nobelpreis des Jahres 1932 erhält. An seinem Leipziger Lehrstuhl promovieren die späteren Atomforscher Erich Bagge, Edward Teller und Carl Friedrich von Weizsäcker, aber auch der Magnetismus-Spezialist Felix Bloch, der für seine Entdeckung der Kernspinresonanz 1952 den Physik-Nobelpreis erhält.

Obwohl der Theoretische Physiker keine Erfahrung mit Großexperimenten hat, fädelt sein Schüler Erich Bagge 1940 ein, dass Heisenberg zum wissenschaftlichen Berater des »Uranprojekts« ernannt wird, das der akademisch wenig profilierte Gruppenleiter im Heereswaffenamt Kurt Diebner leitet. Mit insgesamt 100 beteiligten Forschern soll die Kooperation militärische und zivile Nutzungsmöglichkeiten der Kernspaltung entwickeln, die Otto Hahn und Fritz Strassmann im Dezember 1938 am benachbarten Kaiser-Wilhelm-Institut für Chemie entdeckt haben.

Nachdem es Heisenberg gelungen ist, die militärischen Interessen in den Hintergrund zu drängen, gibt das Heereswaffenamt 1942 das »Uranprojekt« wieder zurück an die zivile Wissenschaft. Durch geschicktes Taktieren mit der Generalverwaltung der KWG kann sich der Nobelpreisträger im selben Jahr auf den Chefsessel des Physik-KWI manövrieren – und wird somit ein Nachfolger von Albert Einstein.

Anders als Adolf Butenandt ist Werner Heisenberg nie Mitglied der NS-Partei gewesen. Er hat, im Gegenteil, nach der Machtübernahme der Nationalsozialisten schwere Gewissensbisse, ob er in Deutschland bleiben oder, wie seine vielen rassisch oder politisch verfolgten Kollegen, emigrieren soll. Also spricht der 31-Jährige schon im Sommer 1933 bei dem altersweisen Max Planck vor, damals Präsident der Kaiser-Wilhelm-Gesellschaft, einer der vier ständigen Sekretare der Preußischen Akademie der Wissenschaften und dank vieler ähnlicher Ämter die gar nicht so graue Eminenz der deutschen Wissenschaftsszene.

Bei dem Gespräch mit Heisenberg ergeht sich Planck in Fatalismus. In einer Situation, wie sie derzeit in Deutschland herrsche, könne niemand »mehr richtig handeln«, soll der KWG-Präsident dem jungen Professor nach dessen Erinnerungen gesagt haben. Und weiter: »Sie können die Katastrophe nicht aufhalten und müssen, um überleben zu können, sogar immer wieder irgendwelche Kompromisse schließen. Aber (…) Sie können junge Menschen um sich sammeln, ihnen zeigen, wie man gute Wissenschaft macht, und ihnen dadurch auch die alten richtigen Wertmaßstäbe im Bewusstsein bewahren.«

Heisenberg befolgt den Rat. Er sammelt junge Menschen um sich, darunter den vor Selbstbewusstsein strotzenden, ehrgeizigen Diplomatensohn Carl Friedrich von Weizsäcker, zieht sich zurück auf seine abstrakten Naturwissenschaften und versucht, »die alten richtigen Wertmaßstäbe« im Blick zu behalten. Damit das gelingen kann, muss jedoch auch ein so junger, so talentierter Wissenschaftler wie Heisenberg »immer wieder irgendwelche Kompromisse machen«, wie Planck schon vorhersah: Neben den weit schwerer wiegenden ideologischen Zugeständnissen sammelt der Nobelist auf Anweisung subalterner Parteichargen in Leipzigs Straßen sogar stundenlang Geld fürs NS-Winterhilfswerk und klappert dabei mit den bereits eingenommenen Münzen in der blechernen Spendenbüchse.

Zur Abwehr der Angriffe des »Deutschen Physikers« Johannes Stark, der ihn im Zentralblatt der SS, dem »Schwarzen Corps«, als »weißen Juden« diskriminiert hatte, muss Heisenberg im Jahr 1937 Hilfe von weit oben organisieren, vom Reichsführer der SS, Heinrich Himmler. Dazu benötigt selbst ein Nobelpreisträger wie Heisenberg familiäre Hilfe: Zum Glück war sein Großvater mütterlicherseits mit Himmlers Vater bekannt gewesen, hatte am selben Gymnasium in München unterrichtet. Sich auf diese Beziehung berufend, schreibt Heisenberg im Juli 1937 einen persönlichen Brief an Himmler. Dort schildert er seine Sorge, den Lehrstuhl in Leipzig zu verlieren, falls die rassistischen Vorwürfe nicht entkräftet werden. Außerdem bittet er darum, ähnliche Attacken künftig zu verhindern.

Erst ein Jahr später schreibt Himmler zurück:»Ich habe, gerade weil Sie mir von meiner Familie empfohlen wurden, Ihren Fall besonders korrekt und besonders scharf untersuchen lassen.« Tatsächlich war Heisenberg in den Monaten zuvor mehrfach zum Geheimen Staatspolizeiamt vorgeladen worden, um Aussagen über»die Einstein-Angelegenheit« zu machen. Doch nun wendet sich alles zum Guten: Himmler erklärt Heisenberg für rehabilitiert und verspricht, künftige Angriffe zu unterbinden. Freilich unter der Maßgabe, dass sich Heisenberg fortan nur noch zu streng wissenschaftlichen Themen und Inhalten äußert. Dass er in Deutschland unerwünschte Figuren wie Albert Einstein oder Niels Bohr nicht öffentlich beim Namen nennt.

Die Frist für eine Berufung auf den Lehrstuhl seines Münchener Mentors Arnold Sommerfeld, den der 36-jährige Heisenberg nach dessen Emeritierung gern übernommen hätte, ist zu dem Zeitpunkt jedoch leider abgelaufen.

Noch im Sommer 1938 nimmt der Nobelpreisträger an Reservistenübungen seiner Gebirgsjägertruppe in Sonthofen teil. Während dieser Monate in Uniform ist Heisenberg permanent in Sorge, wegen der damals auflodernden»Sudetenkrise« zu Kampfhandlungen an die tschechische Grenze abkommandiert zu werden.

Auch später scheut Heisenberg nicht die Nähe zu den Machthabern: Auf Einladung von Hans Frank,»Generalgouverneur« und 1946 als»Schlächter von Polen« im Nürnberger Kriegsverbrecher-Prozess zum Tode verurteilt und hingerichtet, reist der Quantenmechaniker im Dezember 1943 nach Krakau. Dort wohnt er im neu erbauten »Schloss Wartenberg« voller requirierter polnischer Antiquitäten und Kunstgegenstände, hält einen Vortrag an der Universität, von dem polnische Interessenten ausgesperrt werden. Frank hatte, wie Heisenberg, das Münchener Maximiliangymnasium besucht, eine Klasse über dem jüngeren Professorensohn.

Zurück in Deutschland, hält Heisenberg wissenschaftliche Vorträge fürs Luftwaffenamt, für die Akademie der Luftwaffe und andere Einrichtungen des NS-Militärs.

Wie Butenandt gibt sich auch Heisenberg kunstsinnig und großbürgerlich. Er spielt Klavier, ist firm in der Trio-Literatur der Klassik und Romantik, nach seiner Berufung nach Leipzig hat er sich sogar einen teuren Blüthner-Konzertflügel gekauft. Im Jahr 1966 spielt er damit Mozarts Klavierkonzert d-moll für eine Schallplatte ein, begleitet von einem kompletten Orchester.

Im Sommer 1939, kurz vor einer der nur noch selten genehmigten Vortragsreisen durch die USA, kauft Werner Heisenberg »ein Landhaus im Gebirge«, in das seine Frau und die Kinder »flüchten können, wenn die Städte zerstört werden«. Das Anwesen oberhalb des bayerischen Walchensees hat zuvor dem impressionistischen Maler Lovis Corinth gehört.

Anfang März 1943 kommen die jungen Forscherfürsten von Dahlem, Butenandt und Heisenberg, zu einem längeren Gespräch zusammen. Sie haben gemeinsam an einer Sitzung der Luftwaffenakademie im Gebäude des zuständigen Ministeriums teilgenommen, einen Vortrag über »Die physiologische Wirkung moderner Bomben« gehört. Der Redner spricht gerade über den angeblich schmerzlosen Tod durch eine Luftembolie, wie sie nach Detonation einer großen Sprengladung auftreten kann, da ertönen die Sirenen: Bombenalarm.

Die KWI-Direktoren müssen, wie alle übrigen Teilnehmer der Sitzung, in den Luftschutzkeller – und erleben dort gemeinsam ihren ersten schweren Bombenangriff. Die Druckwellen der Detonationen dringen bis in den abgeschirmten Keller vor und ängstigen die dorthin geflüchteten Sitzungsteilnehmer. Die elektrische

Beleuchtung setzt aus, im Schein von Taschenlampen werden verwundete Zivilisten hereingetragen und notdürftig von Sanitätern versorgt. Ganze Gebäudeteile stürzen ein, Kellerflur und Treppenhaus nach draußen werden teilweise verschüttet. Erst am frühen Morgen können sich Butenandt und Heisenberg einen Weg durch das Geröll nach droben zum Potsdamer Platz bahnen.

Dort herrscht Chaos. In nahezu allen umliegenden Wohnhäusern brennt mindestens der Dachstuhl, die lodernden Flammen versetzen die Szenerie in ein unwirklich helles Flackerlicht. In vielen Gebäuden hat sich das Feuer schon in die darunterliegenden Stockwerke vorgefressen; Rauchschwaden hängen in der Luft, verdecken die Sicht. Flüchtende rennen kreuz und quer, müssen herabfallenden Dachbalken und anderen brennenden Teilen ausweichen.

In diesem Durcheinander ist an eine Heimfahrt mit öffentlichen Verkehrsmitteln oder gar mit dem Taxi nicht zu denken. Also beschließen Butenandt und Heisenberg, sich gemeinsam auf den langen Fußweg nach Hause in den Berliner Südwesten zu machen: Butenandt wohnt noch immer standesgemäß in Dahlem, nahe dem KWI für Biochemie, Heisenberg bei seinen Schwiegereltern in deren Haus am Fichtenberg nahe dem Neuen Botanischen Garten in Zehlendorf. »Selbst beim schnellen Gehen« ein Marsch von mindestens anderthalb, wahrscheinlich zwei Stunden, wie sich Heisenberg in den 1960ern schriftlich erinnern wird.

Sie beginnen ein Gespräch »nicht über die Kriegslage, denn die war zu offensichtlich, um noch vieler Worte zu bedürfen, sondern über Hoffnungen und Pläne nach dem Krieg«: Heisenberg konstatiert zunächst das »Ende jenes Götterdämmerungsmythos, jener Philosophie des ›Alles oder nichts‹, der das deutsche Volk immer wieder verfallen ist«. Butenandt pflichtet mit ähnlichen Thesen zur Kollektivpsychologie der Deutschen bei: »Als Volk neigen wir dazu, uns in Träume zu verlieren, die Phantasie höher zu schätzen als den Intellekt und Gefühle tiefer zu halten als Gedanken.«

Der Biochemiker setzt deshalb seine Hoffnungen auf eine

»Erziehung zum rationalen Denken,« die nach seiner Meinung eine der Hauptaufgaben der Wissenschaft sein werde – insbesondere jener elitären Form, wie sie bei der Kaiser-Wilhelm-Gesellschaft gepflegt wird: Es werde »dringend nötig sein, dem wissenschaftlichen Denken wieder mehr Ansehen zu gewinnen, und das sollte in der Not nach dem Kriege auch möglich sein«.

Das Gespräch der beiden Forscherfürsten über die Zukunft ihrer Zunft und die ihres Heimatlandes wird mehrfach unterbrochen, weil Heisenbergs rechter Schuh anfängt zu brennen. Der Quantenmechaniker ist versehentlich in eine Pfütze getreten, in der sich der Phosphor einer abgeworfenen Brandbombe gesammelt hat. Nun entzündet sich das Leder immer wieder aufs Neue.

Der praktisch wenig erfahrene Physiker versucht anfangs, die Flammen durch ein Eintauchen des Fußes in Wasserpfützen zu löschen. Das sorgt zwar kurzfristig für Abhilfe, führt aber auch dazu, dass der Brandbeschleuniger tiefer ins Leder einzieht – und sich dort erneut entzündet. Am Ende muss Heisenberg die selbstentzündende Flüssigkeit aufwendig mit Lappen entfernen, die er zum Glück in heruntergefallenem Hausrat eines brennenden Wohngebäudes findet. Die Tücher fangen ebenfalls sofort Feuer – und müssen alsbald entsorgt werden. Und der Schuh ist ruiniert.

Abgeleitet aus historischen Erkenntnissen, fordert Heisenberg für künftige Entwicklungen einen Zwang zu Formen, Regeln und Konventionen – in der Wissenschaft wie in der Gesellschaft und damit letztlich auch in der Politik: »Wenn in Deutschland wissenschaftliche oder künstlerische Leistungen entstanden sind, die die Welt verändert haben« – Heisenberg denkt an Hegel und Marx, an Planck und Einstein sowie, das ans »Großdeutsche« NS-Reich »angeschlossene« Österreich offenbar selbstverständlich einbeziehend, an Beethoven und Schubert –, so sei dies nur dort möglich gewesen, »wo sich das Streben nach dem Absoluten dem Zwang der Form unterordnet, in der Wissenschaft dem nüchternen logischen Denken und in der Musik den Regeln der Harmonielehre und der Kontrapunktik«.

Butenandt sieht hierfür die Kaiser-Wilhelm-Gesellschaft besser aufgestellt als etwa die Universitäten. Diese konnten sich »den politischen Eingriffen« durch die Nationalsozialisten »weniger leicht entziehen« als die elitäre Forschungsorganisation der KWG: »Wenn unsere Gesellschaft auch im Kriege durch die Teilnahme an Rüstungsprojekten gewisse Kompromisse hat schließen müssen, so haben doch viele der in ihr Tätigen freundschaftliche Beziehungen zu ausländischen Gelehrten, die die Bedeutung des nüchternen, abwägenden Denkens in Deutschland und in ihren eigenen Ländern richtig einschätzen, die also bereit sein werden, nach Kräften zu helfen.« Was Heisenbergs Erinnerungen hier Butenandt in den Mund legen, entspricht ziemlich genau dem Denken und den Zielen des KWG-Gründers Adolf von Harnack, das sich dann unter anderem auch im Konzept des nach ihm benannten Club- und Gästehauses in der Dahlemer Forscherkolonie niederschlug.

Immer wieder müssen die beiden Nachtwanderer brennenden Trümmerbergen oder den Absperrungen der Feuerwehr ausweichen, die dahinter verzweifelte Löschversuche unternimmt. Bis sich schließlich in der Nähe des Neuen Botanischen Gartens die Wege der beiden jungen Forscherfürsten in dieser Nacht trennen. Butenandt wandert weiter in Richtung Campus Dahlem, Heisenberg biegt ab und muss in der Nachbarschaft seiner Schwiegereltern noch die Bewohner eines Hauses retten, das in jener Nacht von einer Brandbombe getroffen worden war.

In der restlichen Kriegszeit begegnen sich Heisenberg und Butenandt nicht noch einmal. Ab Herbst 1943 werden die Kaiser-Wilhelm-Institute von Dahlem umgesiedelt in entlegene Provinzen, die als weniger bombengefährdet gelten. Das KWI für Physik landet in den schwäbischen Kleinstädten Hechingen und Haigerloch, das für Biochemie in der Universitätsstadt Tübingen. Heisenberg leitet weiter die Experimente, die zu einer »Uranmaschine« führen sollen, also zu einem Atomreaktor. Doch als die französische Armee im April 1945 die Institute in deren württembergischen Exil besetzt, hat sich der Direktor abgesetzt in sein oberbayerisches Ferienhaus, zu seiner Familie. Dort wird er am 4. Mai verhaftet: »Als der amerikanische Oberst Pash mit einigen Soldaten in unser Haus eindrang, um mich gefangen zu nehmen, hatte ich ein Gefühl, wie es etwa ein zu Tode erschöpfter Schwimmer gehabt haben mag, der zum ersten Mal wieder Fuß auf festes Land setzt.« Bis zum Januar 1946 wird Heisenberg gemeinsam mit Otto Hahn und Max von Laue, Kurt Diebner und Carl Friedrich von Weizsäcker sowie vier anderen Hauptfiguren des »Uranprojekts« auf einem Landgut nordwestlich des britischen Cambridge interniert, das der englische Geheimdienst komplett abhört. Die Alliierten wollen wissen, wie weit die Kernspaltung zu militärischen Zwecken in Deutschland tatsächlich fortgeschritten ist. Als sie keine Hinweise auf ernsthaft kriegerische Aktivitäten finden, lassen sie die Forscher unbehelligt zurück nach Deutschland zu ihren Familien.

Butenandt hingegen treibt ein doppeltes Spiel: Gegenüber weniger systemnahen Kollegen wie Werner Heisenberg gibt er sich kritisch-distanziert zum NS-Apparat. Auf der anderen Seite räumt er dessen schlimmsten Experimenten Platz an seinem eigenen Institut ein, berät die Mitarbeiter anderer KWI, wie mit »Augen aus Auschwitz« und anderen grässlichen Objekten, mit grausamen Fragestellungen und kriminellen Praktiken umzugehen ist.

Butenandts Assistent Gerhard Ruhenstroth-Bauer, Mitglied der NSDAP wie der SS, erforscht seit Anfang 1943 als Stabsarzt der Luftwaffe den Einsatz des blutbildenden Hormons Erythropoetin (damals: »Hämatopoetin«). Mit dessen Hilfe sollen zum Beispiel Piloten nach einer Verletzung noch weiterfliegen können. Ob es dabei zu Menschenversuchen gekommen ist, bleibt bis heute unklar. Es gibt jedoch Hinweise darauf, dass KWI-Direktor Butenandt von Plänen für solche Experimente gewusst haben könnte.

Sicher ist jedoch, dass Ruhenstroth-Bauer bei Experimenten des KWI für Anthropologie, menschliche Erblehre und Genetik als verantwortlicher Arzt mitgemacht hat. Hierzu wurden epilepsiekranke Kinder starkem Unterdruck ausgesetzt. Die Versuche sollten klären, ob Außenreize wie eine Druckschwankung bei erb-

lichen Formen der Epilepsie eher ausreichen, um einen Anfall aus-
zulösen, als bei erworbenen Formen dieses Leidens.

Zu den Untersuchungen an Augenpaaren, die der KZ-Arzt
Josef Mengele aus Auschwitz an das Dahlemer Anthropologie-
Institut seines Mentors Otmar von Verschuer geschickt hatte, gab
Butenandt der damit betrauten Mitarbeiterin Karin Magnussen
eine persönliche Beratung für die vorbereitenden Tierversuche.
Schließlich suchte Günther Hillmann, nach der Instituts-Evaku-
ierung 1943 Statthalter des Direktors in Berlin, im Auftrag des
KWI für Anthropologie usw. nach »spezifischen Eiweißkörpern«,
andernorts auch »Abwehrfermente« gegen Tuberkulose genannt,
in den 200 Blutproben, die Mengele ebenfalls aus Auschwitz organisiert hatte. Die Analysen sollen Aufschluss bringen, ob bestimmte
Menschenrassen, zu denen die Nationalsozialisten auch die Juden
zählten, besser oder schlechter geschützt sind gegen Tbc-Infek-
tionen. Bis heute ist unklar, ob Mengele für diese Versuche KZ-
Häftlinge gezielt mit Tuberkulose infizierte.

Butenandt hat immer bestritten, von den Zusammenhängen
zwischen den Arbeiten seines Statthalters Hillmann mit Auschwitz
gewusst zu haben. Die Verdachtsmomente hierfür sind groß, doch
der endgültige Beweis steht aus, da Butenandt noch im Februar
1945 aus Tübingen Anweisung nach Berlin schickt, alle dort
lagernden Akten zu vernichten, die mit »Geheimer Reichssache«
gekennzeichnet sind. Nach dem Krieg soll Butenandt dann selbst
seine verbliebenen Akten, immerhin 80 Regalmeter, von Hinweisen auf seine Nähe zu den nationalsozialistischen Machthabern
und auf seine Arbeiten fürs Militär gesäubert haben – bis zu seinem Tod im Jahr 1995 gestattete er keinen Einblick.

Werner Heisenberg leitet nach dem Krieg das später nach ihm
benannte KWI für Physik zunächst in Göttingen, dann in München. Er wird 1953 Präsident der Alexander-von-Humboldt-Stif-
tung, die sich vor allem für den internationalen Austausch von
Wissenschaftlern einsetzt und bis heute ausländische Forscherkoryphäen nach Deutschland holt.

Adolf Butenandt wird zunächst Professor für Biochemie in Tübingen, von wo aus er sich massiv für die Rehabilitierung etwa des Rasseforschers und KWI-Direktors Otmar von Verschuer und anderer Steigbügelhalter des NS-Regimes einsetzt, mit denen er zu Kriegszeiten kooperiert hat. Sein KWI für Biochemie wird ein gleichnamiges der Max-Planck-Gesellschaft (MPG), die der KWG nachfolgt. In den Gremien der MPG haben dann Heisenberg und Butenandt wieder regelmäßig miteinander zu tun.

Der ehemalige Stabsarzt Gerhardt Ruhenstroth-Bauer habilitiert sich 1951 an der Universität Tübingen, wo auch sein Mentor Butenandt forscht und lehrt. Nach einer Zwischenstation als außerordentlicher Medizinprofessor der Uni München wird das frühere Mitglied der SS einer der Direktoren an Butenandts MPI für Biochemie. Auch Günther Hillmann, der zu Kriegsende noch nicht promoviert war, kann sich mithilfe von Adolf Butenandt habilitieren. Er leitet später das Labor des Städtischen Krankenhauses Nürnberg und wird Gründungspräsident der Deutschen Gesellschaft für Klinische Chemie. Adolf Butenandt folgt im Jahr 1960 Otto Hahn auf den Präsidentenstuhl der Max-Planck-Gesellschaft, die er bis 1972 leitet.

Widerständler und eine Sympathisantin: Als Mitglieder der Oppositionsgruppe »Rote Kapelle« werden Arvid Harnack und seine amerikanische Ehefrau Mildred Fish-Harnack (l.) erhängt. Gemeinsam mit Martha Dodd (r.), der Tochter des US-Gesandten in der Reichshauptstadt, waren die beiden in den 1930ern oft Gäste im Harnack-Haus.

Rote Kapelle, Weiße Rose,
Mittwochsgesellschaft

*Das Harnack-Haus war zu keinem Zeitpunkt ein echtes Widerstandsnest,
nie ein Ort für Heldentaten gegen das NS-Regime. Dennoch trafen sich in
den heterogenen Gesellschaften der Gäste auch Menschen, die sich in der
Spätphase der braunen Gewaltherrschaft gegen die Machthaber auflehnten.
Die Saat hierfür war früh gelegt: Einige der prominentesten Widerstandskämpfer stammen aus den Gründerfamilien der Kaiser-Wilhelm-Gesellschaft, manche nutzten das Harnack-Hauses für ihre Aktivitäten. Nach
dem Attentat vom 20. Juli 1944 wird dort die Ehefrau eines prominenten
Verschwörers verhaftet. Das Ehepaar gehörte zu den Hausgästen.*

Ernst von Harnack entstammt der großen Gelehrtenfamilie aus
dem Grunewald: protestantisch-strebsam, loyal und akademisch-
korrekt – mit ähnlichen Maßstäben für soziale Gerechtigkeit und
gesellschaftlichen Fortschritt im wilhelminischen Deutschland und
der Weimarer Republik wie sein Vater, der Namenspatron für das
Gästehaus der Kaiser-Wilhelm-Gesellschaft. Als Großbürger aus
dem 19. Jahrhundert bringt Ernst von Harnack die charakterliche
Substanz und viele der nötigen Aktiva mit, um dem NS-Regime
die Stirn zu bieten – allein durch seinen familiären Hintergrund,
durch seine soziale und berufliche Stellung, durch seine gefestigte
Persönlichkeit.

Nach dem ersten juristischen Staatsexamen dient Ernst von
Harnack 1911 als »Einjährig Freiwilliger« Kavallerist bei den
Husaren; seinen Einsatz im Ersten Weltkrieg kann er nach ein

paar Monaten beenden, weil er in die Zivilverwaltung des von Deutschland besetzten Teils von Polen wechselt. In den 1920ern macht Ernst von Harnack Karriere als Verwaltungsbeamter und wird 1929, im Alter von 41 Jahren, Regierungspräsident von Merseburg. Schon 1921 ist der überzeugte Sozialdemokrat einer Gruppe beigetreten, die sich später zum Bund religiöser Sozialisten weiterentwickelt – einer vieltausendköpfigen Organisation um den Pfarrer Erwin Eckert, die für eine strenge Trennung von Kirche und Staat, für konfessionslose Schulen und für christliche Werte in einer ansonsten säkularen Gesellschaft eintritt.

Im Jahr 1932, nach unklaren Machtverhältnissen und politischen Wirrnissen im Land Preußen, wird Harnack von der Reichsregierung in den einstweiligen Ruhestand versetzt. Nun hat er die Möglichkeit, öffentlich gegen den Nationalsozialismus einzutreten und gegen die »Deutschen Christen«, die nach Hitlers Machtübernahme 1933 einen engen Anschluss der Evangelischen Kirche an den NS-Staat anstreben.

Im Frühsommer 1933 gerät von Harnack für ein paar Wochen in Untersuchungshaft: Er hat versucht, die Täter der »Köpenicker Blutwoche« zu ermitteln und vor Gericht zu bringen, bei der im Juni rund 500 NS-Gegner vor allem aus KPD, SPD und Gewerkschaften von Berliner SA-Verbänden willkürlich verfolgt, gedemütigt, gefangen genommen, gefoltert und dutzendfach ermordet worden waren. Unter vielen anderen war auch Johannes Stelling, ehemals SPD-Ministerpräsident von Mecklenburg-Schwerin, bei diesem Pogrom zu Tode gekommen.

Als Jurist kann von Harnack verhindern, dass ein Strafverfahren gegen ihn eröffnet wird, und sich nach der Haftentlassung rehabilitieren. Fortan kartografiert er als angestellter »Gräberkommissar« des Berliner Senats die vielen Bestattungsstätten der Hauptstadt – Grundlage für die späteren Umbettungsaktionen, die im Zuge von Albert Speers Planungen für Berlins Weiterentwicklung in eine gigantische »Welthauptstadt Germania« notwendig werden.

Doch diese Tätigkeiten lasten den hellen Kopf nicht aus. Er

intensiviert den Kontakt zu seinem Vetter Arvid Harnack und dessen amerikanischer Frau Mildred, die seit 1933 immer engagierter im Widerstand gegen das NS-Regime arbeiten. Auch mit anderen prominenten Regimegegnern wie Hans von Dohnanyi, den Brüdern Klaus und Dietrich Bonhoeffer sowie mit Carl Goerdeler, dem ehemaligen Oberbürgermeister von Leipzig und späteren politischen Anführer hinter den Putschisten vom 20. Juli 1944, tauscht sich der Jurist immer öfter und gründlicher aus. Zwar ist von Harnack in die konkreten Pläne für deren Attentat auf Hitler nicht eingeweiht. Doch findet die Gestapo nach dem Anschlag genug belastendes Material bei ihm, sodass er mit den übrigen Verschwörern vor dem »Volksgerichtshof« angeklagt, am 1. Februar 1945 verurteilt und am 5. Februar im Zuchthaus Berlin-Plötzensee erhängt wird.

Über Ernst von Harnacks Besuche im Club- und Gästehaus der Kaiser-Wilhelm-Gesellschaft ist nichts Konkretes bekannt. Doch scheint es nicht unplausibel, dass er sich auch dort mit der Gruppe um Arvid und Mildred Harnack getroffen hat, die ab 1933 Schulungskurse über Planwirtschaft und andere sozialistische Neuerungsansätze zunächst für junge Arbeiter, später auch für Intellektuelle abhalten. Ab 1935 nutzen sie dafür auch regelmäßig das Harnack-Haus.

Arvid ist der Neffe des KWG-Gründers Adolf von Harnack, Sohn des Literaturprofessors Otto Harnack. Als Stipendiat der Rockefeller-Stiftung studiert er Nationalökonomie an der Universität von Madison im amerikanischen Bundesstaat Wisconsin, wo er 1926 auch die radikaldemokratische Literaturdozentin Mildred Fish heiratet. Die junge Frau ist, wie ein späterer Verehrer über sie schreibt, »ein Typ wie Julie Christie in ›Doktor Schiwago‹. (…) Sie wirkte sehr nordisch und trug altmodische Kleidung. Sie entging einem selbst in einem überfüllten Raum nicht. Sie wirkte auf Männer. (…) Eine totale Präsenz, ihre Stimme, ihr Anblick, ihr Denken.«

Als Arvids US-Stipendium ausgelaufen ist, siedelt sich das Ehepaar Ende der 1920er Jahre zunächst im mittelhessischen Gießen an. Dort fügt Arvid seinem juristischen Doktortitel einen zweiten als Nationalökonom hinzu. Sein Doktorvater Friedrich Lenz, dessen Lehre die »Totalplanung einer ausbeutungsfreien Wirtschaft« verfolgt, hat zuvor mit dem nationalbolschewistischen »Widerstands-Kreis« des ehemaligen Sozialdemokraten Ernst Niekisch kollaboriert.

Im Jahr 1931 wird Mildred Harnack Lektorin für englische Literatur und Literaturgeschichte an der Universität Berlin, das Ehepaar zieht um in die Reichshauptstadt. Im Jahr darauf organisieren die Harnacks eine Studienreise für zwei Dutzend Gleichgesinnte durch die Sowjetunion. Ab 1933 arbeitet Arvid im Reichswirtschaftsministerium. Mildred leitet den Frauenclub der US-Botschaft, bei einer Exkursion in ein frühes Arbeitslager lernt sie 1933 die 25-jährige Tochter des amerikanischen Gesandten, Martha Dodd, kennen. Das Ehepaar Harnack und die Familie Dodd sind häufig eingeladen ins Club- und Gästehaus der Kaiser-Wilhelm-Gesellschaft. Arvid, der seit 1935 in der Amerika-Abteilung seines Ministeriums arbeitet, und sein »Arbeitskreis zum Studium der sowjetischen Planwirtschaft« werden in jener Zeit durch die sowjetische Botschaft finanziert. Fortan schreibt der Regierungsrat heimlich Berichte über die deutsche Wirtschaft für die Sowjets.

Ab 1939 kooperieren Harnack und seine Gesinnungsgenossen mit Harro Schulze-Boysen, einem Luftwaffenleutnant, der ursprünglich (wie Adolf Butenandt, der Direktor des KWI für Biochemie und Chemie-Nobelpreisträger des Jahres 1939) im mystisch-konservativen Jungdeutschen Orden engagiert war. Seit einer brutalen Misshandlung durch SA und SS im April 1933 bekämpft Schulze-Boysen jedoch insgeheim das NS-Regime. Dessen uniformierte Folterknechte hatten vor seinen Augen einen seiner jüdischen Freunde ermordet.

Schon bald bilden das Ehepaar Harnack und Schulze-Boysen das Zentrum eines Widerstandsnetzwerks von rund 150 Mitgliedern, das bis nach Brüssel und Paris reicht und wegen seiner Funkkontakte zum sowjetischen Geheimdienst in Moskau von der Gestapo später als »Rote Kapelle« diffamiert wird. (Weil sie die Morsetaste rhythmisch drücken, heißen Funker und Morser im Spionagejargon jener Zeit »Pianisten«. Als Gruppe werden sie »Kapelle« genannt). Die lose Vereinigung ist ideologisch nicht festgelegt, Kommunisten engagieren sich hier neben Sozialdemokraten, Gewerkschaftern und Juden. Rund 40 Prozent der Mitglieder sind weiblich, das ist der höchste Frauenanteil aller aktiv oppositionellen Organisationen.

Anfang 1941 informiert Arvid Harnack einen Mitarbeiter der sowjetischen Botschaft über Deutschlands Kriegsvorbereitungen gegen dessen Heimatland. Die Nachricht gelangt sofort nach Moskau, doch Stalin lehnt jede Reaktion ab. Er hält die Aussage für eine gezielte Desinformation, glaubt lieber an die Gültigkeit seines »Nicht-Angriffspaktes« mit Hitler.

In diesem Jahr gehört Arvid Harnack auch zu den Herausgebern der geheim verlegten Zeitschrift »Die innere Front«; Mitglieder seiner Widerstandsgruppe kleben in Berlin nachts Plakate zur Gegenpropaganda. Im Jahr 1942 lässt der Ökonom die Studie »Das nationalsozialistische Stadium des Monopolkapitals« drucken, die unter Gleichgesinnten in Berlin und Hamburg kursiert.

Im Sommer 1942 dechiffriert die Gestapo einen älteren Funkspruch aus der Moskauer Zentrale des sowjetischen Geheimdienstes. Er führt sie direkt zu Harro Schulze-Boysen. Der wird am 31. August im Luftfahrtministerium verhaftet. Am 19. Dezember 1942 verurteilt das Reichsgericht Schulze-Boysen zusammen mit zahlreichen anderen Mitgliedern seiner Widerstandsgruppe wegen »Vorbereitung zum Hochverrat« zum Tode. Am 22. Dezember wird er im Zuchthaus Plötzensee erhängt.

Hitler selbst hatte angeordnet, dass seine politischen Gegner dort nicht wie üblich durch Erschießen oder durch die Guillotine hingerichtet werden. Stattdessen waren Fleischerhaken angeschafft worden, um die Stricke für das besonders qualvolle, demütigende Erhängen auch ohne Galgen befestigen zu können. Die vielen Todesurteile werden an jenem Tag im Vier-Minuten-Takt vollstreckt.

Arvid und Mildred Harnack ereilt dasselbe Schicksal nur wenige Tage nach Schulze-Boysen in ihrem Ferienquartier auf der Kurischen Nehrung in Ostpreußen. Arvid wird ebenfalls am 19. Dezember 1942 zum Tod verurteilt und am 22. Dezember in Plötzensee erhängt. Das Urteil gegen Mildred Harnack lautet auf sechs Jahre Zuchthaus, doch Hitler selbst hebt am 21. Dezember das Urteil auf, verlangt vom Reichsgerichtshof ein neues Verfahren. Die zweite Hauptverhandlung am 16. Januar 1943 endet mit einem Todesurteil gegen die Amerikanerin, das am 16. Februar 1943 vollstreckt wird. Noch in der Todeszelle übersetzt die Literaturdozentin Goethe-Verse ins Englische. Ihre letzten Worte sollen gewesen sein: »Und ich habe Deutschland so geliebt!«

Arvid Harnacks jüngerer Bruder Falk hält in dieser Zeit Kontakt zu Mitgliedern der Widerstandsgruppe der »Weißen Rose« in München. Als diese wenig später verhaftet und hingerichtet werden, kommt auch Falk Harnack vor Gericht. Doch überraschend wird er aus Mangel an Beweisen und wegen »einmalig besonderer Verhältnisse« freigesprochen.

Zum Kreis von Schulze-Boysen gehört zeitweise auch Adolf Grimme, Kultusminister im letzten preußischen Landeskabinett, das aus einer demokratischen Wahl hervorgegangen ist. Wie Ernst von Harnack, der ehemalige Regierungspräsident von Merseburg und jetzige »Gräberkommissar«, ist auch Grimme in den 1930ern Mitglied im Bund religiöser Sozialisten. Sein Wahlspruch: »Ein Sozialist kann Christ sein, ein Christ muss Sozialist sein!« Daneben gehört der Oberstudienrat zum »Bund entschiedener Schulreformer«. In dessen Publikationsreihe veröffentlicht Grimme unter anderem die Abhandlung »Vom Sinn und Widersinn der Reifeprüfung«. Im Harnack-Haus ist er mehrfach Gast bei Empfängen und »kleinen Essen«.

Nach der Auflösung des Preußischen Landtags im Jahr 1933, dem Grimme für die SPD angehörte, bleibt der Philologe arbeitslos. In bescheidensten Verhältnissen lebend, schreibt er einen Kommentar zum Johannes-Evangelium, bis er 1937 über einen

Studienfreund in Kontakt zu Arvid Harnack kommt. Doch auch wenn Grimme ein ähnlich entschiedener Gegner der Nationalsozialisten ist wie die Harnacks und ihre Freunde – zu einer aktiven Unterstützung der Flugblatt- und Plakataktionen, des Zeitschriftendruckens und -vertreibens kann er sich nicht entschließen. Bei den Treffen des Kreises bleibt er ein reservierter Zuhörer.

Das verschont ihn aber nicht vor Verhaftung. Bei einer Haussuchung im Oktober 1942 findet die Gestapo in seiner Wohnung eine Flugschrift von Arvid Harnack, so kommt auch der ehemalige preußische Kultusminister mit den anderen Mitgliedern der »Roten Kapelle« vors Reichsgericht. Wie bei den übrigen Beschuldigten beantragt der Anklagevertreter auch hier die Todesstrafe. Das Urteil, das Anfang Februar '43 gesprochen wird, ergeht indes nur wegen »Nichtanzeige eines Vorhabens des Hochverrats«. Es soll Grimme zwei weitere Jahre hinter Gittern bescheren. Im April 1945 befreien ihn die britischen Truppen aus dem Zuchthaus Hamburg-Fuhlsbüttel.

Am 15. September jenes Jahres stellt Grimme Strafantrag gegen Manfred Roeder, den Ankläger im Verfahren gegen mindestens 45 Mitglieder der »Roten Kapelle« sowie gegen Dietrich Bonhoeffer und Hans von Dohnanyi vor dem Reichsgerichtshof. Roeder, so argumentiert der Klageführer, habe sich als »einer der unmenschlichsten, zynischsten und brutalsten Nationalsozialisten erwiesen«, die ihm »je begegnet sind«. Doch diverse deutsche Staatsanwaltschaften und das niedersächsische Justizministerium verschleppen das Verfahren bis in die 1960er Jahre – um es dann einzustellen. Roeder bleibt trotz seiner Untaten juristisch weitgehend unbehelligt.

Adolf Grimme wird 1946 erster Kultusminister in Niedersachsen. Im Jahr 1948 ernennt ihn die britische Besatzungsmacht zum Generaldirektor des Nordwestdeutschen Rundfunks, dem Vorläufer von NDR und WDR. Im gleichen Jahr wählt ihn die Studienstiftung des deutschen Volkes zu ihrem ersten Nachkriegs-Präsidenten. Sein Name ist heute noch geläufig durch das nach ihm benannte Medieninstitut im westfälischen Marl, das alljährlich Preise für besonders anspruchsvolle Online- und TV-Formate vergibt.

Doch nicht nur militante Widerständler gehören zu den Gästen des Club- und Gästehauses in Dahlem: Agnes von Zahn-Harnack, Tochter des Namensgebers, tagt dort regelmäßig mit den Frauen des Deutschen Akademikerinnenbundes, den sie 1926 zusammen mit Margarete von Wrangell und Marie-Elisabeth Lüders gegründet hat. Die Agrar-Chemikerin von Wrangell war 1923 die erste Frau auf einem deutschen Lehrstuhl. Lüders wird nach dem Krieg zunächst Berliner Sozialsenatorin; als Bundestagsabgeordnete setzt sie später ein Gesetz über die Stellung von Frauen in Ehen mit Ausländern um, das noch heute mit ihrem Namen in Verbindung gebracht wird. Zudem heißt ein in den 1990er Jahren errichtetes Gebäude im Parlamentsviertel am Spreeufer nach ihr.

Von Zahn-Harnack gehörte auch der liberalen Deutschen Demokratischen Partei (DDP) an – deren später prominentestes Mitglied, der erste Bundespräsident Theodor Heuss, in den 1930er Jahren als Dozent an der Deutschen Hochschule für Politik arbeitete, schräg gegenüber vom Harnack-Haus in der Dahlemer Ihne-Straße gelegen. Da Heuss' Ehefrau Elly entfernt verwandt ist mit den Berliner Gelehrtenfamilien von Harnack und Delbrück, tauchen die Heussens auch auf den Gästelisten von deren großen Familienfeiern im Club- und Gästehaus der KWG auf, etwa 1936. Außerdem darf man davon ausgehen, dass Theodor Heuss wie etliche andere Beschäftigte seiner Hochschule sein Mittagessen oft im Harnack-Haus eingenommen hat.

Auch Johanna Solf feiert ihren Geburtstag im Harnack-Haus: Die Witwe des ehemaligen Botschafters in Japan ist berühmt für die Teegesellschaften in ihrer Wohnung in der Alsenstraße am Wannsee, bei denen sich Systemkritiker und Intellektuelle treffen. Im Jahr 1943 organisiert sie zusammen mit ihrer Tochter eine spektakuläre Flucht von NS-Regimegegnern über den Bodensee in die Schweiz.

Im Januar 1944 wird Johanna Solf, die bei einer Gestapo-Aktion gegen die Oppositionelle Elisabeth von Thadden aufgeflogen ist, festgenommen. In den nächsten zwölf Monaten wird sie durch mehrere Konzentrationslager und Zuchthäuser verschleppt. Fast täglich wird sie verhört, geschlagen und gefoltert. Dennoch verrät sie keine Namen aus dem 70-köpfigen Widerstandskreis, der heute nach ihr benannt ist.

Nach dem Bombentod des gefürchteten Volksgerichtshofs-Präsidenten Roland Freisler Anfang Februar 1945 kann Ernst-Ludwig Heuss, der Sohn des späteren Bundespräsidenten, in den letzten Kriegstagen die Freilassung von Johanna Solf und ihrer Tochter bewirken – was den beiden das Leben rettet.

Auch die zweite Präsidentenfamilie der Kaiser-Wilhelm-Gesellschaft hat Verbindungen in die Kreise des Widerstands gegen den Nationalsozialismus: Erwin Planck, Jahrgang 1893, ist während der Weimarer Republik zunächst leitender Beamter im Reichswehrministerium, dann Staatssekretär in der Reichskanzlei. Als viertes Kind des Physik-Nobelpreisträgers hat er von Kindesbeinen an Verbindungen in die Berliner Wissenschaftselite, als talentierter Cellist spielt er im Trio mit seinem Vater Max am Klavier und Albert Einstein an der Violine. Auch Erwin Planck dürfte immer wieder zu Gast im Harnack-Haus gewesen sein, nicht zuletzt bei der großen Geburtstagsfeier seines Vaters im April 1938.

Mit der Machtübernahme der Nationalsozialisten wird Erwin Planck Anfang Februar 1933 entlassen. Er gilt als Gefolgsmann von Hitlers Vorgänger als Reichskanzler, Kurt von Schleicher. Der hatte in seiner kurzen Amtszeit versucht, den Einfluss der NS-Partei zu begrenzen. Schleicher wird in den Wirren des »Röhm-Putsches« im Juni 1934 von der SS ermordet, vergeblich versucht Planck, die Todesumstände seines Freundes und Förderers aufzuklären.

Nach 1936 bekleidet der ehemalige Regierungsbeamte zunächst mehrere Leitungsposten in der Wirtschaft. Ab dem Sommer 1939 konspiriert er jedoch mit dem ehemaligen preußischen Finanzminister Johannes Popitz und dem ehemaligen Reichsbankpräsidenten und Reichswirtschaftsminister Hjalmar Schacht – beide sind Mitglieder im Verwaltungsrat des Harnack-Hauses – gegen die beginnenden Kriegsvorbereitungen des Deutschen Reiches. Im Jahr 1940 arbeitet er zusammen mit Popitz, dem ehemaligen Diplomaten Ulrich von Hassell sowie mit Ludwig Beck, dem aus politischen Gründen abgesetzten Chef des Generalstabs, ein »Vorläufiges Staatsgrundgesetz« für Deutschland aus. Das soll in Kraft treten, sobald Hitlers Regime in der Folge des inzwischen voll entbrannten Krieges scheitert oder gestürzt wird.

Als beides ausbleibt, entschließen sich die Verschwörer zu einer Kooperation mit anderen Widerständlern, darunter der Zirkel um Carl Goerdeler. Daraus entsteht dann der Versuch eines Attentats auf Hitler am 20. Juli 1944 durch den Grafen von Stauffenberg. Nach dessen Scheitern wird Erwin Planck am 23. Juli als Konspirateur verhaftet. Am 23. Oktober 1944 verurteilt ihn der »Volksgerichtshof« zum Tode.

Sein 86-jähriger Vater schreibt ein Gnadengesuch direkt an Hitler, bittet um eine Umwandlung des Urteils in eine Freiheitsstrafe – als Dank des deutschen Volkes für seine, Max Plancks, wissenschaftliche Lebensleistung. Doch Hitler bleibt hart. Am 23. Januar 1945 wird Erwin Planck im Zuchthaus Plötzensee erhängt. Nach dem gewaltsamen Tod seines Sohnes schreibt Max Planck an den Physikerkollegen Arnold Sommerfeld: »Mein Schmerz ist nicht mit Worten auszudrücken. Ich ringe nur um die Kraft, mein zukünftiges Leben durch gewissenhafte Arbeit sinnvoll zu gestalten.«

Zu den Logiergästen des Harnack-Hauses zählt auch der engste Vertraute des Hitler-Attentäters Claus Schenk von Stauffenberg: Albrecht Mertz von Quirnheim. Zusammen mit seiner zweiten Ehefrau Hilde wohnt er vom 4. Juli bis zu seinem Tod am 21. Juli 1944 in der Ihnestraße – wo zu jenem Zeitpunkt eigentlich nur noch ausgebombte Beschäftigte der Kaiser-Wilhelm-Gesellschaft Unterschlupf finden. Mertz von Quirnheim ist quasi der Berliner Brückenkopf der Verschwörer. Wenige Tage vor dem Bombenanschlag im ostpreußischen Führerhauptquartier Wolfsschanze koordiniert er in der Dahlemer Wohnung von Berthold von Stauffenberg alle Aktionen in der Hauptstadt. Gleich nach dem Attentat gibt er auf eigene Faust die vorbereiteten Befehle zur Machtübernahme in den Ministerien und Behörden – nicht ahnend, dass Hitler bei der Explosion nur leicht verletzt wurde. Noch in derselben Nacht wird er zusammen mit Claus Schenk von Stauffenberg standrechtlich erschossen. Hilde Mertz von Quirnheim wird am 26. Juli im Harnack-Haus verhaftet und kommt als Sippenhäftling ins Gefängnis Moabit.

Der Widerständler mit dem größten Einfluss im Harnack-Haus ist Johannes Popitz, als preußischer Finanzminister »Erfinder« der Umsatzsteuer und 1937 »wegen besonderer Verdienste« von Hitler persönlich mit dem Goldenen Parteiabzeichen der NSDAP geehrt, damit automatisch zum Parteimitglied gemacht. Unter dem Eindruck der immer heftigeren Judenpogrome und anderer Repressalien wendet sich der monarchistisch denkende Popitz bald von den Nationalsozialisten ab und kommt in Kontakt mit Oppositionellen wie Goerdeler und Beck. In Kabinettsentwürfen, die deren Kreis für die Zeit nach einem Sturz des NS-Regimes erstellt, ist Popitz vorgesehen als Finanz- und Kultusminister.

Der Schriftsteller Paul Fechter charakterisiert den Vertreter eines »Dritten Humanismus« so: »Popitz war ein erbitterter Gegner des nationalsozialistischen Staates und seiner Männer (...) Er hat bei jeder Gelegenheit versucht, Menschen, die als Gegner des Systems in Gefahr geraten waren, zu helfen, sie mithilfe seiner Verbindungen dem Netz zu entziehen, in das sie sich verstrickt hatten.« Im Jahr 1943 verfolgt Popitz sogar den aberwitzigen Plan, ausgerechnet Heinrich Himmler auf die Seite der Verschwörer zu bringen: Er versucht den Reichsführer SS zu überreden, einen Sonderfriedensvertrag mit den Westmächten auszuhandeln und so den Zweiten Weltkrieg zu beenden.

Nachdem die Gestapo im September '43 einen Funkspruch aufgefangen hat, in dem Popitz im Zusammenhang mit konspirativen Umtrieben genannt wird, bricht Himmler alle Gespräche mit Popitz ab. Auch innerhalb des Widerstandskreises gehen die gewerkschaftsnahen ebenso wie die jüngeren Mitglieder um Claus Schenk von Stauffenberg mehr und mehr auf Distanz zu Popitz. Auf den letzten Kabinettslisten des Zirkels taucht sein Name nicht mehr auf. Dennoch wird Johannes Popitz einen Tag nach dem Scheitern des Attentats auf Hitler am 20. Juli 1944 verhaftet. Am 3. Oktober verurteilt ihn der Volksgerichtshof zum Tode. Am 2. Februar 1945 wird er im Zuchthaus Plötzensee erhängt.

Schließlich tagte auch eine kaum öffentlich aktive, dennoch sehr einflussreiche Organisation des bürgerlichen Widerstands im Harnack-Haus: die Mittwochsgesellschaft. Diese »freie Gesellschaft zur wissenschaftlichen Unterhaltung« – ein reiner Männerverein, in den man sich nicht bewerben, sondern nur auf Empfehlung anderer Mitglieder und nach einstimmigem Abstimmungsergebnis berufen werden konnte – hatte eine festgelegte Zahl von 16 Mitgliedern, Experten verschiedener Fachgebiete. Die Professoren, KWI-Institutsleiter, hohen Beamten, Wirtschaftsführer und Kulturschaffenden trafen sich seit 1863 an jedem zweiten dieses Wochentages im privaten Rahmen. Der Gastgeber hatte einen Vortrag aus seiner Spezialdisziplin zu halten, der danach diskutiert wurde. Außerdem hatte er für das leibliche Wohl der Gäste zu sorgen.

Werner Heisenberg, Nobelpreisträger von 1931, seit 1942 Direktor des Kaiser-Wilhelm-Instituts für Physik in Dahlem und seither auch Mitglied der Mittwochsgesellschaft, erinnert sich in diesem Zusammenhang an einen Abend im Haus des berühmten Chirurgen Ferdinand Sauerbruch, »der uns nach seinem wissenschaftlichen Vortrag über Lungenoperationen ein für die damalige Hungerzeit geradezu fürstliches Abendessen mit herrlichem Wein vorsetzte, sodass am Schluss Herr von Hassell auf dem Tisch stand und Studentenlieder sang«. Also jener ehemalige Diplomat, der früher im Dienst des NS-Regimes stand, seit 1940 mit Goerdeler, Beck und Popitz jedoch dagegen konspirierte.

Autor und Mitglied Fechter beschreibt ein mitternächtliches Sauerkirschenpflücken der Mittwochsgesellschafter in seinem Garten, bei dem die saftigsten Früchte mithilfe von Taschenlampen im Gezweig der Bäume gesucht und gefunden wurden. Die politische Stimmung des Zirkels in jenen Jahren charakterisiert Fechter so: Hier »wurde der Wille zu dem, was beste deutsche Kultur war, mit bewusster Spannung weitergetragen, jeder dieser Männer hielt in einer Zeit des Misstrauens gegen alles, was Geist hieß, diesen Geist auf seine besondere Weise und mit seinen besonderen Mitteln hoch«. Was auch bedeutete: In der Mittwochsgesellschaft versammelten sich mehr und mehr bürgerlich-konservative Gegner des NS-Regimes. Neben Ex-Minister Johannes Popitz, der laut Fechter aus dem Debattierzirkel »langsam und vorsichtig eine Zelle des Widerstands gemacht hat«, und dem bereits erwähnten Ulrich von Hassell waren dies vor allem der Pädagoge Eduard Spranger, Begründer der Lehre vom »Dritten Humanismus«, und der Wirtschaftsprofessor Jens Peter Jessen, der nach Jahren als überzeugter Nationalsozialist jedoch ähnlich abgrundtiefe »Gefühle gegenüber den führenden Männern des Dritten Reiches« hegte wie von Hassell, dessen politische Urteile über das System »an Eindeutigkeit nichts zu wünschen übrig ließen und mit KZ nicht mehr abzumachen gewesen« wären (Fechter).

Die bekannteste Figur in der Mittwochsgesellschaft der 1940er Jahre dürfte jedoch der im Widerstandskreis des 20. Juli engagierte Generaloberst Ludwig Beck gewesen sein. Nach den Plänen der Putschisten hätte der Offizier nach einem gelungenen Attentat das neue deutsche Staatsoberhaupt werden sollen.

Aber auch der Rassenforscher Eugen Fischer, als Direktor des Kaiser-Wilhelm-Instituts für Anthropologie, menschliche Erblehre und Eugenik Steigbügelhalter der nationalsozialistischen Rassenpolitik, gehört der Mittwochsgesellschaft an und lädt die Mitglieder in seine Dahlemer Dienstvilla ein. Dort spricht er zum Beispiel im Dezember 1938 über »Schicksal des Erbes und Erbe als Schicksal«, erläutert das Zusammenwirken von genetischen Anlagen und Umwelteinflüssen auf die Geschichte seines »Volksstamms«, der

Alemannen. Allerdings zieht sich Fischer nach seiner Emeritierung 1942 nach Freiburg/Breisgau aus dem Zirkel zurück, sodass die Diskussionen von da an etwas weniger systemkonform geführt werden können.

Heisenberg bringt die Mittwochsgesellschaft im Sommer 1944 ins Harnack-Haus. Seit der Evakuierung seines Instituts ins schwäbische Hechingen und Haigerloch führt der Quantenphysiker selber keinen Haushalt mehr in Berlin; während seiner kurzen Aufenthalte in der Hauptstadt wohnt er bei seinen Schwiegereltern. Also lädt er zu dem Vortrag, den er turnusgemäß halten muss, ins immer noch weitgehend intakte Club- und Gästehaus der Kaiser-Wilhelm-Gesellschaft. Dort soll, wie sich später herausstellt, am 12. Juli 1944 die letzte offizielle Sitzung dieses denkwürdigen Zirkels stattfinden.

Der Begründer der Quantenmechanik hat, wie er in seinen Lebenserinnerungen schreibt, den Nachmittag über in seinem Institutsgarten Himbeeren für seine Zuhörer gepflückt. Die Leitung des Harnack-Hauses steuert »Milch und etwas Wein« bei, sodass Heisenberg seine »Gäste wenigstens mit einem frugalen Mahl bewirten« kann. Abends spricht er dann im Humboldt-Zimmer über »die Atomenergie in den Sternen« und über die »technische Ausnützung« dieser Kraftquelle auf der Erde.

Vor allem Beck und Spranger beteiligen sich an der sich anschließenden Diskussion. »Beck sah sofort ein, dass sich von hier aus alle bisherigen militärischen Vorstellungen von Grund auf ändern müssten, und Spranger formulierte (...), dass die Entwicklung der Atomphysik Wandlungen im Denken der Menschen verursachen könnte, die weit in die gesellschaftlichen und philosophischen Strukturen reichten«, schreibt Heisenberg in seinen Erinnerungen.

Eine Woche später, am 19. Juli 1944, gibt er das Protokoll der Sitzung noch in Popitz' Wohnung ab, bevor er zu seiner Familie ins Sommerhaus am oberbayerischen Kochelsee aufbricht. Dort angekommen, hört er am 21. Juli, dass Beck schon tot ist, dass Popitz, von Hassell und Jessen als Mitwisser des Komplotts verhaftet wurden: »Ich wusste, was dies zu bedeuten hatte«. Tatsächlich wurden Jessen und von Hassell wie Popitz vom Volksgerichtshof zum Tode verurteilt und gehängt.

In einem Gestapo-Bericht nach dem gescheiterten Attentat vom 20. Juli heißt es, die Mittwochsgesellschaft stelle sich »immer mehr als Kristallisationspunkt dar, in dem sich Persönlichkeiten defätistischer und dem Nationalsozialismus feindlicher Haltung zusammenfanden und sich gegenseitig in dieser Auffassung verstärkten«. Ihre Zusammenkünfte wurden deshalb fortan verboten.

Nach dem Zweiten Weltkrieg ruft der Pädagogik-Professor und Humanist Eduard Spranger die Mitglieder der Mittwochsgesellschaft erneut zusammen. Die Vereinigung kann sich in den schwierigen Zeiten des Kalten Kriegs und in der Inselsituation West-Berlins jedoch nicht behaupten. Im Jahr 1996 gründen deshalb Ex-Bundespräsident Richard von Weizsäcker und Marion Gräfin Dönhoff, Herausgeberin der Wochenzeitung »Die Zeit«, eine »Neue Mittwochsgesellschaft«. Teilnehmer sind unter anderem der SPD-Außenpolitiker Egon Bahr und Daimler-Vorstandschef Edzard Reuter, Ex-Bundeskanzler Helmut Schmidt (SPD), der Soziologe Wolf Lepenies und der Schriftsteller Adolf Muschg, aber auch Frauen wie die Grünen-Bundestags-Vizepräsidentin Antje Vollmer oder die frühere Landesministerin und Bundesverfassungsrichterin Christine Hohmann-Dennhardt, Vorstand zunächst bei der Daimler AG, später bei Volkswagen.

Das Kaiser-Wilhelm-Institut für Chemie nach einem schweren Bombentreffer im Februar 1944. Schon im November zuvor hatten die Führungskräfte der Dahlemer Forscherkolonie die Evakuierung ihrer Labore in weniger kriegsgefährdete deutsche Provinzen beschlossen.

Der Zusammenbruch

Gegen Ende des Zweiten Weltkriegs erleiden die Dahlemer Kaiser-Wilhelm-Institute zum Teil schwere Schäden. Am Harnack-Haus gehen indes nur Fensterscheiben zu Bruch. So dienen seine Luftschutzräume als Zufluchtsort auch für die Nachbarschaft. Während der letzten Kriegstage und in den ersten Wochen nach der Besetzung Berlins leben die Bewohner in permanenter Angst – zunächst vor den Bomben der Alliierten, vor Artilleriegranaten und den Geschossen der Stalinorgeln, später vor Raub, Plünderung, Vergewaltigung. Dennoch herrschen schon im Sommer 1945 wieder vergleichsweise idyllische Zustände: Kindstaufen werden gefeiert, im Garten blühen Beete und Büsche.

Im Winter 1944/45 nehmen Zahl und Intensität der Bombenangriffe auch im Berliner Südwesten deutlich zu. Schon im Februar '44 waren große Teile des KWI für Chemie nach einem Treffer eingestürzt, ausgebrannt und evakuiert worden. Nach und nach werden auch die Labore der übrigen Institute weitgehend geräumt und teilweise anderweitig genutzt. Im Harnack-Haus gehen durch die Einschläge in der Nachbarschaft zum Glück nur Fensterscheiben zu Bruch. Sie werden notdürftig durch Pappen ersetzt, sodass der Bedarf an Heizmaterial enorm steigt. KWG-Generalsekretär Ernst Telschow beantragt für den Winter '44/45 fünfzig zusätzliche Zentner Steinkohle für das Club- und Gästehaus.

Dort wohnen jetzt vor allem ausgebombte KWG-Mitarbeiter in den Zimmern und Wohnungen, aber auch der eine oder andere von der NS-Obrigkeit einquartierte Halb-Prominente. Etliche Räume sind doppelt belegt, es wird eng in den Obergeschossen. Da der Forschungsbetrieb in Dahlem weitgehend eingestellt ist, die Laboranten, Assistenten und Wissenschaftler an den Evakuierungsorten in der Provinz werkeln, konzentriert sich die Küche des Harnack-Hauses auf die Verköstigung der Hausgäste, der ausgebombten Nachbarn und jener militärischer Hilfstruppen, die ebenfalls in den umliegenden Gebäuden untergebracht sind und das Harnack-Haus als Unterkunft, Rückzugsort, Planungsstabstelle und so weiter nutzen.

Im Juli 1944 hält eine hundertköpfige Marine-Wachkompanie, die das KWI für Physik und die Reste des Instituts für Chemie bewacht, Schulungskurse im Helmholtz-Saal ab. Und am 4. September 1944 werden im Goethesaal zum ersten Mal drei Laureaten des Fritz-Todt-Preises geehrt. Die nach dem verunglückten Reichsminister für Bewaffnung und Munition benannte Auszeichnung – Todt war 1942 bei einem Flugzeugabsturz ums Leben gekommen – wird an dessen Geburtstag »für besondere erfinderische Leistungen« verliehen, die »für die Volksgemeinschaft von besonderer Bedeutung sind«. Damit sind in Kriegszeiten vor allem Verbesserungen für Waffen, Munition und anderes Kriegsgerät gemeint, für die Energieversorgung und die Ressourcenausnutzung.

Die Auszeichnung in Gold, mit stolzen 50.000 Reichsmark dotiert, geht an Karl Küpfmüller von der Technischen Hochschule Berlin für seine innovativen Beiträge zur Torpedotechnik. Der SS-Obersturmbannführer, auch außerhalb der militärischen Nutzanwendungen eine Koryphäe der Nachrichtentechnik, setzt seine Karriere nach Ende des Krieges unter anderem als Ordinarius für Elektrotechnik an der TU Darmstadt fort.

Das Rüstungsministerium verlangt für die Feier einen wissenschaftlichen Eröffnungsvortrag von KWG-Präsident Albert Vögler, danach Vorträge von KWI-Direktoren, die »möglichst technische Themen« wählen sollen: »Abseitigere Fragen, zum Beispiel aus dem Arbeitsgebiet von Butenandt, sind nicht erwünscht.«

Todts Nachfolger im Ministeramt, Albert Speer, überreicht die Urkunden und die damit verbundenen Preisgelder. Die Abschlussrede hält Robert Ley, Chef des Reichsarbeitsdienstes. Die ursprüngliche Idee, die gesamte Veranstaltung »als Reichs-Großtagung« live und landesweit im Rundfunk zu übertragen, wird schnell verworfen. Stattdessen werden nur Zusammenfassungen der Vorträge im Radio verlesen. Nach der Feier serviert das Harnack-Haus ein »Frühstück« für den »engen Kreis«: Speer und die Amtschefs seines Ministeriums, dazu Ley, Vögler, die Preisträger und die vortragenden Professoren: »Wein und Essen werden vom Ministerium Speer gestellt.«

Neben solchen Großveranstaltungen gibt es auch im sechsten Kriegsjahr wissenschaftliche Vorträge im Harnack-Haus. Da jedoch die Forscherelite aus den benachbarten Kaiser-Wilhelm-Instituten evakuiert ist, muss auf zweitklassige Referenten aus der Provinz zurückgegriffen werden. Auch sind die Themen längst nicht mehr so aktuell und brisant wie einst in Vorkriegszeiten. Stattdessen geht es um teils allgemeine, teils abstrakte Überblicke oder direkt um die Ablenkung von akuten Problemen. Wie die Filmindustrie jener letzten Kriegsmonate, die neben den propagandistischen Durchhaltestreifen vor allem hochtourige Unterhaltung und Komödien produziert, so setzen auch die Programmplaner der KWG vermehrt auf bewährte Ideale und Klischees, zum Teil auch auf Skurriles – untermalt von den typischen Multimedia-Angeboten der Ära mit Musik und Tonfilm.

In der Naturwissenschaftlichen Vortragsreihe dominieren zum Beispiel medizinische Gegenstände wie »Die neuzeitliche Fleckfieberbekämpfung« oder – Penicillin und andere Antibiotika sind zu jener Zeit in Deutschland noch nicht erhältlich – »Die neue Therapie bakterieller Infektionen«. Zu beiden Vorträgen werden Begleitfilme gezeigt. In der geisteswissenschaftlichen Reihe gibt es Referate über »Rom und Karthago«, über »Goethe und Kleist« und über »Das Problem der einheitlichen Staatsführung in der preußisch-deutschen Monarchie«.

Das Verhältnis zwischen KWG-Generalverwaltung und der Leiterin des Harnack-Hauses verschlechtert sich in jenen Tagen rapide. Offenbar rechnet Ariane Unger die Lebensmittelmarken nicht korrekt ab, auch ihre Buchführung über die Vorräte lässt zu wünschen übrig. Generalsekretär Telschow schickt deshalb seine Mitarbeiterin Eva Baier aus der KWG-Zentralverwaltung im Berliner Schloss einmal wöchentlich nach Dahlem, um die dortigen Zustände zu kontrollieren und ihm Bericht zu erstatten. Außerdem verlangt Telschow am 21. Dezember 1944 von Unger: »Zum 31. Dezember melden Sie mir bitte schriftlich, dass die Abrechnung über das (...) an das Harnack-Haus gelieferte Schwein beim Ernährungsamt ordnungsgemäß erfolgt ist. Ich bitte ferner um Unterlagen, wie die Verwertung erfolgt ist, damit ich eine Übersicht gewinne, ob sich die Selbstschlachtung von Schweinen für das Harnack-Haus rentiert oder nicht.«

Wenn sich der oberste Manager der elitären Wissenschaftsorganisation mit der Verwertung eines Mastschweins befassen muss, dann haben die Mangelwirtschaft des Krieges und die damit verbundenen Nöte, die Engstirnigkeit und der Kontrollwahn das einst so weltläufige, großherzige, fast luxuriöse Harnack-Haus offenbar endgültig erreicht.

Doch alles Gängeln hilft nicht. Eine umfassende Überprüfung ergibt am 15. Januar 1945 schwerwiegende Mängel in der Buchhaltung, der Hygiene und der gesamten hauswirtschaftlichen Führung des Harnack-Hauses. Heute lässt sich nicht mehr ermitteln, wann genau und mit welcher konkreten Begründung Ariane Unger als Leiterin förmlich abgesetzt wird, da nach einem Bombenangriff im Februar 1945 auch das Berliner Stadtschloss abbrennt – samt den wichtigsten KWG-Unterlagen. In den nächsten Tagen werden die Teile der Zentralverwaltung ins weitgehend leer stehende KWI für Physik nach Dahlem verlagert. Zudem emigrieren Generalsekretär Telschow und die meisten Beschäftigten samt den verbliebenen Akten nach Göttingen ins dortige KWI für Strömungsforschung. In den nun folgenden schweren Wochen leitet jedenfalls Eva Baier kommissarisch das Harnack-Haus.

Für den Februar 1945 sind dort nur noch Veranstaltungen des Reichsluftschutzbundes, der NS-Frauenschaft und der NS-Partei offiziell verzeichnet, die in den großen Sälen den Volkssturm ausbilden lässt. Für eine Mitgliederversammlung im Februar rechnet sie noch immer mit 300 Teilnehmern – und bucht den Goethe-Saal.

Die Vortragsreihen werden noch 1945 fortgesetzt. An einem Sonntagmorgen leitet Regisseur und Schauspieler Claus Clausen eine Diskussion über Goethes »Faust«, bei der »ein Glas roter Flüssigkeit als Erfrischung gereicht wurde«, wie sich Teilnehmer erinnern. Clausen war einer der Hauptdarsteller im Durchhalte-Propagandafilm »Kolberg« von 1944, aber auch schon in »Der alte und der junge König« zu sehen, dessen Vorpremiere zur Eröffnung des Reichsfilmarchivs Hitler im Jahr 1935 zum ersten Mal ins Harnack-Haus gebracht hatte.

Auch Friedrich Kayssler, als Staatsschauspieler, Regisseur, Schriftsteller und Komponist seit 1936 Mitglied im Verwaltungsrat des Harnack-Hauses, hat dort im Frühjahr 1945 noch einen Auftritt. Zwar irrt der »verehrte Heldendarsteller« zunächst auf der Ihnestraße in Dahlem umher, wie sich eine der nach Dahlem evakuierten KWG-Angestellten später erinnert. Doch sie entdeckt »den stets Bescheidenen, Liebenswürdigen« und geleitet ihn »zu einem wunderschönen Vortragsabend« in das Club- und Gästehaus.

Fatal für den 71-Jährigen, der als einer der wenigen Schauspieler auf Hitlers persönlicher Liste der »Hundert Gottbegnadeten«, also »unersetzlichen« Künstler steht: Als er sich am 24. April 1945, wenige Tage vor Einstellung der regionalen Kampfhandlungen bei einem Vergewaltigungsversuch schützend vor seine Ehefrau stellt, wird der Tausendsassa in seiner Privatwohnung von einem Sowjetsoldaten erschossen.

Eduard Spranger, Pädagogik-Professor und als Mitglied der Mittwochsgesellschaft ein konservativer Oppositioneller gegen das NS-Regime, hält im Frühjahr '45 ebenfalls einen Vortrag im Harnack-Haus, erinnert sich eine Angestellte aus der KWG-Zentralverwaltung. Vom anderen Extrem des politischen Spektrums kommt Roland Freisler, Vorsitzender Richter am Volksgerichtshof, der offenbar kurz vor seinem Tod im Bombenhagel Anfang Februar seine Ansichten ebenfalls im Harnack-Haus ausbreiten darf. Freislers »brutale Überheblichkeit« bleibt einer Zuhörerin im Gedächtnis.

In den nun kommenden Wochen des »Endkampfs« und in der sich anschließenden »Russenzeit« geht es im Harnack-Haus einerseits »auf Gedeih und Verderb«, doch zugleich auch »direkt gesellschaftlich zu«, schreiben die dort Evakuierten: Während draußen die Bomben auf Berlin niedergehen und die Häuser im Donner der Artilleriegeschütze erzittern, unterhält sich ein Geheimrat Heymann im endlich genehmigten Luftschutzkeller gemütlich mit einem Geheimrat Sethe vom Auswärtigen Amt, der dort »malerisch auf einem bunten Bademantel sitzend (...) Kochrezepte aus dem Ausland zum besten gibt«. Fliegergeneral Anton Heidenreich versucht Schachpartien, Fritz Süffert aus der Redaktion der renommierten Fachzeitschrift »Naturwissenschaften« liest der Bunkergesellschaft vor aus »David Copperfield«.

Ein enger Mitarbeiter von Telschow protokolliert in jenen letzten Tagen des NS-Regimes innovative Ernährungsexperimente: Aus den Pressrückständen von Ölsaatfrüchten wird in Dahlem ein »nicht besonders schmackhaftes, aber kalorienreiches und mit 55 % Eiweißanteil vorteilhaftes Nährmehl entwickelt«, aus dem im Harnack-Haus dann eine »Eifo«-Suppe gekocht wird. Die evakuierten KWG-Mitarbeiterinnen essen »tapfer und kräftig mit« ...

Am 25. April 1944 notiert die Chronik: »nachts tiefes Brausen (Stalinorgeln)«. Die folgenden drei Tage und Nächte verbringt die illustre Gesellschaft aus KWGlern, Geheimräten und anderen Dahlemer Nachbarn im Luftschutzkeller des Harnack-Hauses ohne elektrisches Licht. Als die sowjetischen Besatzungstruppen mit Taschenlampen eindringen, sind alle zunächst erleichtert.

Doch dann ertönt über Tage hinweg überall der Ruf »Frau, komm!« der Soldaten. Ein Befehl, dem nur schwer Folge zu leisten ist, endet er doch meist in einer Vergewaltigung.

Tags darauf tafelt und trinkt eine ungeordnete Gruppe der Besatzer im Garten des Harnack-Hauses. Die weiblichen KWG-Angestellten versuchen sich so unsichtbar wie möglich zu machen, tarnen sich als Küchenhilfen und polieren immer wieder dieselben Geschirrteile – als ob sie unersetzliche Arbeit leisteten. Nach einigen Tagen gelingt es ihnen, sich mit einem Leiterwagen abzusetzen, auf den sie in aller Eile noch ein paar Lebensmittel geladen haben. Auch die übrigen Hausgäste zerstreuen sich so schnell wie möglich.

Am 13. Mai 1945, fünf Tage nach der bedingungslosen Kapitulation der Wehrmacht und des Deutschen Reiches, können die KWG-Angestellten zurückkehren ins Harnack-Haus. Die Ihnestraße ist zu jenem Zeitpunkt noch blockiert von quer abgestellten Sowjet-Panzern. Am Thielplatz, also auf dem Weg zur nächstgelegenen U-Bahnstation, liegt seit Tagen der Kadaver eines weißen Pferdes, »in den Knien eingeknickt« und mit offenen Augen: »eine grausige Statue«. Überall in den Straßen haben die Sowjetsoldaten ihre Gefallenen begraben. Alle Deutschen, die dort vorbeikommen, sind verpflichtet, die rot umrandeten Behelfsgräber zu pflegen. Das Wasser hierfür müssen die Bewohnerinnen des Harnack-Hauses vom Brunnen im Garten des »Warburg-Instituts« für Zellphysiologie in der Garystraße besorgen. Die Versorgung über die Wasserleitungen funktioniert in jenen Tagen noch nicht.

Und so gehört, wie sich Hausleiterin Eva Baier erinnert, »schon etwas dazu, ausgehungert und erschöpft, aber unverdrossen daranzugehen, den von russischen Panzern und Geschützen umgepflügten Garten in Ordnung zu bringen, Gemüsebeete anzulegen, die beispiellosen Verwüstungen in allen Räumen zu beseitigen und nach und nach sogar die vielen Fenster im Haus neu zu verglasen«.

Doch die Mühe lohnt. Schon nach wenigen Wochen »schäumen die Beete über von Farbe und Duft, der Garten übersteigert sich selbst im Blühen und Früchte-Tragen«. Nur die massiven Beton-bunker, die nach 1943 im Park aufgestellt wurden, lassen sich nicht so einfach beseitigen. In mühsamen Grabungsarbeiten werden sie »Zoll um Zoll« tiefer in den märkischen Sandboden versenkt bis sich wieder eine dünne Krumenschicht darüberziehen lässt.

Noch im Mai 1945 veranstaltet der sowjetische Stadtkomman-dant einen Empfang für »Kulturschaffende« im Harnack-Haus. Am 10. Juni und am 24. Juni treffen sich Mitglieder der Preußi-schen Akademie der Wissenschaften im Humboldt-Zimmer, um zu beraten, wie die deutsche Wissenschaftslandschaft am besten neu organisiert werden könne. Mit dabei: Chirurg Ferdinand Sau-erbruch und Pädagoge Eduard Spranger, Literaturwissenschaftler Wolfgang Schadewaldt und Historiker Friedrich Baethgen. Aber auch Friedrich Glum, bis 1938 viel gerühmter Generaldirektor der Kaiser-Wilhelm-Gesellschaft.

Am 1. Juli feiern die KWG-Angestellten eine »Doppeltaufe« im Harnack-Haus: Zwei »Haustöchter«, in den letzten Kriegstagen von Flüchtlingsfrauen dort geboren, sind nach den Wirren der letzten Kriegstage wieder mit ihren Müttern zurückgekehrt ins Club- und Gästehaus der Kaiser-Wilhelm Gesellschaft, was nun kräftig bejubelt wird.

In den Tagen darauf droht jedoch Verdruss: Schon Mitte Mai hatte der provisorisch eingesetzte Bürgermeister von Zehlendorf den KWI-Direktor Peter Adolf Thiessen, als Mitglied von SS-Brigadeführer Rudolf Mentzels berüchtigter »Göttinger Clique« ehemals Leiter eines »nationalsozialistischen Musterbetriebs«, zum kommissarischen Präsidenten der gesamten Kaiser-Wil-helm-Gesellschaft bestimmt – was ihm de facto nur die Dahle-mer Institute unterstellt. Dazu war der Ortsbürgermeister durch nichts befugt. Aber in jenen chaotischen ersten Nachkriegstagen brauchte die provisorische Obrigkeit verlässliche Ansprechpart-ner, musste Instanzen installieren, die Verantwortung überneh-men und für Ordnung sorgen konnten.

Am 6. Juli 1945 ernennen jedoch der Berliner Oberbürgermeis-ter und der Magistrat Robert Havemann zum Präsidenten der

KWG. Der Physiko-Chemiker, einst Doktorand und Mitarbeiter an Thiessens KWI, hatte mit Arvid Harnack und anderen Mitgliedern von dessen Widerstandsgruppe kollaboriert. Das dafür ausgesprochene Todesurteil von Freislers »Volksgerichtshof« war jedoch nicht vollstreckt worden. Auch für diese Besetzung, die einen Kandidaten aus dem entgegengesetzten politischen Lager installiert, gibt es keinerlei Legitimation. Doch war damit die Hoffnung verbunden, auch außerhalb von Berlin-Dahlem Akzeptanz zu finden für eine vermeintlich unbelastete Führungsfigur.

Weit gefehlt: Schon tags darauf protestieren alle noch amtierenden KWG-Direktoren gegen die Personalie Havemann. Dessen Rolle im Widerstand ist zu jenem Zeitpunkt nicht klar. Außerdem weckt in jenen konfusen Wochen und Monaten, in denen es allerorten an Einsicht, Weitblick und Orientierung fehlt, eine Mitwirkung bei subversiven, womöglich gar staatsfeindlichen Aktionen Misstrauen. Auch in der Kaiser-Wilhelm-Gesellschaft, wo etliche Institutsleiter bis zum Zusammenbruch des NS-Reichs dessen staatstragender Partei, manche sogar der SS oder anderen gewalttätigen Gruppierungen angehörten: von Peter Adolf Thiessen über den Biochemiker Adolf Butenandt bis zum Silikatforscher Wilhelm Eitel.

Die KWG-Honoratioren pochen auf ihr Recht: Ihr Präsident darf nicht von einer forschungsfremden Institution berufen, sondern muss von den Gremien der Organisation gewählt werden. Auch der inzwischen 87-jährige Max Planck protestiert – was in der Summe bewirkt, dass Havemann von Anfang an keinen Einfluss oder gar Zugriff auf die Kaiser-Wilhelm-Institute im späteren West-Deutschland hat. Der Chemiker verschärft den Konflikt, indem er Thiessen, immerhin seit rund zehn Jahren ein Institutsdirektor der KWG und sein ehemaliger Chef, zu seinem Sekretär macht, ihn mithin seinen Weisungen unterstellt.

Wenige Tage später wird Peter Adolf Thiessen in die Sowjetunion gebracht, wo er zusammen mit anderen deutschen Wissenschaftlern am Bau der sowjetischen Atombombe mitwirkt. Für seine Verdienste bei der Entwicklung der Atomtechnik erhält er

1951 den Stalinpreis. Im Jahr 1956 kehrt Peter Adolf Thiessen zurück nach Deutschland. Der Wissenschaftler, einst von den Nazis mit ihrem Goldenen Parteiabzeichen geehrt, hat inzwischen die politischen Lager diametral gewechselt. In der DDR leitet er das Institut für Physikalische Chemie der Akademie der Wissenschaften. Als Mitglied der Sozialistischen Einheitspartei (SED) wird er Vorsitzender des Forschungsrates und ist bis 1963 Mitglied im Staatsrat, dem obersten Führungsgremium des realsozialistischen Apparats.

Nach Thiessens überraschender Abreise übernimmt Robert Havemann auch dessen Amt als Direktor des KWI für Physikalische Chemie. Pro forma bleibt er Präsident der Kaiser-Wilhelm-Gesellschaft und bündelt in dieser Funktion die Dahlemer Institute zu einer »Stiftung Deutsche Forschungshochschule«. Für den sowjetischen Geheimdienst KGB, für das DDR-Ministerium der Staatssicherheit und für die militärische Abwehr horcht Havemann unter dem Decknamen »Leitz« zugleich Wissenschaftler aus allen Besatzungssektoren aus.

Im Jahr 1948 setzt die US-Militärregierung, inzwischen zuständig für den Berliner Südwesten, den politisch provokanten Spitzel als KWG-Präsident endgültig ab. Havemann darf jedoch weiter in Dahlem forschen. Drei Jahre später wird der Physiko-Chemiker, inzwischen auch in die SED eingetreten, Ordinarius an der Berliner Universität, die von der DDR-Führung in Humboldt-Universität umbenannt wurde. In den 1960ern geht der Fundamentaloppositionelle abermals auf Distanz zur Obrigkeit, kritisiert die DDR-Führung in westlichen Medien. In der Folge verliert Robert Havemann seine Lehrbefugnis, wird aus der SED ausgeschlossen und unter Hausarrest gestellt. Als Freund des Liedermachers Wolf Biermann wird er im Umfeld von dessen Ausbürgerung in den 1970er Jahren auch in der Bundesrepublik bekannt als DDR-Dissident.

In Göttingen wird im Februar 1948 die Max-Planck-Gesellschaft gegründet, offizielle Nachfolgerin der KWG. Otto Hahn ist ihr erster Präsident, Ernst Telschow, einst Mitglied in der NS-

Partei und diensteifriger Brückenkopf zu den Machthabern der NS-Nomenklatura, wird wieder ihr Generalsekretär.

Nachdem die Besatzungsmächte die ehemalige Reichshauptstadt endgültig untereinander aufgeteilt haben, gehört das Harnack-Haus zum amerikanischen Sektor. Am 14. Juli 1945 übernimmt die US-Militärregierung das Club- und Gästehaus komplett, die Beschäftigten der KWG haben keinen Zutritt mehr. Bis auf wenige Ausnahmen bleiben Wissenschaftler für die nächsten 50 Jahre ausgesperrt, ebenso die Vordenker und Größen aus der deutschen Politik und Kultur, Wirtschaft und Zivilgesellschaft.

Teil 4
Ausblick
(1945 – 2017)

Der einzige von vornherein feste Punkt und dauernd
sichere Besitz ist für den Menschen eine reine Gesinnung und ein guter Wille.

MAX PLANCK, *Physik-Nobelpreisträger 1918 und als Präsident der Kaiser-
Wilhelm-Gesellschaft von 1930 bis 1936 Hausherr im Harnack-Haus*

Ein Neuanfang in alten Traditionen: Im September 1945 zelebriert Rabbiner Isidor Breslau im Harnack-Haus das jüdische Neujahrsfest Rosch ha-Schana für US-Soldaten. Ähnliche Zeremonien für Zivilisten folgen bis 1994.

Zurück zum Hort des Humanismus – wie das Harnack-Haus wieder wurde, was es ursprünglich war

Nach dem Abzug der Sowjettruppen aus dem Berliner Südwesten sind im Sommer 1945 zunächst US-Präsident Harry S. Truman und General Dwight D. Eisenhower Gäste im Harnack-Haus. Im Herbst feiert die jüdische Gemeinde der US-Army dort ihr Neujahrsfest. Danach dient das Club- und Gästehaus jahrzehntelang als Vergnügungsort für amerikanische Offiziere: Der Hörsaal wird zur Disco umgebaut, die Innenausstattung komplett auf amerikanischen Geschmack getrimmt – was nach der Rückgabe der Immobilie in den 1990er Jahren eine umfassende Restaurierung nötig macht. Heute, 88 Jahre nach seiner Eröffnung, erstrahlt das Harnack-Haus im alten Glanz – ästhetisch wie geistig.

Wie durch ein Wunder hat das ledergebundene Gästebuch des Harnack-Hauses, angelegt bei der Eröffungsfeier am 7. Mai 1929 und fortgeführt bis ins Frühjahr 1945, die Kriegswirren und die chaotischen Wochen der sowjetischen Besatzung heil überstanden. Die Angestellten der KWG-Zentralverwaltung, nach der Evakuierung aller übrigen Beteiligten aus dem belagerten Berlin als Stallwache in Dahlem zurückgelassen, finden es in einer Schublade des Rednerpults und bringen es unbeschadet nach Göttingen, wohin ihre Vorgesetzten geflohen waren.

Wer die gebundene Fotokopie durchblättert, die heute im Archiv der Max-Planck-Gesellschaft (MPG) einsehbar ist, dem fällt ein graphologisches Phänomen auf: Die Signaturen, die dort vor allem prominente Gäste hinterlassen haben, nehmen im Lauf der Zeit immer größeren Raum ein. Vor allem in den letzten Jahren der Nazi-Herrschaft verewigen sich die Besucher in immer pompöseren, manchmal sogar gigantomanischen Schriftbildern.

Dazu mögen die legendär edlen Weine beigetragen haben, die das Harnack-Haus bis zum Kriegsende ausschenken konnte und denen mancher Gast wohl kräftig zugesprochen hat, bevor er seinen Namen ins Buch eintrug. Doch spricht aus den großen, oft betont schwungvoll ausgeführten Buchstaben auch jene Überheblichkeit, Hoffart und Hybris, für die viele NS-Funktionäre berüchtigt waren und die etliche Subalterne nachzuahmen versuchten.

Das Kriegsende setzt diesem Unwesen schlagartig ein Ende. Der erste Eintrag nach der Kapitulation – er listet jene Mitglieder der Preußischen Akademie der Wissenschaften auf, die sich im Juni 1945 Gedanken über einen Fortbestand, ein Wiederaufleben der deutschen Wissenschaftslandschaft machten – fällt durchweg bescheiden aus. Keiner der Teilnehmer signiert mit einer größeren Schrift als im eigenen privaten Notizkalender, keiner setzt Schnörkel oder Unterstreichungen. Der Bruch, den das Ende der NS-Ära in der Weltgeschichte markiert, steht hier plastisch vor Augen. Die aufgeblasene Wichtigtuerei, die Selbstherrlichkeit der rassistischen, militant massenmörderischen Tyrannen ist vorbei. Fortan herrscht in Dahlem wieder das Stilempfinden einer bürgerlich-maßvollen Denker-Elite.

Am 20. Juli 1945, also keine Woche nach der Übergabe des Berliner Südwestens an die US-Army, ist der mächtigste Mann der Welt zu Gast im Harnack-Haus: Harry S. Truman, Präsident der Vereinigten Staaten, besucht das nahezu intakte Zentrum des Dahlemer Forschungscampus. Mit dabei: General Dwight D. Eisenhower. Der amerikanische Oberkommandierende in Europa wird 1953 Truman im Präsidentenamt nachfolgen.

Zwar haben die Besatzungssoldaten der Sowjetarmee in den Wochen zuvor die Gästezimmer und -wohnungen übel zugerichtet; von den Vorräten im Weinkeller ist ebensowenig übrig geblieben wie von den Silberbestecken. Doch die Bibliothek ist nahezu unversehrt. Und die zerbrochenen Fenster, das Mobiliar und die sonstige Inneneinrichtung sind bereits teilweise instand gesetzt und einigermaßen präsentabel hergerichtet worden.

Truman und Eisenhower nehmen an den Verhandlungen zum Potsdamer Abkommen teil, bei dem eine Nachkriegsordnung für Europa festgelegt und das deutsche und das polnische Territorium aufgeteilt werden sollen. Offiziell untergebracht sind sie im »Haus Erlenkamp« in Neubabelsberg. Doch die ehemalige Verleger-Villa ist seit Ende April von der Sowjetarmee besetzt, Teile davon dienen dem Oberbefehlshaber der Militäradministration in Deutschland, General Georgi Schukow, als Wohnhaus. Die anderen Teile, also die Unterkünfte der US-Delegation, werden garantiert vom sowjetischen Geheimdienst abgehört. Im komfortablen Harnack-Haus, das sie seit kurzem selbst verwalten, können die amerikanischen Unterhändler hingegen unbeeinträchtigt konferieren, unbehelligt auch vertrauliche Telefonate mit der heimischen Regierung und den anderen westlichen Abgesandten führen.

Die erste große Feier, die nach Kriegsende im ehemaligen Club- und Gästehaus der Kaiser-Wilhelm-Gesellschaft stattfindet, setzt ein starkes Symbol: Am 8. September 1945 zelebriert der amerikanische Militärrabbiner Isidor Breslau im Goethe-Saal das religiöse Neujahrsfest Rosch ha-Schana für die jüdischen US-Soldaten. Das Pult, auf dem die Thora-Rollen bei dieser Feier ruhen, ist dasselbe, das Einstein und Planck, Haber, Meitner und Hahn für ihre Reden und Vorträge während der Blütezeit des Harnack-Hauses genutzt haben und in dem das Gästebuch die Kriegswirren und die »Russenzeit« überstehen konnte.

Nach und nach kommen immer mehr jüdische Zivilisten zu den Gottesdiensten der amerikanischen Militärgemeinde ins Harnack-Haus: Verfolgte, die während der NS-Herrschaft untertauchen und sich verstecken konnten, Flüchtlinge aus Polen, wo kurz nach dem Krieg wieder Pogrome stattfinden, und Überlebende der Konzentrationslager. Im Spätherbst 1945 wird auch das jüdische Lichterfest Chanukka im Goethe-Saal begangen. Für ihre größeren Feiern nutzt die US-Militärgemeinde fortan für viele Jahre lang das Harnack-Haus; die liberale Synagogengemeinde von Berlin »Sukkat Shalom« setzt diese Tradition bis 1994 fort.

Die US-Army nutzt das Harnack-Haus ab dem Spätsommer 1945 als Offiziersclub: Der international renommierte Architekt Eckart Muthesius, Schöpfer einer modern-sachlichen Formensprache, baut den Helmholtz-Saal um zu einer »Marine Bar«. Der Duisberg-Saal heißt ab 1953 »Bavarian Room«, später »Fiddler's Green Sportsbar«. Im ehemaligen Liebig-Gewölbe werden nun »Surf and Turf«, Burger und T-Bone-Steaks serviert statt der »Eifo«-Suppe aus den Pressrückständen von Ölsaat, mit der sich die letzten deutschen Bewohner in den entbehrungsreichen letzten Kriegstagen begnügen mussten. Die neuen Gäste zahlen in US-Dollars, versteht sich. Im Zuge der Umbauten wird das Freibad an der Ecke zur Garystraße aufgegeben und eingeebnet, die Umkleidekabinen und Nebengebäude abgerissen. Heute erinnert jedenfalls nichts mehr an diesen kleinen Luxus für die Beschäftigten der Kaiser-Wilhelm-Institute, für die Gäste des Harnack-Hauses und ihre Kinder.

Der Schriftsteller Carl Zuckmayer, 1938 in die USA emigriert und seither für die dortigen Geheimdienste tätig, erhält im Winter 1946 Quartier auf der Gäste-Etage. Der Autor von so populären Theaterstücken wie »Der Hauptmann von Köpenick« oder »Des Teufels General« lobt die Gemütlichkeit des geheizten Zimmers, ein Luxus, der in jenen Jahren der Nachkriegsnot keineswegs selbstverständlich ist. Aus Solidarität mit seinem schwer erkrankten Freund und Verleger Peter Suhrkamp nächtigt er anfangs dennoch in dessen eiskalter Wohnung in der Innenstadt. Gegen Ende seines Berlin-Besuchs zieht er jedoch bereitwillig zurück in die Dahlemer Behaglichkeit.

Deutsche Gäste haben im Harnack-Haus nur noch Zutritt zu besonderen Anlässen. Etwa zur Feier von George Washingtons

215. Geburtstag am 22. Februar 1947 oder zu jener Veranstaltung der Dahlemer Musikgesellschaft, die im Herbst 1947 Yehudi Menuhin und Walter Gieseking für ein Konzert ins Harnack-Haus holen darf. Im Jahr 1952 spricht Otto Hahn, inzwischen Präsident der Max-Planck-Gesellschaft, im Goethe-Saal über »Atomenergie für den Frieden«. Immerhin dürfen die Internationalen Berliner Filmfestspiele, die damals noch im Sommer stattfinden, im Jahr 1956 ihren prunkvollen Ball im Harnack-Haus abhalten.

Miete für die Nutzung des Club- und Gästehauses zahlt die US-Army nur bis zum Oktober 1949. Dann wird die ursprüngliche Eignerin, die Kaiser-Wilhelm-Gesellschaft, aufgelöst, und die Militärs tun sich leicht, die rechtsnachfolgende Max-Planck-Gesellschaft zu ignorieren. Überdies nehmen sie in den folgenden Jahren eigenmächtig umfassende Umbauten vor: Im Untergeschoss wird der Küchentrakt vergrößert, der schmale Flur im Erdgeschoss zwischen Goethe- und Helmholtz-Saal wächst zu einem Tanzboden. Die Gartenterrasse erhält ein Dach und tragende Mauern – was den bis dahin eher salonartigen Bismarck-Saal zu einer »Baroque Hall« erweitert. Im Gartenparterre des Untergeschosses entsteht eine »Jesse Owens Hall«, benannt nach dem afro-amerikanischen Leichtathleten und Medaillenkönig bei den Olympischen Spielen in Berlin 1936, die dem Restaurant zugeschlagen wird.

Im Juli 1952 besucht Grayson L. Kirk das Harnack-Haus. Der frisch gekürte Vizepräsident der Columbia University aus New York City möchte das Erfolgsrezept der Dahlemer Gelehrtenkolonie erfahren und erlernen. Die wird inzwischen von einer Stiftung nach dem Vorbild der amerikanischen Institutes for Advanced Studies als »Deutsche Forschungshochschule« geführt: Eine exklusiv westdeutsche Wissenschaftsorganisation wie die Max-Planck-Gesellschaft sollte nach Auffassung der Alliierten – zumindest nach der ihrer sowjetischen Vertreter – keine Standorte im isolierten West-Berlin unterhalten dürfen. Außerdem interessiert sich Greyson für den Aufbau der Freien Universität, die seit ihrer Gründung im Jahr 1948 ihren Hauptsitz nebenan im ehemaligen

KWI für Biologie hat, sich größter Beliebtheit erfreut und deswegen aus allen Nähten platzt.

Bei der vierten Hauptversammlung der Max-Planck-Gesellschaft, die ausnahmsweise im Harnack-Haus stattfinden darf, erklärt der Regierende Bürgermeister Ernst Reuter am 1. Juli 1953 die Auflösung der »Deutschen Forschungsuniversität« und die Eingliederung der verbliebenen, noch in Berlin arbeitenden KWI in die Max-Planck-Gesellschaft. Die anderen großen Gebäude, etwa das Institut für Chemie oder das für Biochemie, gehen an die Freie Universität.

Danach kommen deutsche Gäste noch seltener ins Harnack-Haus als zuvor. General Lucius D. Clay, von 1947–'49 Militärgouverneur in den amerikanischen Sektoren und später Präsident Kennedys Statthalter in Berlin, empfängt 1954 im Garten amerikanische Besucher. Im selben Jahr findet im Offiziersclub ein großer Ball für amerikanische Studenten statt. Die gehen meist zur neuen »FU«, die ihren Campus vor allem nördlich des Harnack-Hauses fleißig ausbaut. Südwestlich, nicht weit davon, entsteht der repräsentative, ebenfalls 1954 eröffnete Henry-Ford-Bau, bis heute ein Zentralgebäude der FU.

Die einst so renommierte Friedrich-Wilhelm-Universität im Ostteil der Stadt, 1949 in Humboldt-Universität umbenannt, wird in jener Zeit hingegen fest aus dem Zentralkomitee der stalinistischen SED gesteuert. Von Freiheit der Wissenschaften ist dort kaum noch etwas zu spüren – was die Hochschule für Akademiker aus dem westlich-demokratischen Ausland unattraktiv macht.

In den 1960er Jahren hält sich das akademische Leben zunächst weitgehend fern vom Harnack-Haus. Stattdessen werden dort zwischen 1965 und '67 zu Thanksgiving große Truthahnessen veranstaltet. Etliche der amerikanischen Teilnehmer verkleiden sich als Cowboys und Indianer. In jenen Jahren soll auch die besonders ambitionierte Gattin eines US-Gesandten für eine vollkommene Umgestaltung des Mobiliars und der Inneneinrichtung im Stil eines phantasievollen »Kuckucksuhren-Barocks« gesorgt haben, den sie offenbar für europäisch-anspruchsvoll gehalten hat.

Während der Studentenunruhen in den Jahren 1967 und '68 kommt es zu mehreren Farbbeutel-Attacken auf das Harnack-Haus, das seit der Kuba-Krise 1962 streng bewacht wird von US-Militärpolizei. Als Berliner Studenten versuchen, vor dem Harnack-Haus gegen den Krieg der Amerikaner in Vietnam zu protestieren, greift diese hart durch und zerstreut die Veranstaltung. Im Jahr 1972 misslingt ein Bombenanschlag, den die inzwischen radikalisierten Gruppen ehemaliger Studenten auf den US-Offiziersclub versuchen. 16 Jahre später stellt die deutsche Polizei ein Auto sicher, das monatelang vor dem Harnack-Haus geparkt war. Die dort platzierte Bombe war zum Glück nie detoniert.

Im März 1978 darf die Max-Planck-Gesellschaft wieder einmal das Harnack-Haus nutzen: Sie hat das Institut für Zellphysiologie in der Nachbarschaft aufgelöst – und im umgebauten Rokoko-Schlösschen von Otto Heinrich Warburg ihr Archiv untergebracht. Bei dessen feierlicher Eröffnung sprechen MPG-Präsident Reimar Lüst und Hans Krebs, Medizin-Nobelpreisträger von 1953, im Goethe-Saal.

Beim 50. Jubiläum des israelischen Weizmann-Instituts wird am 21. März 1984 im Harnack-Haus auch des 50. Todestages von Fritz Haber gedacht. Der Großerfinder und Nobelpreisträger von 1918, der das heute nach ihm benannte Institut für Physikalische Chemie 22 Jahre lang geleitet hat, war im Januar 1934 im Alter von 65 Jahren auf seiner Reise nach Palästina zum dort für ihn eingerichteten Lehrstuhl gestorben.

Nach dem Fall der Berliner Mauer und dem damit verbundenen Ende des Kalten Kriegs wird es auch im Offiziersklub der US Army still. Ein West-Berliner Veranstalter inszeniert dort »Pompeji-Parties« für besonders dekadente Feierwillige, durch einen Brand entsteht im Jahr 1991 an dem Club- und Gästehaus ein Schaden von über einer Million Mark. Mehr oder weniger in diesem desolaten Zustand geben die amerikanischen Besatzer das Anwesen an die MPG zurück, als sie 1994 endgültig aus Berlin abziehen.

Die Wissenschaftsorganisation beginnt eine vorsichtige Instandsetzung der nun denkmalgeschützten Immobilie. Aus dem ehemaligen Tanzboden zwischen Goethe- und Helmholtz-Saal entstehen zwei Seminarräume, die nach Lise Meitner benannt werden. Die übrigen Rück- und Umbauten, die technische Aufrüstung und die Verschönerungen ziehen sich bis ins 21. Jahrhundert.

Heute ist die Immobilie aufwendig restauriert zu einem optimal ausgestatteten Tagungszentrum und Gästehaus. Die Teilnehmer der wissenschaftlichen Konferenzen wohnen wieder in den Zimmern und Apartments unterm Dach, aber auch in einem Nebengebäude, das die Amerikaner in den 1950er Jahren auf einem Grundstück schräg gegenüber errichtet haben. Nachwuchsforscher, die sich etwa in Seminaren der Max-Planck-Gesellschaft die Grundzüge des Wissenschaftsmanagements beibringen lassen, sorgen für junge Gesichter in den Fluren der Tagungsstätte.

Die Fassade, von KWG-Hausarchitekt Carlo Sattler wie die meisten anderen berühmten Gebäude der »Neuen Sachlichkeit«, etwa in der Hamburger Jarre-Stadt, ursprünglich im dunklen Backsteinrot gehalten, wurde nun weiß verputzt. Das Kopfsteinpflaster in den Vorfahrten am Haupteingang und vorm großen Hörsaal ist wieder perfekt konvex geformt, die Halbrelief-Ornamente von Musikinstrumenten, Messgeräten und Ackerfrüchten an den Pfeilern ihrer Dächer wurden liebevoll herausgearbeitet.

An der Wand hinterm Empfang, an derselben Stelle, an der in den frühen 1930ern das Kursbuch für die Dampferverbindungen nach den USA auslag, hängt heute ein Flachbildschirm, der alle Veranstaltungen eines Tages in den verschiedenen Sälen anzeigt. Wer hier freundlich um Einlass bittet, darf selbstverständlich die ehemalige Bismarck-Halle besichtigen – heute in »Planck-Lobby« umgetauft. Gleich rechts, neben dem Aufgang zum Goethe-Saal, steht der riesige Schrank, dunkel im Neo-Renaissance-Stil restauriert, der schon 1929 zur Originaleinrichtung gehörte. Vor den stockwerkshohen Scheiben, die den parkähnlichen Garten überblicken, stehen Polster-Sitzgruppen mit niedrigen Tischen.

Im Nordflügel, dem ruhigsten Teil des Hauses, findet sich die Leibniz-Bibliothek. Die weiß gestrichenen Bücherregale reichen bis an die Decke des kleinen Zimmers, das durch Türen mit den benachbarten Humboldt- und Mozart-Zimmern verbunden ist. Das einzige Fenster blickt auf die ehemalige »Generaldirektoren-villa« von Friedrich Glum, heute ebenfalls aufwendig restauriert. Die dünnen, im Neobarock-Stil hölzern eingefassten Glasschei-ben vor den Bücherborden wirken originalgetreu aus den 1920er Jahren. Zum Inventar gehören Adolf von Harnacks mehrbändige Ausgabe aller Texte zur Dogmengeschichte, das Gesamtwerk von Friedrich Hölderlin, aber auch »Der Rosengarten der deutschen Liebeslieder« in Frakturschrift, »Die diplomatischen Akten des Auswärtigen Amtes 1871 – 1914« und Joachim Ringelnatz' »Mein Leben bis zum Kriege«.

Im Zuge der Sanierung erhielt das Harnack-Haus außerdem eine historische Dauerausstellung. Sie konzentriert sich auf Per-sönlichkeiten, die das Haus besucht haben und von denen viele als Entscheider und Vordenker Entwicklungen des 20. Jahrhunderts beeinflusst haben. Die Porträtwand im Wintergarten versammelt 156 Biographien, die über ein Lichtleitersystem untereinander ver-knüpft und verschiedenen Themenpfaden zugeordnet sind. Eine höchst informative Installation.

Der Konzertflügel, vom renommierten Klavierbauer Bechstein zur Eröffnungsfeier 1929 gestiftet und bei der Gesamtrenovierung des Hauses unlängst in einen tadellosen Zustand zurückversetzt, steht heute vor der gut ausgestatteten Bar der »Einstein«-Lounge im Souterrain. Zu später Stunde kann es vorkommen, dass sich ein Hausgast an die Tasten setzt und »Ich bin von Kopf bis Fuß auf Liebe eingestellt«, »Wenn ich mir etwas wünschen dürfte« oder andere mehr oder weniger melancholische Klassiker aus der Früh-zeit des Harnack-Hauses intoniert. Andere bevorzugen »Strangers in the Night«, »Moon River« und ähnliche Standards aus dem »Great American Songbook«.

Der Goethe-Saal wirkt wegen seiner schmalen, hoch gestreck-ten Fenster hinter der Bühne und wegen der hohen Decke auch heute noch hell und luftig. Die Nordwand zur Planck-Lobby ist verspiegelt. So werden die Zuhörer im Saal nicht abgelenkt vom Publikumsverkehr draußen, zudem wird das durch die Fenster einfallende Licht reflektiert. Auf der Empore, zugänglich vom ersten Obergeschoss, hat jeder Sitzplatz einen Stromnetzanschluss.

Überall im Haus sind Info-Tafeln mit ausführlichen Texten und vielen Fotos zur Geschichte des Harnack-Hauses und seiner Gäste angebracht, etwa in der Einstein-Lounge und vor dem großen Hörsaal, der inzwischen nach Otto Hahn benannt ist. Der frühere Name könnte irrtümliche Verbindungen herstellen zum heutigen Wettbewerber um Forschungsfördergelder, der 2001 gegründeten Helmholtz-Gemeinschaft, in der vor allem die deutschen Großforschungsanlagen wie das Desy in Hamburg, das Alfred-Wegener-Institut für Polarforschung und das Deutsche Zentrum für Luft- und Raumfahrt (DLR) zusammengeschlossen sind.

Über der Tür zum Hörsaal erinnert ein letztes Einrichtungsstück an die Zeit als US-Offiziersclub: eine große Wanduhr, deren Zeiger und Ziffern Fische, Nixen, Wassermänner und ähnlich maritime Motive darstellen. Auch bei den amerikanischen Nutzern sollte das Mobiliar möglichst zum Thema eines Raumes passen. Und für die ersten 45 Jahre nach dem Zweiten Weltkrieg war der einstige Helmholtz-Hörsaal eine »Marine Bar«….

Am Ende des Sommers, kurz vor Beginn des akademischen Jahres, feiern die Grundlagenforscher von der Max-Planck-Gesellschaft und die angewandten Forscher der Fraunhofer-Gesellschaft gemeinsam ein Grillfest im großen Garten des Harnack-Hauses. Wieder einmal hat »tout Berlin« den Weg hinaus nach Dahlem gefunden: Jungwissenschaftlerinnen und Ordinarien, Abgeordnete und Diplomatinnen, Journalistinnen und Schriftsteller. Wieder mischen sich deutsche und englische, vereinzelt auch hebräische und chinesische Wortfetzen im Geplauder der Partygäste.

Alle Haar- und Hautfarben sind vertreten; die jungen Damen zeigen, wie kurz ein »Kleines Schwarzes« heute geschnitten sein kann, die älteren halten eine Wollstola oder Strickjacke parat:

Ende September kann es schon kühl werden in den Wäldern der Berliner Vororte. Die älteren Herren tragen dunkle Anzüge, die jüngeren Jeans und Pullover. Besonders ins Auge sticht die Garderobe des indischen Botschafters und seiner Gattin, beide in aufwendiger Landestracht gekleidet, mit Turban und farbenfrohem Sari.

Die Leiter der beiden Forschungsorganisationen, physiognomisch ein wenig an Pat und Patachon erinnernd, stehen gemeinsam am Grill und kommentieren launig die Bemühungen des jeweils anderen, einen »perfekten Burger« zu braten. Martin Stratmann, Präsident der MPG, trägt eine lange Schürze mit der gestickten Aufschrift: »Hier brät der Chef noch selbst« – ein Geschenk seiner ehemaligen Institutsmitarbeiter. Die Gäste trinken Aperol Sprizz und frisch gezapftes Bier, Weißwein und eine Brause aus Braunalgen, die Forscher der Fraunhofer Gesellschaft entwickelt haben. Die schmeckt, so berichten mutige Verkoster, wie eine Mischung aus Club-Mate und abgestandenem Red Bull. Die Zuhörer kichern. Später am Abend, mildes Licht strömt aus der Einstein-Lounge, der Planck-Lobby und dem Liebig-Gewölbe in den nur wenig beleuchteten Garten, spielt ein Jazz-Trio zum Tanz auf.

So mag es auch zugegangen sein, als die »Gelehrten«, die in den frühen 1930ern im Harnack-Haus lebten, »zu den glücklichsten aller Menschen gehörten«, wie US-Botschafter Jacob Gould Schurman in seiner Rede bei der Eröffnungsfeier postulierte. Nur dass damals weder Aperol Sprizz noch Braunalgen-Brause serviert wurde. Günter Stock, Präsident der Berlin-Brandenburgischen Akademie der Wissenschaften, hat 1998 in seiner Festansprache zum 50. Jubiläum der Max-Planck-Gesellschaft, das in der Dahlemer Tagungsstätte begangen wurde, deren Rolle und Funktion so beschrieben: »Mit dem Harnack-Haus schließen sich Lücken im gesellschaftlichen Dialog.«

Wer möchte, kann auch heute wieder zwischen 12 und 14 Uhr im ehemaligen Liebig-Gewölbe »ein gutes und preiswertes Mittagessen einnehmen«, wie der Hausprospekt schon 1930 versprach – und dabei den Genius loci auf sich wirken lassen, den einstigen Hort des Humanismus aufspüren, dem Spirit von 35 Nobelpreisträgern nachschnuppern: von Albert Einstein und Rabindranath Tagore, von Otto Hahn und Otto Heinrich Warburg, von Max Planck und Werner Heisenberg. Aber auch von Theodor Heuss und Elly Heuss-Knapp, von Henny Porten, Arvid und Mildred Harnack, Ferdinand Sauerbruch und all den anderen bunt gemischten Gästen, die dazu beigetragen haben, dass sich im Harnack-Haus ein neues Denken und eine offene Haltung entwickeln konnten, aus dem das 20. Jahrhundert neu erfunden wurde – zumindest in Deutschland.

Anhang

Zeitstrahl

Weltgeschichte	Ereignisse in Dahlem und in der dt. Forschung
1911	Gründung der Kaiser-Wilhelm-Gesellschaft zur Förderung der Wissenschaften, Gründungspräsident: *Adolf von Harnack* (1851 – 1930)
1912	Eröffnung der ersten Kaiser-Wilhelm-Institute in Dahlem: KWI für Chemie und KWI für Physikalische Chemie und Elektrochemie
1914 Beginn des Ersten Weltkriegs	Noch vor Kriegsausbruch erhält *Albert Einstein* (1879 – 1955) eine Professur bei der Preußischen Akademie der Wissenschaften und wird Direktor eines virtuellen KWI für Physik. Er zieht daraufhin nach Berlin um. *Adolf von Harnack, Max Planck* (1858 – 1947) und andere prominente KWG-Mitglieder unterzeichnen eine nationalistisch verzerrte Propagandaschrift zu den Kriegsursachen und -gräueln, das »Manifest der 93«.

Weltgeschichte	Ereignisse in Dahlem und in der dt. Forschung
1915	*Richard Willstätter* (1872 – 1942) erhält den Nobelpreis für Chemie, die erste dieser Ehrungen für einen Dahlemer KWG-Forscher. *Fritz Haber* (1868 – 1934), Direktor des KWI für Physikalische Chemie und Erfinder der Ammoniak-Herstellung aus Luft-Stickstoff, beginnt mit der Entwicklung von Giftgasen. Er leitet deren Einsatz persönlich auf den Schlachtfeldern beim belgischen Ypern.
1918 Ende des Ersten Weltkriegs	Quantenforscher *Max Planck* erhält den Physik-Nobelpreis, Ammoniak-Synthetisierer *Fritz Haber* den Nobelpreis für Chemie. *Otto Hahn* (1879 -1968) und *Lise Meitner* (1878 – 1968) werden Abteilungsleiter am KWI für Chemie.
1921	Physik-Nobelpreis für *Albert Einstein*
1925	Das KWI für Biochemie wird als eigenständiges Institut etabliert (bis dahin eine Abteilung des KWI für experimentelle Therapie).
1926 Reichsaußenminister Gustav Stresemann erhält den Friedens-Nobelpreis. Deutschland wird in den Völkerbund aufgenommen.	*Lise Meitner* wird die erste Physik-Professorin in Deutschland.
1927	Eröffnung des KWI für Anthropologie, menschliche Erblehre und Eugenik. *Eugen Fischer* (1874 – 1967) wird Direktor.

Weltgeschichte	Ereignisse in Dahlem und in der dt. Forschung
1929 Ausnahmezustand in Berlin nach Demos zum 1. Mai. Bei Straßenkämpfen sterben 38 Menschen, 250 werden verletzt. Mehrfache Börsenkräche, Beginn der Weltwirtschaftskrise.	Eröffnung des Harnack-Hauses als Club- und Gästehaus der KWG, u. a. durch *Gustav Stresemann* (1878 – 1929)
1930	Nach dem Tod von KWG-Gründungspräsident *Adolf von Harnack* wird *Max Planck* dessen Nachfolger. Literatur-Nobelpreisträger *Rabindranath Tagore* (1861 – 1941) ist zweimal zu Gast im Harnack-Haus. Er trifft dort u. a. *Albert Einstein*.
1931	Chemie-Nobelpreis für *Carl Bosch* (1874 – 1940). Medizin-Nobelpreis für *Otto Heinrich Warburg* (1883 – 1970). Eröffnung des KWI für Zellphysiologie

Weltgeschichte	Ereignisse in Dahlem und in der dt. Forschung
1932 Nach dem »Preu-ßenschlag«, einem »Staatsstreich von oben«, verlieren viele demokratisch gesinnte Regierungs-beamte und Minister ihre Posten, darunter Ernst von Harnack (1888–1945), Adolf Grimme (1889–1963) und weitere spätere Widerstandskämpfer.	Physik-Nobelpreis für *Werner Heisenberg* (1901–1976). Nach jahrelangen Anfeindungen verlassen *Albert Einstein* und seine Ehefrau Deutschland und siedeln um in die USA.
1933 Machtübernahme der Nationalsozia-listen. Das »Gesetz zur Wie-derherstellung des Berufsbeamtentums« führt u. a. zur Entlas-sung jüdischer und anderer missliebiger Forscher.	In der Folge des »Berufsbeamtengesetzes« wird bei der KWG insgesamt 126 Mitarbei-tern gekündigt, davon 104 Wissenschaftlern. Weil er sich weigert, jüdische Mitarbeiter zu entlassen, tritt *Fritz Haber*, selbst jüdischer Abstammung, von seinem Posten als Direktor des KWI für Physikalische Chemie zurück. *Albert Einstein* gibt seine deutsche Staatsbür-gerschaft auf.
1934	*Fritz Haber* stirbt im Exil. *Otto Hahn* wird Direktor des KWI für Che-mie. Wegen seiner jüdischen Abstammung wird *Carl Neuberg* (1877–1956), Direktor des KWI für Biochemie, abgesetzt.

292

Weltgeschichte	Ereignisse in Dahlem und in der dt. Forschung
1935 Die Nürnberger Rassegesetze legalisieren und systematisieren die Diskriminierung von Juden.	Trotz eines Verbots durch den NS-Minister findet im Harnack-Haus eine Gedenkfeier für *Fritz Haber* statt. *Max Planck* und *Otto Hahn* halten Ansprachen vor voll besetztem Saal. Feier zur Eröffnung des Reichsfilmarchivs im Harnack-Haus mit *Hitler* als prominentestem Gast. Veranstaltungen des Reichs-Filmkongresses im Harnack-Haus. Der Niederländer *Peter Debye* (1884–1966) wird Direktor des KWI für Physik.
1936 Olympische Spiele in Berlin. Der Pazifist Carl von Ossietzky (1889–1938) erhält rückwirkend den Friedens-Nobelpreis für 1935. In der Folge verbietet Hitler allen Deutschen das Annehmen eines Nobelpreises.	*Adolf Butenandt* (1903–1995) wird Direktor des KWI für Biochemie. Die KWG ändert ihre Satzung gemäß dem »Führerprinzip« und unterstellt sich somit der NS-Wissenschaftsverwaltung. Bei der Neuwahl des Präsidenten tritt *Max Planck* nicht mehr an. Sein Nachfolger wird *Carl Bosch*, Verwaltungsratsvorsitzender der IG Farben.
1937	Im Neubau des zuvor nur virtuellen KWI für Physik starten aufwendige Experimente. Der parteilose *Friedrich Glum* (1891–1974) wird als Generaldirektor der KWG abgelöst vom NSDAP-Mitglied *Ernst Telschow* (1889–1988).

293

1938 Gründung des Großdeutschen Reiches durch den »Anschluss« Österreichs	Weil sie als Jüdin Verfolgung befürchten muss, flieht *Lise Meitner* aus Deutschland. U. a. helfen die KWI-Direktoren *Otto Hahn* und *Peter Debye* bei der illegalen Aktion. Über die Niederlande und Dänemark erreicht Meitner ihr schwedisches Exil. Am KWI für Chemie gelingt *Otto Hahn* und *Fritz Strassmann* (1902 – 1980) die Spaltung von Uranatomen. *Lise Meitner* liefert aus Schweden die physikalische Erklärung für den Vorgang. Im Harnack-Haus muss *Margarethe Carrière* den Leitungsposten abgeben. Nachfolgerin wird *Angelika von Schuckmann*.
1939 Beginn des Zweiten Weltkriegs	Chemie-Nobelpreis für *Adolf Butenandt*, der die Auszeichnung nicht entgegennehmen darf. Beginn des »Uranprojekts«: Militärische und zivile Nutzungsmöglichkeiten der Atomspaltung sollen erkundet und erprobt werden.
1940 Offene Kampfhandlungen mit Frankreich; im »Blitzkrieg« werden fast alle europäischen Länder von Deutschland besetzt. Die Luftwaffe bombardiert englische Städte.	Das Heereswaffenamt (HWA) beschlagnahmt das KWI für Physik, um es zum Zentrum der Atomforschung zu machen. Direktor *Peter Debye* wird abgesetzt und emigriert in die USA. *Kurt Diebner* (1905 – 1964), Gruppenleiter am HWA, führt fortan die Geschäfte. *Werner Heisenberg* wird wissenschaftlicher Leiter des Uranprojekts. KWG-Präsident *Carl Bosch* stirbt.

1941
Krieg mit der
Sowjetunion.
Die USA treten in
den Weltkrieg ein.
Dort starten Enrico
Fermi (1901 – 1954),
Edward Teller
(1908 – 2003) und
andere das »Man-
hattan Project« zur
Entwicklung der
Atombombe.

Albert Vögler (1877 – 1945), Stahlindustrieller
aus dem Ruhrgebiet und Vertrauter von Rüstungsminister *Albert Speer* (1905 – 1981), wird
Boschs Nachfolger als KWG-Präsident.
Wegen seiner jüdischen Abstammung verliert Gründungsdirektor *Otto H. Warburg*
seinen Posten am KWI für Zellphysiologie.
Dank Protektion wird er jedoch wenig später
wieder eingesetzt.

1942
Die Alliierten begin-
nen Flächenbom-
bardements: Zuerst
werden Lübeck, Ros-
tock, Köln zerstört, in
den folgenden Jahren
auch Hamburg, die
Industrieregionen
an Rhein und Ruhr
und die meisten deut-
schen Großstädte.
In Afrika scheitert
das deutsche Panzer-
Corps.

Geheime Sitzung im Harnack-Haus: *Heisenberg* und andere KWG-Forscher überzeugen
Rüstungsminister *Speer* und NS-Militärs, dass
auf absehbare Zeit keine Atomwaffen herge-
stellt werden können. In der Folge investiert
die Wehrmacht in »V-Waffen«, die u. a.
Wernher von Braun (1912 – 1977) entwickelt.
Das Heereswaffenamt gibt die Leitung des
Uranprojekts und die Beschlagnahmung des
KWI für Physik auf. *Werner Heisenberg* wird
dessen Direktor.
Der Gastbetrieb des Harnack-Hauses wird
eingestellt, Zimmer und Wohnungen dienen
als Unterkunft für Kriegsgeschädigte. Im
Garten werden nun auch Kartoffeln und
Gemüse angebaut.
Nach der Pensionierung von *Eugen Fischer*
wird *Otmar Freiherr von Verschuer* (1896 – 1969)
Direktor am KWI für Anthropologie.

1943
Nach der verlustrei-
chen Niederlage von
Stalingrad beginnt
der schrittweise
Rückzug der Wehr-
macht aus Russland.

Angelika Bötticher, geb. von Schuckmann, tritt
von der Leitung des Harnack-Hauses zurück,
Nachfolgerin wird *Ariane Unger*. Im Garten
des Harnack-Hauses werden Bunker und
Splittergräben angelegt.
Nach und nach verlagern immer mehr KWI
ihren Forschungsbetrieb aus Dahlem heraus
in deutsche Provinzen, wo weniger Kriegs-
schäden drohen.

1944
Invasion der Alliier-
ten in der Norman-
die.
Am 20. Juli scheitert
ein Bombenattentat
auf Hitler. Der Täter
und seine Helfer,
darunter viele ehe-
maligen Gäste des
Harnack-Hauses,
werden verhaftet,
verurteilt und getötet.
Die deutschen V1
und V2 bombardie-
ren Städte in Groß-
britannien, Holland
und Belgien.

Das KWI für Chemie wird durch einen
Bombentreffer schwer beschädigt.
Am KWI für Anthropologie beginnen Stu-
dien mit Körperteilen, Blut- und Gewebepro-
ben, die KZ-Arzt *Josef Mengele* (1911 – 1979),
ein Schüler des Direktors Verschuer, aus
Auschwitz liefert. Das KWI für Biochemie
leistet bei diesen Untersuchungen technische
Hilfe.
Chemie-Nobelpreis für *Otto Hahn* und *Fritz
Strassmann*, nicht jedoch für *Lise Meitner*. Der
Preis wird erst 1945 offiziell verliehen.

1945 Alliierte Bomberverbände machen Dresden, Nürnberg und immer mehr Mittelstädte dem Erdboden gleich. Erster Einsatz von Atombomben gegen Japan. Ende des Zweiten Weltkriegs	Das Harnack-Haus bleibt weitgehend unzerstört. Besetzung zunächst durch die Sowjetarmee, dann durch die US Army. Wissenschaftler, Politiker und sonstige Verantwortliche nutzen die Räumlichkeiten, um die Neugestaltung der deutschen Forschung, von Staat und Gesellschaft zu besprechen. Während der Potsdamer Konferenz sind US-Präsident *Harry S. Truman* (1884 – 1972) und General *Dwight D. Eisenhower* (1890 – 1969) Gäste im Harnack-Haus, das zum Offiziersclub der US-Army umgewandelt wird. Deren jüdische Gemeinde feiert dort ihr religiöses Neujahrsfest. KWG-Präsident *Vögler* begeht Selbstmord. *Hahn*, *Heisenberg* und die übrigen Forscher des deutschen Uranprojekts werden im britischen Farm Hall interniert, nach wenigen Monaten aber wieder freigelassen.
1948	Die Freie Universität Berlin wird gegründet, Hauptgebäude ist zunächst das KWI für Biologie. Nach und nach übernimmt die FU immer mehr Bauten der KWG in Dahlem, etwa das KWI für Chemie, das für Biochemie, das für Anthropologie und das für Physik. Gründung der Max-Planck-Gesellschaft (MPG) als Nachfolge-Organisation der KWG. *Otto Hahn* wird ihr erster Präsident.

Weltgeschichte	Ereignisse in Dahlem und in der dt. Forschung
1994	Mit dem Ende des Kalten Kriegs und von Berlins Vier-Mächte-Status verlässt die US Army auch das Harnack-Haus. Die MPG erhält die Begegnungsstätte zurück und beginnt dessen umfassende Renovierung. Schritt für Schritt wird das Club- und Gästehaus wieder Ort des Austauschs zwischen allen gesellschaftlichen Gruppen.

Literaturverzeichnis

AURICH, Rolf: »Cinèaste, Collector, National Socialist: Frank Hensel and the Reichsfilmarchiv«. In: Journal of Film Preservation 64, April 2002, S. 16 – 21.

AURICH, Rolf: »Das Reichsfilmarchiv. Ein Archiv mit Nachgeschichte«. In: BEILNHOFF, Wolfgang, und Hänsgen, Sabine (Hg.): »Der gewöhnliche Faschismus. Ein Werkbuch zum Film von Michael Romm«, Vorwerk Verlag, Berlin, 2009, S. 310 – 318.

BARKHAUSEN, Hans: »Zur Geschichte des ehemaligen Reichsfilmarchivs. Gründung, Aufbau, Arbeitsweise«. In: Der Archivar, Nr. 1, April 1960, S. 2 – 13.

BEYERCHEN, Alan D.: »Wissenschaftler unter Hitler – Physiker im Dritten Reich«, Kiepenheuer & Witsch, Köln, 1984.

BEYLER, Richard H.: »›Reine‹ Wissenschaft und personelle ›Säuberungen‹. Kaiser-Wilhelm-/Max-Planck-Gesellschaft 1933 und 1945«. Ergebnisse 16, Vorabdruck aus dem Forschungsprogramm Geschichte der Kaiser-Wilhelm-Gesellschaft im Nationalsozialismus, hg. von Carola Sachse im Auftrag der Präsidentenkommission, Berlin, 2004.

BOLLMANN, Erika, BAIER, Eva, FORSTMANN, Walter, REINOLD, Marianne: »Erinnerungen und Tatsachen – Die Kaiser-Wilhelm-Gesellschaft zur Förderung der Wissenschaften, Göttingen Berlin 1945/1946«, Georg Thieme Verlag, Stuttgart, 1947.

BROCKE, Bernhard von und LAITKO, Hubert (Hg.): »Die Kaiser-Wilhelm-Gesellschaft/Max-Planck-Gesellschaft und ihre Institute – Das Harnack-Prinzip«; Walter de Gruyter & Co., Berlin, 1996.

CHOY, Walter Yong Chan: »Inszenierung der völkischen Filmkultur im Nationalsozialismus: Der Internationale Filmkongress in Berlin 1935«, Dissertation, TU Berlin, 2006.

CONRADS, Hinderk und LOHFF, Brigitte: »Carl Neuberg – Biochemie, Politik und Geschichte«, Franz Steiner Verlag, Stuttgart, 2006.

CORNWELL, John: »Forschen für den Führer – deutsche Naturwissenschaftler und der Zweite Weltkrieg«, Bastei Lübbe Taschenbuch, Lübbe Verlagsgruppe, Bergisch Gladbach, 2006.

DODD, Martha: »Nice to meet you, Mr. Hitler! Meine Jahre in Deutschland, 1933 bis 1937«, Eichborn Berlin, 2005.

FECHTER, Paul: »Menschen und Zeiten. Begegnungen aus fünf Jahrzehnten«, C. Bertelsmann Verlag, Gütersloh, 2. Aufl. 1950.

FRAYN, Michael: »Kopenhagen – Stück in zwei Akten«, Wallstein Verlag, Göttingen, 5. Aufl. 2005.

GERWIN, Robert: »Ein Erbstück und der Dahlem-Mythos. Die wechselvolle Geschichte des Harnack-Hauses«, in: MPG-Spiegel (Mitarbeiter-Zeitschrift der Max-Planck-Gesellschaft), 02/95, S 49–58.

GLUM, Friedrich: »Zwischen Wissenschaft, Wirtschaft und Politik. Erlebtes und Erdachtes in vier Reichen«, Bouvier Verlag, Bonn, 1964.

GOENNER, Hubert: »Einstein in Berlin«, C.H. Beck Verlag, München, 2005.

GRUNDMANN, Siegfried: »Einsteins Akte«, Springer Verlag, Berlin, 2004.

GRUSS, Peter und RÜRUP, Reinhard (hg. unter Mitwirkung von KIEWITZ, Susanne): »Denkorte – Max-Planck-Gesellschaft und Kaiser-Wilhelm-Gesellschaft, Brüche und Kontinuitäten 1911–2011«, Sandstein Kommunikation, Dresden, 2010.

HACHTMANN, Rüdiger: »Wissenschaftsmanagement im ›Dritten Reich‹ Geschichte der Generalverwaltung der

Kaiser-Wilhelm.Gesellschaft«; 2 Bde., Geschichte der Kaiser-
Wilhelm-Gesellschaft im Nationalsozialismus, Bd. 15, Wallstein
Verlag, Göttingen, 2007.

HAHN, Otto: »Mein Leben«, Bruckmann Verlag, München,
1968.

HEIM, Susanne: »Research for Autarky – The Contribution of
Scientists to Nazi Rule in Germany«; Ergebnisse 4, Vorab-
druck aus dem Forschungsprogramm Geschichte der Kaiser-
Wilhelm-Gesellschaft im Nationalsozialismus, hg. von Carola
Sachse im Auftrag der Präsidentenkommission, Berlin, 2001.

HEISENBERG, Werner: »Die Arbeiten am Uran-Problem«,
Vortrag gehalten vor einer geheimen Gesellschaft am 4. Juni
1942 im Harnack-Haus, Berlin; Archiv der MPG, KWI-P/56
174–178.

HEISENBERG, Werner: »Der Teil und das Ganze – Gespräche
im Umkreis der Atomphysik«, Piper & Co. Verlag, München,
1969.

HENNING, Eckart: »Das Harnack-Haus in Berlin-Dahlem, ›Institut für ausländische Gäste‹, Clubhaus und Vortragszentrum
der Kaiser-Wilhelm/Max-Planck-Gesellschaft,« Berichte und
Mitteilungen (hg. von der Max-Planck-Gesellschaft, Zentralverwaltung), Band 2/96; München, 1996.

HENNING, Eckart: »Beiträge zur Wissenschaftsgeschichte
Dahlems«, Veröffentlichungen aus dem Archiv der Max-
Planck-Gesellschaft, Band 13, Berlin, [2]2004.

HENNING, Eckart und KAZEMI, Marion (Hg.): »Dahlem –
Domäne der Wissenschaft – Ein Spaziergang zu den Berliner
Instituten der Kaiser-Wilhelm-Gesellschaft im ›deutschen
Oxford‹«, Veröffentlichungen aus dem Archiv der Max-
Planck-Gesellschaft, Band 16/I, Berlin, [4]2009.

HÖHNE, Heinz: »Kennwort Direktor. – Die Geschichte der
Roten Kapelle«, Nee Schweizer Bibliothek/S. Fischer Verlag,
Frankfurt/M., 1970.

HÖXTERMANN, Ekkehard und SUCKER, Ulrich: »Otto
Warburg« (Biografien hervorragender Naturwissenschaftler,

Techniker und Mediziner, Bd. 91), Springer Fachmedien, Wiesbaden, 1989.

HOFFMANN, Dieter: »Einsteins Berlin – Auf den Spuren eines Genies«, Wiley-VCH Verlag, Weinheim, 2006.

JUNGK, Robert: »Heller als tausend Sonnen – Das Schicksal der Atomforscher«, Bertelsmann Lesering, o. O. (Gütersloh), 1962.

KAUFMANN, Doris, (Hg.): »Geschichte der Kaiser-Wilhelm-Gesellschaft im Nationalsozialismus; Bestandsaufnahme und Perspektiven der Forschung«, 2 Bde., Wallstein Verlag, Göttingen, 2000.

KIEWITZ, Susanne: »Ein Zuhause für die Welt«, in: Max-Planck-Forschung 3/2014.

KIEWITZ, Susanne: »Treffpunkt der Nobelpreisträger – Das Harnack-Haus in Berlin-Dahlem«; Jaron Verlag, Berlin, 2016.

KIRCHHOFF, Christine: »Genie und Irrtum«, in: Max-Planck-Forschung 3/2008.

KLAUE, Wolfgang: »Kriegsverluste und Beutegut – Was geschah mit den Beständen des Reichsfilmarchivs nach 1945?« In: »Im Bann der Katastrophe, Innovation und Tradition im europäischen Film 1940–50«; edition text + kritik im Richard Boorberg Verlag, München, 2010, S. 138–148.

KLEE, Ernst: »Auschwitz. Die NS-Medizin und ihre Opfer«, S. Fischer Verlag, Frankfurt, ³1997.

KLEE, Ernst: »Deutsche Medizin im Dritten Reich. Karrieren vor und nach 1945«, S. Fischer Verlag, Frankfurt/M., 2001.

KOHL, Ulrike: »Die Präsidenten der Kaiser-Wilhelm-Gesellschaft im Nationalsozialismus – Max Planck, Carl Bosch und Albert Vögler zwischen Wissenschaft und Macht«, Franz Steiner Verlag, Stuttgart, 2002.

LEMMERICH, Jost: »Lise Meitner, Max von Laue, Briefwechsel 1938–1948«, ERS Verlag, Berlin, 1998.

LEMMERICH, Jost: »Bande der Freundschaft, Briefwechsel zwischen Lise Meitner und Elisabeth Schiemann«, Verlag der österreichischen Akademie der Wissenschaften, Wien, 2010.

LEMMERICH, Jost: »Politik und Werbung für die Wissenschaft – Das Harnack-Haus der Kaiser-Wilhelm-Gesellschaft
zur Förderung der Wissenschaften in Berlin-Dahlem«, Basilis-
ken-Presse im Verlag Natur und Text, Rangsdorf, 2015.

LEVENSON, Thomas: »Albert Einstein – Die Berliner Jahre
1914–32«, C. Bertelsmann Verlag, München, 2005.

LUXBACHER, Günter: »Roh- und Werkstoffe für die Autar-
kie – Textilforschung in der Kaiser-Wilhelm-Gesellschaft«,
Ergebnisse 18, Vorabdruck aus dem Forschungsprogramm
Geschichte der Kaiser-Wilhelm-Gesellschaft im Nationalsozialismus, hg. von Carola Sachse im Auftrag der Präsidentenkommission, Berlin, 2004.

MASSIN, Benoit: »Rasse und Vererbung als Beruf, die Hauptfor-
schungsrichtungen des Kaiser-Wilhelm-Instituts für Anthropologie, menschliche Erblehre und Eugenik im Nationalsozialismus«, S. 190–245; in: SCHMUHL, Hans-Walter (Hg.)
»Rassenforschung an Kaiser-Wilhelm-Instituten vor und nach
1933« (Geschichte der Kaiser-Wilhelm-Gesellschaft im Nationalsozialismus, Bd. 4), Wallstein Verlag, Göttingen, 2003.

MAX-PLANCK-GESELLSCHAFT (Generalverwaltung, Hg.):
»50 Jahre Kaiser-Wilhelm-Gesellschaft und Max-Planck-
Gesellschaft zur Förderung der Wissenschaften 1911–1961«,
Eigenverlag, Göttingen, 1961.

MERSEBURGER, Peter: »Theodor Heuss – Der Bürger als
Präsident, Biographie«, Deutsche Verlagsanstalt, München
2012.

MÜLLER-HILL, Benno: »Tödliche Wissenschaft – Die Ausson-
derung von Juden, Zigeunern und Geisteskranken 1933–45«,
Rowohlt Verlag, Reinbek b. Hamburg, 1984.

OEXLE, Otto Gerhard: »Hahn, Heisenberg und die anderen.
Anmerkungen zu ›Kopenhagen‹, ›Farm Hall‹ und ›Göt-
tingen‹«, Ergebnisse 9, Vorabdruck aus dem Forschungs-
programm Geschichte der Kaiser-Wilhelm-Gesellschaft im
Nationalsozialismus, hg. von Carola Sachse im Auftrag der
Präsidentenkommission, Berlin, 2003.

POWERS, Thomas: »Heisenbergs Krieg – die Geheimgeschichte der deutschen Atombombe«, Hoffmann und Campe Verlag, Hamburg, 1993.

PLANCK, Max (Hg.): »25 Jahre Kaiser-Wilhelm-Gesellschaft zur Förderung der Wissenschaften«, Verlag Julius Springer, Berlin 1936.

PROCTOR, Robert N.: »Adolf Butenandt (1903 – 1995). Nobel-preisträger, Nationalsozialist und MPG-Präsident. Ein erster Blick in den Nachlaß«, Ergebnisse 2, Vorabdruck aus dem Forschungsprogramm Geschichte der Kaiser-Wilhelm-Gesellschaft im Nationalsozialismus, hg. von Carola Sachse im Auftrag der Präsidentenkommission, Berlin, 2000.

PRZYREMBEL, Alexandra: »Friedrich Glum und Ernst Tel-schow. Die Generalsekretäre der Kaiser-Wilhelm-Gesellschaft. Handlungsfelder und Handlungsoptionen der ›Verwaltenden‹ von Wissen während des Nationalsozialismus«, Ergebnisse 20, Vorabdruck aus dem Forschungsprogramm Geschichte der Kaiser-Wilhelm-Gesellschaft im Nationalsozialismus, hg. von Susanne Heim im Auftrag der Präsidentenkommission, Berlin, 2004.

RASCH, Manfred, »Mentzel, Rudolf« in: Neue Deutsche Biographie 17 (1994), S. 96 – 98 [Onlinefassung]; URL: https://www.deutsche-biographie.de/gnd116885947.html#ndbcontent.

ROSE, Paul Lawrence: »Heisenberg und das Atombombenprojekt der Nazis«, Pendo Verlag, Zürich/München, 2001.

ROSIEJKA, Gert: »Die Rote Kapelle – Landesverrat als antifaschistischer Widerstand«, Ergebnisse Verlag, Hamburg 1986.

RÜRUP, Reinhard: »Schicksale und Karrieren – Gedenkbuch für die von den Nationalsozialisten aus der Kaiser-Wilhelm-Gesellschaft vertriebenen Forscherinnen und Forscher«, Wallstein Verlag (Geschichte der Kaiser-Wilhelm-Gesellschaft im Nationalsozialismus, Bd. 14), Göttingen, 2008.

SACHSE, Carola (Hg.): »Die Verbindung nach Auschwitz – Biowissenschaft und Menschenversuche an Kaiser-Wilhelm-

Instituten«, Wallstein Verlag, (Geschichte der Kaiser-Wilhelm-Gesellschaft im Nationalsozialismus, Bd. 6), Göttingen, 2003.

SCHIEDER, Wolfgang, und TRUNK, Achim (Hg.): »Adolf Butenandt und die KWG. Wissenschaft, Industrie und Politik im ›3. Reich‹«, Wallstein Verlag, Geschichte der Kaiser-Wilhelm-Gesellschaft im Nationalsozialismus, Bd. 7, Göttingen, 2004.

SCHMUHL, Hans-Walther: »Grenzüberschreitungen. Das Kaiser-Wilhelm-Institut für Anthropologie, menschliche Erblehre und Eugenik 1927–1945«, Wallstein Verlag, Geschichte der Kaiser-Wilhelm-Gesellschaft im Nationalisozialismus, Bd. 9, Göttingen, 2005.

SCHÜRING, Michael: »Minervas verstoßene Kinder – Vertriebene Wissenschaftler und die Vergangenheitspolitik der Max-Planck-Gesellschaft«, Wallstein Verlag, (Geschichte der Kaiser-Wilhelm-Gesellschaft im Nationalsozialismus, Bd. 13), Göttingen, 2006.

SIME, Ruth Lewin: »Lise Meitner, Ein Leben für die Physik«, Insel Verlag, Frankfurt/M. und Leipzig, 2001.

SIME, Ruth Lewin: »Otto Hahn und die Max-Planck-Gesellschaft – Zwischen Vergangenheit und Erinnerung«, Ergebnisse 14, Vorabdruck aus dem Forschungsprogramm Geschichte der Kaiser-Wilhelm-Gesellschaft im Nationalsozialismus, hg. von Carola Sachse im Auftrag der Präsidentenkommission, Berlin, 2004.

SIME, Rith Lewin: »From Exceptional Prominence to prominent Exception. Lise Meitner at the Kaiser-Wilhelm-Institute for Chemistry«, Ergebnisse 24, Vorabdruck aus dem Forschungsprogramm Geschichte der Kaiser-Wilhelm-Gesellschaft im Nationalsozialismus, hg. von Susanne Heim im Auftrag der Präsidentenkommission, Berlin, 2005.

SPEER, Albert: »Erinnerungen«, Propyläen Verlag, Berlin, 1969.

STOFF, Heiko: »Eine zentrale Arbeitsstäte mit nationalen Zielen – Wilhelm Eitel und das KWI für Silkatforschung 1926–45«, Ergebnisse 28, Vorabdruck aus dem Forschungsprogramm Geschichte der Kaiser-Wilhelm-Gesellschaft im Nationalsozialismus, hg. von Rüdiger Hachtmann im Auftrag der Präsidentenkommission, Berlin, 2005.

STREBEL, Bernhard und WAGNER, Jens-Christian: »Zwangsarbeit für Forschungseinrichtungen der Kaiser-Wilhelm-Gesellschaft 1939 – 45, ein Überblick«, Ergebnisse 11, Vorabdruck aus dem Forschungsprogramm Geschichte der Kaiser-Wilhelm-Gesellschaft im Nationalsozialismus, hg. von Carola Sachse im Auftrag der Präsidentenkommission, Berlin, 2003.

TRUNK, Achim: »Zweihundert Blutproben aus Auschwitz – Ein Forschungsvorhaben zwischen Anthropologie und Biochemie, 1943 – 45«, Ergebnisse 12, Vorabdruck aus dem Forschungsprogramm Geschichte der Kaiser-Wilhelm-Gesellschaft im Nationalsozialismus, hg. von Carola Sachse im Auftrag der Präsidentenkommission, Berlin, 2003.

VIERHAUS, Rudolf und BROCKE, Bernhard vom (Hg.): »Forschung im Spannungsfeld von Politik und Gesellschaft. Geschichte und Struktur der Kaiser-Wilhelm-/Max-Planck-Gesellschaft«, Deutsche Verlagsanstalt, Stuttgart, 1990.

WALKER, Mark: »Legenden um die deutsche Atombombe«, in: Vierteljahreshefte für Zeitgeschichte, 38. Jg., Heft 1, ifz-München, 1990.

WALKER, Mark: »Die Uranmaschine. Mythos und Wirklichkeit der deutschen Atombombe«, Siedler bei Goldmann, München, 1994.

WALKER, Mark: »Otto Hahn – Verantwortung und Verdrängung«, Ergebnisse 10, Vorabdruck aus dem Forschungsprogramm Geschichte der Kaiser-Wilhelm-Gesellschaft im Nationalsozialismus, hg. von Carola Sachse im Auftrag der Max-Planck-Gesellschaft, Berlin, 2003.

WALKER, Mark: »Eine Waffenschmiede? – Kernwaffen- und Reaktorforschung am KWI für Physik«, Ergebnisse 26, Vorabdruck aus dem Forschungsprogramm Geschichte der Kaiser-Wilhelm-Gesellschaft im Nationalsozialismus, hg. von Rüdiger

Hachtmann im Auftrag der Max-Planck-Gesellschaft, Berlin, 2005.

WEISS, Sheila Faith: »Humangenetik und Politik als wechselseitige Ressourcen. Das Kaiser-Wilhelm-Institut für Anthropologie, menschliche Erblehre und Eugenik im ›Dritten Reich‹«, Ergebnisse 17, Vorabdruck aus dem Forschungsprogramm Geschichte der Kaiser-Wilhelm-Gesellschaft im Nationalsozialismus, hg. von Carola Sachse im Auftrag der Präsidentenkommission, Berlin, 2004.

WERNER, Petra: »Otto Warburg – Von der Zellphysiologie zur Krebsforschung«, Verlag Neues Leben, Berlin (DDR), 1988.

www.menscheinstein.de – eine Website des rbb zum Einsteinjahr 2005.

ZÖLLER, Alexander: »Versprengtes Erbe. Das Reichsfilmarchiv (1934 – 1945) und seine Hinterlassenschaften«, in: AURICH, Rolf, und FOSTER, Ralf (Hg.): »Wie der Film unsterblich wurde. Vorakademische Filmwissenschaft in Deutschland«, edition text + kritik im Richard Boorberg Verlag, (Film Erbe, Bd. 13), München, 2015.

Personenregister

Bildnachweis

akg-images, Berlin: S. 228 l. (Science Photo Library)

Archiv der Max-Planck-Gesellschaft, Berlin-Dahlem: S. 8, S. 44, S. 56 r., S. 74, S. 106, S. 144, S. 164, S. 182, S. 216, S. 228 r., S. 260

bpk, Berlin: S. 56 l.

Bundesarchiv, Koblenz: S. 5 (Georg Pahl, Bild 102-07736), S. 126 (o. Ang., Bild 183-1998-0817-502)

Deutsches Historisches Museum, Berlin: S. 244

National Archives, Philadelphia, Pennsylvania: S. 274 (Bild 111-SC-212413)

ullstein bild, Berlin: S. 26 (Kurt Huebschmann), S. 56 M., S. 198 l., S. 198 r. (N.N.), S. 92 (Atelier Jacobi)

Dank

Ohne die Unterstützung durch die Max-Planck-Gesellschaft zur Förderung der Wissenschaften e.V. (MPG) wäre das vorliegende Buchprojekt nicht möglich gewesen. Ich danke daher dem Präsidenten Martin Stratmann und Christina Beck, Leiterin der Kommunikationsabteilung, die das Vorhaben von Anfang an vertrauensvoll gefördert haben.

Im Dahlemer Archiv der MPG hat sich die Direktorin Kristina Starkloff umfassend für das Buch engagiert, ihr Mitarbeiter Simon Nobis hat beim Bibliografieren Impulse gesetzt. Im Lesesaal und beim Organisieren von Originaldokumenten haben Bernd Hoffmann und Joachim Japp ebenso freundlich wie geduldig und ausdauernd geholfen. Ihnen sei ebenfalls herzlich gedankt.

Originelle Einblicke in den aktuellen Alltag des Harnack-Hauses, aber auch in seine Geschichte und in den Verlauf der architektonischen Entwicklung verdanke ich der im letzten Kapitel beschriebenen, von Dr. Susanne Kiewitz (MPG) kuratierten Dauerausstellung vor Ort sowie der Gastfreundschaft und der Offenheit des Tagungsstättenleiters Norbert Domke. Merci!

Der Zündfunke fürs Erzählen der nun vorliegenden Geschichte kam von Kerstin von Aretin; zu vielen Stellen der Materialsammlung hat der Wissenschaftshistoriker Jost Lemmerich wichtige Hinweise gegeben. Sowohl bei der Recherche als auch bei der Niederschrift hat mich mein Mentor Michael Rutschky methodisch beraten. Auch ihnen gilt mein Dank. Ebenso meinen »Erstlesern« Thommie Bayer, Melanie von Marschalck und Mirko Meurer sowie meiner Lektorin Gisela Fichtl. Sie haben die Arbeit am Manuskript mit Sympathie und Nachdruck über lange Phasen begleitet.

Im Knaus Verlag bedanke ich mich vor allem bei Wolfgang Ferchl und bei Britta Egetemeier für Zuspruch und Zuversicht. Sie haben nie ihr Vertrauen in das Projekt verloren, die Arbeit an allen Elementen über Jahre getragen und befeuert – auch durch schwierige Zeiten.

Michael Kröher

Susanne Schädlich
Briefe ohne Unterschrift
Wie eine BBC-Sendung die DDR herausforderte
288 Seiten, geb. mit Schutzumschlag
ISBN 978-3-8135-0749-2

Sie schreiben Briefe und gehen ein hohes Risiko ein.
Adressat: BBC London. 1949 startet die britische
Rundfunksendung »Briefe ohne Unterschrift«. Anonyme
Zuschriften von DDR-Bürgern werden darin verlesen,
immer am Freitagabend, über 25 Jahre lang. Susanne
Schädlich entdeckte diese einzigartigen Zeitdokumente
und erzählt nun von den britischen Journalisten,
die so lange der DDR die Stirn boten. Vor allem aber
setzt sie den mutigen Absendern ein Denkmal, die der
gnadenlosen Nachverfolgung durch die Stasi zum Opfer
fielen – unter ihnen ein Junge aus Greifswald …

»Es liest sich wie ein Krimi.« *Hessischer Rundfunk*

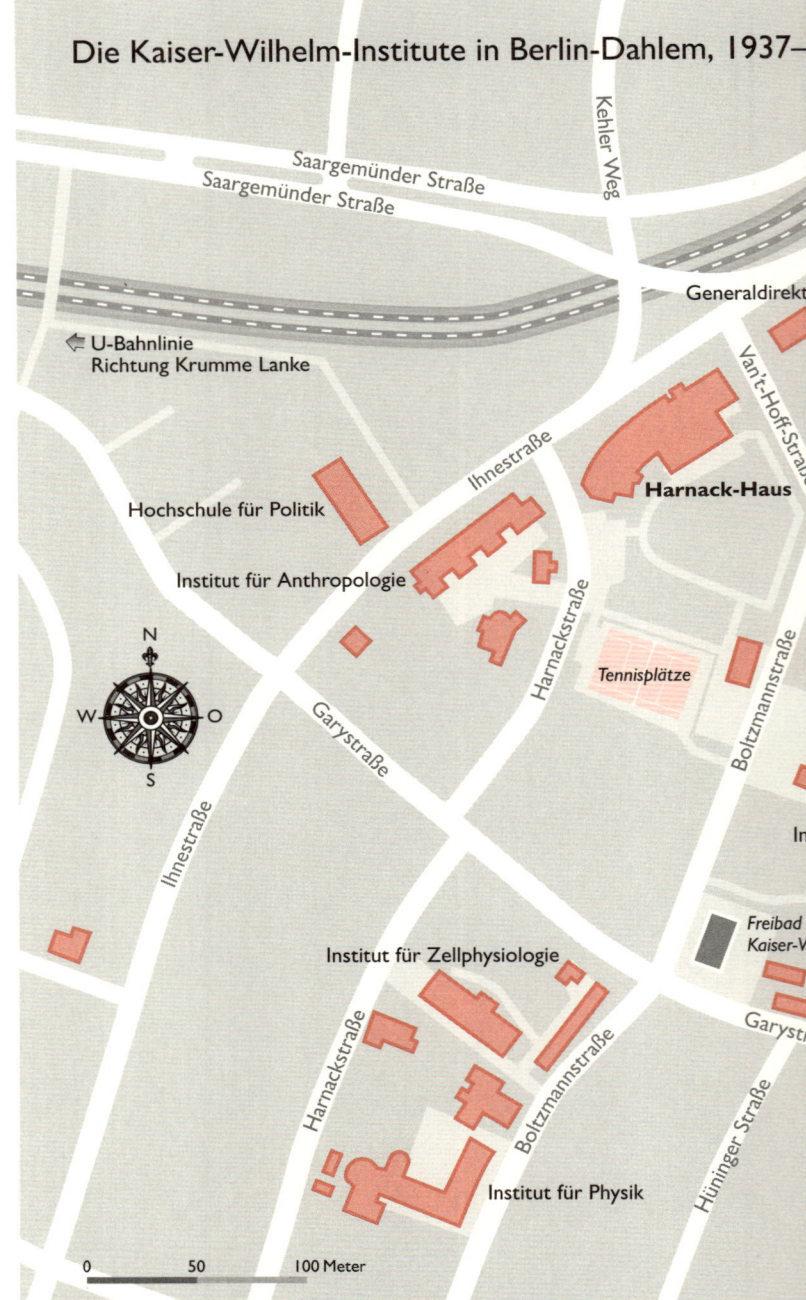

Die Kaiser-Wilhelm-Institute in Berlin-Dahlem, 1937–

Saargemünder Straße

Saargemünder Straße

Kehler Weg

Generaldirekt

Van't-Hoff-Straße

⇐ U-Bahnlinie
Richtung Krumme Lanke

Ihnestraße

Harnack-Haus

Hochschule für Politik

Institut für Anthropologie

Harnackstraße

Boltzmannstraße

Tennisplätze

N
W ⊙ O
S

Garystraße

Ihnestraße

In

Freibad
Kaiser-W

Institut für Zellphysiologie

Garystr

Harnackstraße

Boltzmannstraße

Hüninger Straße

Institut für Physik

0   50   100 Meter